Hagl
Elektrische Antriebstechnik

D1722890

Rainer Hagl

Elektrische Antriebstechnik

Mit 22 Übungen, 205 Bildern und 86 Tabellen

Fachbuchverlag Leipzig
im Carl Hanser Verlag

Prof. Dr.-Ing. Rainer Hagl
Hochschule Rosenheim

Bibliografische Information der Deutschen Nationalbibliothek

Die Deutsche Nationalbibliothek verzeichnet diese Publikation in der Deutschen Nationalbibliografie; detaillierte bibliografische Daten sind im Internet über http://dnb.d-nb.de abrufbar.

ISBN: 978-3-446-43350-2
E-Book-ISBN: 978-3-446-43378-6

© 2013 Carl Hanser Verlag München
Internet: http://www.hanser-fachbuch.de

Lektorat: Mirja Werner, M.A.
Herstellung: Dipl.-Ing. Franziska Kaufmann
Coverconcept: Marc Müller-Bremer, www.rebranding.de, München
Coverrealisierung: Stephan Rönigk
Druck und Bindung: Friedrich Pustet KG, Regensburg
Printed in Germany

Vorwort

Dieses Fachbuch stellt eine Einführung in ein umfangreiches Spezialgebiet dar. Produktionsmaschinen und viele Konsumgüter können ihre Aufgaben nur mittels elektrischer Antriebe erfüllen. Daher sind zumindest Grundkenntnisse in diesem Gebiet unumgänglich, um Maschinen, aber auch eine Vielzahl an Produkten des täglichen Lebens, zu dimensionieren bzw. zu optimieren.

Das Fachbuch ist insbesondere für die Ausbildung von Studierenden der Ingenieurwissenschaften in den Studienschwerpunkten

- Automatisierungstechnik,
- Elektrotechnik,
- Gebäudetechnik,
- Produktionstechnik,
- Maschinenbau,
- Mechatronik

konzipiert. Es eignet sich ebenso für technisch Interessierte, die sich in das Gebiet der elektrischen Antriebstechnik einarbeiten wollen.

Zunächst werden in der Einführung die wichtigsten Anforderungen an elektrische Antriebe und Hauptunterscheidungsmerkmale vorgestellt. Die Aufgaben der einzelnen Komponenten werden beschrieben, wichtige Grundbeziehungen abgeleitet und gängige Begriffe erläutert.

Die folgenden Kapitel beschäftigen sich mit dem Aufbau und der Wirkungsweise einzelner Komponenten eines elektrischen Antriebes. Hauptschwerpunkt ist das Kennenlernen von in Produktionsmaschinen gängigen Motoren und deren Steuerung. Für die einzelnen Motoren werden die Grundlagen erarbeitet, um einen für eine vorgegebene Antriebsaufgabe passenden Motor auswählen zu können. Übergreifende Themen werden in separaten Kapiteln zusammengefasst. Für das Teilgebiet Servoantriebstechnik werden grundlegende Zusammenhänge dargestellt.

Neben der mathematischen Herleitung wird jeweils auch versucht, die Wirkprinzipien und Zusammenhänge beschreibend darzustellen. Das Buchprojekt wurde von vielen Unternehmen, die Produkte für den Bereich der elektrischen Antriebtechnik anbieten, vor allem durch Bildmaterial, unterstützt. Dadurch war es möglich, neben theoretischen Zusammenhängen exemplarisch auch gängige Industriekomponenten vorzustellen. Für diese Unterstützung sei sehr herzlich gedankt. Den Kapiteln zugeordnete Übungen ermöglichen eine Überprüfung des Lernfortschrittes.

Notwendige Voraussetzung, um dem Lehrinhalt folgen zu können, sind grundlegende Kenntnisse der Elektrotechnik und der technischen Mechanik.

Im Buch haben sich sicherlich Fehler eingeschlichen. Vielleicht ist das eine oder andere auch nicht ganz verständlich. Über Rückmeldungen zu Fehlern oder Verbesserungsvorschläge würde ich mich freuen, da diese zu einer kontinuierlichen Verbesserung führen. Sie können mir diesbezüglich gerne eine E-Mail an rainer.hagl@fh-rosenheim.de senden. Für Ihre Unterstützung möchte ich mich bereits im Voraus bei Ihnen bedanken.

Formelsymbole

Im gesamten Manuskript wurde versucht, durchgängige und eindeutige Formelsymbole zu verwenden. Bei der ersten Verwendung eines Formelsymbols werden dessen Bezeichnung auf Deutsch und Englisch, sowie die dazugehörige SI-Einheit und gegebenenfalls wichtige daraus abgeleitete Einheiten, angeben.

M_{Mo}	Motordrehmoment	*Motor torque*	Nm
M_L	Lastdrehmoment	*Load torque*	Nm
M_{Ac}	Beschleunigungsdrehmoment	*Acceleration torque*	Nm

Zur Erhöhung der Übersichtlichkeit werden an manchen Stellen diese Angaben wiederholt.

Prof. Dr.-Ing. Rainer Hagl   Januar 2013

Inhalt

1 Einführung

Die Aufgabe von Antrieben besteht darin, Bewegungen zu erzeugen. Der Motor ist die wichtigste Komponente eines Antriebes. Er liefert die für eine lineare Bewegung erforderliche Kraft oder das für eine drehende Bewegung erforderliche Drehmoment. Hierzu wird dem Motor Energie zugeführt und in diesem in mechanische Energie umgewandelt. Bei der Energiewandlung werden unterschiedliche physikalische Effekte genutzt.

Antriebe werden nach Wirkprinzipien der eingesetzten Motoren (Bild 1.1) unterteilt in:

- Elektrische Antriebe
- Fluidische Antriebe
- Thermodynamische Antriebe

Motoren in elektrischen Antrieben nutzen meist elektromagnetische Effekte aus. Für spezielle Antriebsaufgaben gibt es Motoren, die auf anderen Effekten basieren. Fluidische Antriebe arbeiten mit komprimierbaren Flüssigkeiten (z. B. Hydrauliköl) oder Gasen. Werden komprimierbare Flüssigkeiten verwendet, spricht man von hydraulischen Antrieben. Pneumatische Antriebe verwenden üblicherweise Luft. Der bekannteste Vertreter aus dem Bereich der thermodynamischen Antriebe ist der Verbrennungsmotor. Je nach zu lösender Antriebsaufgabe ist das eine oder andere Wirkprinzip besser geeignet.

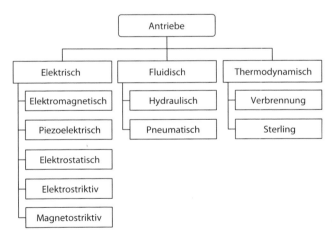

Bild 1.1 Klassifizierung von Antrieben

Manchmal steht die für den Motor erforderliche Energie nicht direkt zur Verfügung. Typische Beispiele sind Geräte oder Maschinen im mobilen Bereich. So wird bei einem Bagger die für die Antriebe notwendige Energie mit einem Verbrennungsmotor erzeugt. Zunächst findet eine Wandlung der im Kraftstoff gespeicherten Energie in mechanische Energie statt, aus der dann die Energie für die fluidischen Antriebe erzeugt wird. Es gibt auch Mischformen, welche zwei Wirkprinzipien zur Erzeugung der mechanischen Bewegung nutzen. Hierzu zählen Hybridantriebe in Kraftfahrzeugen, bei denen je nach Betriebszustand ein Verbrennungsmotor und ein Elektromotor unabhängig voneinander oder gemeinsam die Bewegung erzeugen.

Häufig müssen Kräfte bzw. Drehmomente in einem Antriebsstrang übertragen und/oder umgeformt werden, wozu mechanische Antriebselemente erforderlich sind. Motor und mechanische Antriebselemente, die im Antriebsstrang dem Motor nachgeschaltet sind, beeinflussen sich gegenseitig. Zur gesamtheitlichen Optimierung dieses Systems sind daher Kenntnisse sowohl aus dem Bereich der Mechanik als auch der Elektrotechnik erforderlich.

Die meisten Antriebsaufgaben werden heute mit elektrischen Antrieben gelöst. Hauptgründe hierfür sind:

- Elektrische Energie steht beinahe überall zur Verfügung
- Elektrische Antriebe erzeugen im Vergleich zu vielen anderen Antriebsprinzipien praktisch keine Verschmutzung
- Elektrische Antriebe sind einfach zu regeln
- Elektrische Antriebe sind energieeffizient
- Es stehen wartungsfreie Lösungen zur Verfügung
- Elektrische Antriebe haben vergleichsweise niedrige Geräuschemissionen

■ 1.1 Einsatzgebiete

Elektrische Antriebe werden in einer Vielzahl von Produkten des täglichen Lebens (Konsumgüter), aber auch in Maschinen und Anlagen (Investitionsgüter), eingebaut. Exemplarisch zeigen die Bilder 1.2 bis 1.6 einige Beispiele aus den Bereichen Kraftfahrzeugbau, Computer und Produktionsmaschinen.

Bild 1.2 Stellantriebe in Kraftfahrzeugen, links: Lenksäulenverstellung, rechts: Fensterheberantrieb (© Robert Bosch GmbH, Homepage Kraftfahrzeugtechnik, 2012)

In Produktionsmaschinen wie Werkzeugmaschinen, Maschinen zur Herstellung von Halbleitern, Maschinen zur Kunststoffverarbeitung, Holzbearbeitungsmaschinen, oder Druckmaschinen haben elektrische Antriebe maßgeblichen Einfluss auf die statischen und dynamischen Maschineneigenschaften. Sie beeinflussen insbesondere:

- die Präzision des Produkts, wie z. B. die Maßhaltigkeit von Werkstücken oder Druckqualität von Prospekten und Zeitschriften
- die Produktivität der Maschine in Erzeugnissen pro Zeiteinheit

Bild 1.3 Fahrantrieb in Kraftfahrzeugen; ① Litium-Ionen-Batterie, ② E-Maschine, ③ Leistungselektronik (© BMW AG, Press Club, 2012)

Bild 1.4 Elektrische Antriebe in Festplatten (© Christian Jansky, Wikipedia, 2012)

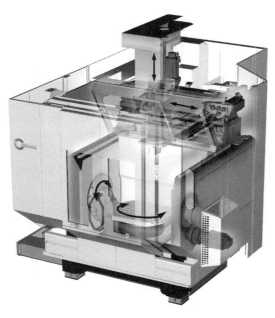

Bild 1.5 Elektrische Antriebe in Werkzeugmaschinen (© Hermle AG, 5-Achsen Bearbeitungszentrum, 2012)

Bild 1.6 Druckmaschinen (© Koenig &
Bauer AG, 2012)

■ 1.2   Aufgaben und Betriebszustände elektrischer Maschinen

Bei elektrischen Maschinen unterscheidet man Motoren und Generatoren (Bild 1.7). Motoren wandeln elektrische in mechanische Energie um. Sie liefern die Kraft oder das Drehmoment zur Steuerung der Bewegung einer Masse.

Ein Generator wandelt im Gegensatz zum Motor mechanische Energie in elektrische Energie um. Die wichtigste Anwendung von Generatoren sind Kraftwerke zur Stromerzeugung. Bei den meisten Kraftwerkstypen wird in Wasser- oder Dampfturbinen zunächst mechanische Energie erzeugt und anschließend in elektrische Energie gewandelt.

In einigen Fällen wird eine elektrische Maschine zur Energiewandlung in beide Richtungen genutzt, d. h. sie wird als Motor oder Generator betrieben. Bei einem Bremsvorgang wird in der elektrischen Maschine die in den mechanischen Antriebselementen gespeicherte Bewegungsenergie in elektrische Energie gewandelt. Die zurückgewandelte Energie kann für anschließende Beschleunigungsvorgänge gespeichert oder anderen Verbrauchern zur Verfügung gestellt werden. Daraus resultiert eine Reduzierung des Energieverbrauches bzw. eine Erhöhung des Gesamtwirkungsgrades. Elektrische Maschinen, welche primär der Bewegungserzeugung dienen, bezeichnet man umgangssprachlich als Motor, der wechselweise einen motorischen oder generatorischen Betriebszustand zulässt. Wird eine elektrische Maschine primär zur Stromerzeugung eingesetzt, kann überschüssige elektrische Energie (z. B. aus Windkraftanlagen oder

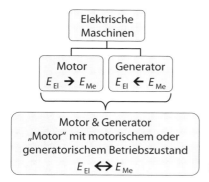

Bild 1.7 Elektrische Maschinen

Photovoltaikanlagen) in mechanische Energie gewandelt werden, wie dies in Pumpenspeicherkraftwerken geschieht. Umgangssprachlich spricht man in diesem Fall von einem Generator. Die Betriebszustände Motorbetrieb bzw. Generatorbetrieb sind in Bild 1.8 (links) abhängig vom Vorzeichen der Motordrehzahl und des Motordrehmomentes gezeigt.

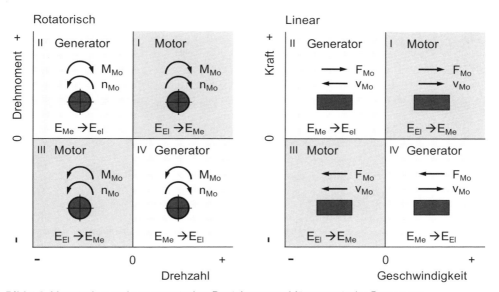

Bild 1.8 Motorischer und generatorischer Betriebszustand für rotatorische Bewegung

Sind Motordrehmoment und Motordrehzahl gleichsinnig gerichtet, so wird die Maschine motorisch betrieben, im umgekehrten Fall generatorisch. Im Quadranten I ist der Motor rechtsdrehend (im Uhrzeigersinn), während er sich im Quadranten III links dreht (gegen den Uhrzeigersinn). Bei einem Motor, der unmittelbar eine Linearbewegung erzeugt, gilt entsprechendes für die Motorkraft und die Motorgeschwindigkeit (Bild 1.8, rechts).

■ 1.3 Bewegungsarten und Bewegungsgleichungen

Ein Unterscheidungsmerkmal bei Antrieben ist die zur Lösung der Antriebsaufgabe erforderliche Bewegungsart (Bild 1.9):

- linear bzw. translatorisch
- drehend bzw. rotatorisch

Die Bewegung einer Masse wird durch deren Bewegungskoordinaten beschrieben (Tabelle 1.1). Eine lineare Bewegung hat die Bewegungskoordinaten Position, Geschwindigkeit und Beschleunigung. Eine rotatorische Bewegung wird durch Winkelposition, Winkelgeschwindigkeit und Winkelbeschleunigung beschrieben. Weitere Analogien zwischen linearen und rotatorischen Bewegungen sind im Anhang unter „Weiterführende Informationen" aufgeführt.

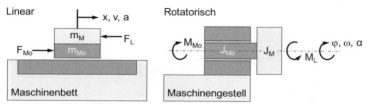

Bild 1.9 Formelzeichen

x	Position	Position	m
v	Geschwindigkeit	Velocity	m/s
a	Beschleunigung	Acceleration	m/s^2
φ	Winkelposition	Angular position	rad
ω	Winkelgeschwindigkeit	Angular speed	rad/s
α	Winkelbeschleuingung	Angular acceleration	rad/s^2

Tabelle 1.1 Bewegungskoordinaten

Aufgabe eines Antriebes ist es, die anzutreibende Masse bzw. das anzutreibende Massenträgheitsmoment innerhalb vorgegebener Bewegungskoordinaten zu führen. Auch der bewegte Teil des Motors hat eine Masse bzw. ein Massenträgheitsmoment. Zunächst soll der Idealfall, dass die Elastizität zwischen der anzutreibenden Masse und dem Motor vernachlässigt werden kann, betrachtet werden. Da die mechanische Verbindung zwischen den beiden Massen dabei als starr betrachtet wird, spricht man von einer „starren Kopplung". Der Fall einer „elastischen Kopplung" von Massen wird später betrachtet (Kapitel 2).

Die bewegte Masse setzt sich aus der Summe aller Einzelmassen, die zu bewegen sind, zusammen. Sie wird daher als Gesamtmasse bezeichnet. In dem in Bild 1.9 dargestellten Beispielfall ist die Gesamtmasse:

$$m_\mathrm{T} = m_\mathrm{M} + m_\mathrm{Mo} \tag{1.1}$$

m_T	Gesamtmasse	Total mass	kg
m_M	Anzutreibende Masse	Mass to be moved	kg
m_Mo	Masse bewegtes Motorteil	Mass moved motor part	kg

Entsprechendes gilt für eine rotatorische Bewegung. Im Folgenden werden Massenträgheitsmomente immer als Trägheitsmomente bezeichnet. Im in Bild 1.9 dargestellten Beispielfall ist das Gesamtträgheitsmoment:

$$J_T = J_M + J_{Mo} \qquad (1.2)$$

J_T	Gesamtträgheitsmoment	Total inertia	kg m²
J_M	Trägheitsmoment anzutreibende Masse	Inertia mass to be moved	kg m²
J_{Mo}	Trägheitsmoment bewegtes Motorteil	Inertia moved motor part	kg m²

Für eine punktförmige Masse mit Abstand r zum Drehpunkt berechnet sich das Trägheitsmoment zu:

$$J = mr^2 \qquad (1.3)$$

Das wichtigste Trägheitsmoment bei Antrieben ist der Zylinder bzw. der Hohlzylinder. Das Trägheitsmoment des Hohlzylinders (Bild 1.10) berechnet sich abhängig von der Materialdichte (Tabelle 1.2) zu:

$$J = \frac{\pi l \rho}{32} \left(d_1^4 - d_2^4\right) \qquad (1.4)$$

ρ	Dichte	Density	kg/m³

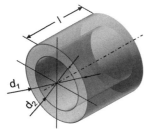

Bild 1.10 Hohlzylinder

Aluminium	2,70	g/cm³
Stahl	7,85	g/cm³
Kupfer	8,94	g/cm³

Tabelle 1.2 Dichte von Materialien

Die Summe der Kräfte, die der Motorkraft entgegenwirken, wird als Lastkraft bezeichnet. Entsprechendes gilt für die Drehmomente (Tabelle 1.3).

F_L	Lastkraft	Load force	N
F_{Mo}	Motorkraft	Motor force	N
M_L	Lastdrehmoment	Load torque	Nm
M_{Mo}	Motordrehmoment	Motor torque	Nm

Tabelle 1.3 Kräfte und Drehmomente

Beispiele für Lastkräfte bzw. Lastdrehmomente sind (Tabelle 1.4):

F_P	Prozesskraft	*Process force*	N	**Tabelle 1.4** Lastkräfte und Lastdreh-momente
F_W	Gewichtskraft	*Weight force*	N	
F_F	Reibungskraft	*Friction force*	N	
M_P	Prozessdrehmoment	*Process torque*	Nm	
M_W	Gewichtsdrehmoment	*Weight torque*	Nm	
M_F	Reibungsdrehmoment	*Friction torque*	Nm	

 Wirken die Kräfte bzw. Drehmomente nicht ausschließlich in bzw. gegen die Bewegungsrichtung, so sind nur die Anteile, welche in bzw. gegen die Bewegungsrichtung wirken, zu berücksichtigen.

Die Bewegungsgleichung für die in Bild 1.9 gezeigte lineare Bewegung lautet:

$$m_T \ddot{x} = m_T a = F_{Mo} - F_L \qquad\qquad (1.5)$$

Die Kraft, die zum Beschleunigen zur Verfügung steht, wird auch als Beschleunigungskraft bezeichnet. Das Kräftegleichgewicht an der zu bewegenden Masse in Bewegungsrichtung lautet:

$$F_{Mo} - F_L - F_{Ac} = 0 \qquad\qquad (1.6)$$

F_{Mo}	Motorkraft	*Motor force*	N
F_L	Lastkraft	*Load force*	N
F_{Ac}	Beschleunigungskraft	*Acceleration force*	N

Ist die Motorkraft betragsmäßig größer als die Lastkraft, so wird die anzutreibende Masse beschleunigt. Im umgekehrten Fall wird die anzutreibende Masse verzögert. Bei Gleichheit der beiden Kräfte bleibt die Geschwindigkeit konstant. Der Motor eignet sich dadurch zur Steuerung von Bewegungen. Es lässt sich eine Unterscheidung in folgende zwei Betriebszustände durchführen:

- Stationärer Betriebszustand (Stationärer Fall)
  $F_{Mo} = F_L$, $F_{Ac} = 0$ und $v =$ konstant
- Instationärer Betriebszustand (Instationärer oder transienter Fall)
  $F_{Mo} \neq F_L$, $F_{Ac} \neq 0$ und $v \neq$ konstant

Die Bewegungsgleichung für die in Bild 1.9 gezeigte rotatorische Bewegung lautet:

$$J_T \ddot{\varphi} = J_T \alpha = M_{Mo} - M_L \qquad\qquad (1.7)$$

Das Drehmoment, das zum Beschleunigen zur Verfügung steht, wird auch als Beschleunigungsdrehmoment bezeichnet. Das Drehmomentgleichgewicht lautet:

$$M_{Mo} - M_L - M_{Ac} = 0 \qquad\qquad (1.8)$$

M_{Mo}	Motordrehmoment	*Motor torque*	Nm
M_L	Lastdrehmoment	*Load torque*	Nm
M_{Ac}	Beschleunigungsdrehmoment	*Acceleration torque*	Nm

Anstatt Winkelgeschwindigkeiten werden bei elektrischen Antrieben fast ausschließlich Drehzahlen angegeben. Der Zusammenhang zwischen beiden Größen lautet:

$$\boxed{\omega = 2\pi n}$$ (1.9)

n	Drehzahl	*Speed*	1/s

Die Drehzahl wird üblicherweise in Umdrehungen pro Minute [1/min] oder als „rounds per minute" [rpm] angegeben.

Für die von der linearen Bewegung bekannten beiden Betriebszustände gilt:

- Stationärer Betriebszustand (Stationärer Fall)
  $M_{Mo} = M_L$, $M_{Ac} = 0$ und n = konstant

- Instationärer Betriebszustand
  $M_{Mo} \neq M_L$, $M_{Ac} \neq 0$ und $n \neq$ konstant

 Erfolgt zwischen dem Motor und der anzutreibenden Masse mittels mechanischer Antriebselemente eine Anpassung der Drehzahl oder eine Bewegungswandlung von einer drehenden in eine lineare Bewegung, so müssen alle die Bewegung beschreibenden Größen auf einen gemeinsamen Punkt im Antriebsstrang (Bezugspunkt) bezogen werden. Dies wird in Kapitel 2 behandelt.

■ 1.4 Antriebe mit fester oder variabler Drehzahl

Im einfachsten Fall wird zur Lösung einer Antriebsaufgabe der Elektromotor an das zur Verfügung stehende Spannungsnetz angeschlossen. Falls für den Prozess andere Drehmomente oder Drehzahlen benötigt werden als der Elektromotor bereitstellt, so werden dem Motor mechanische Antriebselemente, wie z. B. Getriebe, nachgeschaltet. Die einzige Steuerungsmöglichkeit ist das Ein- bzw. Ausschalten des Motors. Abhängig von der Drehmoment- bzw. Kraftbelastung des Motors stellt sich eine Drehzahl bzw. Geschwindigkeit ein. Da die Motordrehzahl während der Projektierung festgelegt wird, bezeichnet man solche Antriebe als Antriebe mit fester Drehzahl.

Bei Antrieben mit variabler Drehzahl, welche auch drehzahlveränderliche Antriebe genannt werden, ist die Drehzahl während des Betriebes veränderbar. Die gewünschte Drehzahl (Solldrehzahl: n_{Soll}) wird z. B. in einem Programm, in einer graphischen Bedienoberfläche oder mittels eines Potentiometers festgelegt. Drehzahlveränderliche Antriebe gibt es in zwei Ausführungen (Bild 1.11). Bei geregelten Antrieben wird die tatsächliche Drehzahl (Istdrehzahl:

n_{Ist}) gemessen, mit der gewünschten Drehzahl verglichen und die Abweichung zwischen beiden Werten mittels eines Reglers minimiert. Dieser Vergleich ist bei gesteuerten Antrieben nicht vorhanden, weshalb Abweichungen zwischen gewünschter Drehzahl und tatsächlicher Drehzahl nicht erkannt werden. Die Aufgaben der im Bild dargestellten Komponenten werden im weiteren Verlauf dieses Abschnitts erläutert.

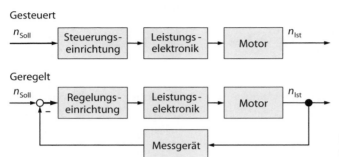

Bild 1.11 Drehzahlvariable Antriebe – Gesteuert oder geregelt

Es gibt eine Vielzahl von Prozessen, bei denen eine sich zeitlich schnell ändernde Größe sehr präzise eingehalten werden muss. Am häufigsten muss die Position eines Maschinenelementes möglichst schnell und genau einem vorgegebenen (programmierten) Weg-Zeit-Verlauf folgen. Drehzahlgeregelte Antriebe, welche diese Anforderungen erfüllen, werden Servoantriebe genannt. Sie lassen sich im Vergleich zu anderen drehzahlvariablen Antrieben im Wesentlichen wie folgt charakterisieren:

- Regelung der für die Antriebsaufgabe relevanten Größe
- Geringe statische und dynamische Abweichung zwischen gewünschter und tatsächlicher Größe

Beispiele für Einsatzgebiete von Servoantrieben mit hohen Anforderungen an die Antriebseigenschaften sind Werkzeugmaschinen oder Maschinen zur Halbleiter- und Elektronikproduktion. In beiden Fällen wird die Position geregelt. Zur Lösung derartiger Anforderungen sind neben dem Motor noch weitere Komponenten, welche meist speziell auf die im Vergleich zu anderen Antriebsaufgaben hohen Anforderungen ausgelegt sind, erforderlich.

Ein Servoantrieb setzt sich aus folgenden Komponenten zusammen (Bild 1.12):

Motor zur Wandlung von elektrischer in mechanische Energie (Energiewandler). Erzeugung des für die Antriebsaufgabe erforderlichen Drehmoments bzw. der erforderlichen Kraft.

Leistungselektronik, die den Leistungsfluss in den Motor so steuert, dass die vorgegebene Kraft bzw. das vorgegebene Drehmoment bereitgestellt wird. Neben der Aufgabe der Leistungssteuerung hat die Leistungselektronik in einigen Fällen zusätzlich die Aufgabe der Energieumformung. Dies ist notwendig, wenn die dem Antrieb zur Verfügung stehende Spannung in zur Steuerung des Motors geeignete Spannung umzuformen ist (z. B. 220 V in 24 V oder Wechsel- in Gleichspannung).

Regelungs- und Steuerungseinrichtung (Motion Controller) zur Signalverarbeitung und Ermittlung der Stellsignale für die Leistungselektronik aus vorgegebenen Prozessdaten. Die Signalverarbeitung erfolgt meist digital auf leistungsfähigen Prozessoren mittels Software. Gleiches gilt für die gesamte Prozessführung und Prozessüberwachung. Anstatt der Bezeichnung Regelungs- und Steuerungseinrichtung ist die englische Bezeichnung Motion Controller für diese Komponente sehr verbreitet.

Mechanische Übertragungselemente wie z. B. Getriebe sind häufig erforderlich, um eine optimale Anpassung des Arbeitspunktes des Motors an den der Antriebsaufgabe zu gewährleisten. Ein Arbeitspunkt für ein drehendes Maschinenelement ist definiert durch Drehmoment und Drehzahl (M, n). Im linearen Fall ist er durch Kraft und Geschwindigkeit (F, v) festgelegt.

Messgeräte zur Erfassung der Istwerte für Größen, die geregelt oder überwacht werden, wie z. B. Position, Strom, Temperatur. In den meisten Fällen sind die Messgeräte in den Motor oder die Antriebseinheit eingebaut.

Zusätzlich ist in Bild 1.12 der Leistungsfluss und der Signalfluss dargestellt. Komponenten für Servoantriebe in Produktionsmaschinen zeigt Bild 1.13

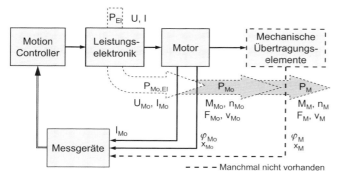

Bild 1.12 Leistungsfluss und Signalfluss eines Servoantriebs

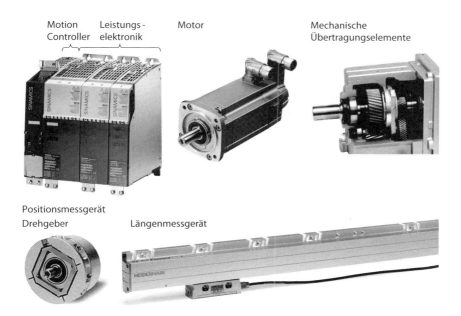

Bild 1.13 Komponenten für Servoantriebe in Produktionsmaschinen (© Siemens AG, 2012 (Motion Controller, Leistungselektronik und Motor); © Lenze SE, 2012 (Mechanische Übertragungselemente); © Dr. Johannes Heidenhain GmbH, 2012 (Positionsmessgeräte))

Bei Servoantrieben wird, abhängig von der Bewegungsart, eine der folgenden drei Größen vorgegeben:

- Position bzw. Winkelposition
- Geschwindigkeit bzw. Drehzahl
- Kraft bzw. Drehmoment

Gesteuerte Antriebe sind für eine genaue Einhaltung der vorgegebenen Größe aus folgenden Gründen ungeeignet:

- Ihre Dynamik reicht nicht aus, um schnellen Änderungen der vorgegebenen Größe, z. B. der Drehzahl, zu folgen.
- Auftretende Lastkräfte bzw. Lastdrehmomente bewirken unzulässig hohe Abweichungen von der vorgegebenen Größe. Bei Industrierobotern sind dies z. B. Gewichtskräfte, die durch die kinematische Anordnung als variable Drehmomente auf die Motoren wirken.

Bei geregelten Antrieben ist die zu regelnde Größe die Regelgröße, z. B. die Position. Für die Regelgröße wird ein Sollwert vorgegeben (Bild 1.14). Der Istwert der Regelgröße wird mit einem Messgerät gemessen. Das Messgerät stellt die Messgröße zur Verfügung. Die Messgröße sollte möglichst genau mit dem Istwert übereinstimmen. Idealerweise sind beide Größen identisch ($y = x$). Das zu regelnde System ist die Regelstrecke. In der Regeleinrichtung wird die Messgröße mit dem Sollwert verglichen, woraus sich die Regelabweichung ($e = w - y$) ergibt. Der Regler berechnet daraus ein Stellsignal, das eine Minimierung der Abweichung bewirkt. Neben der Änderung des Sollwertes können auch andere Größen zu einer Abweichung der Regelgröße vom Sollwert führen. Diese Größen werden Störgrößen genannt. Eine Störgröße bei einem Antrieb in einer Werkzeugmaschine ist z. B. die Bearbeitungskraft bei der Zerspanung. Der Antrieb eines Aufzugs hat z. B. das Gewicht zusteigender Personen als Störgröße. Die im Weiteren verwendeten Größen und deren Formelzeichen zeigt Tabelle 1.5 im Überblick.

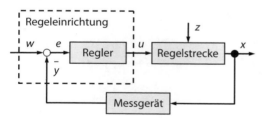

Bild 1.14 Regelkreis

Größe	Formelzeichen
Istwert	x
Sollwert	w
Messgröße	y
Regelabweichung	e
Stellgröße	u
Störgröße	z

Tabelle 1.5 Größen im Regelkreis und ihre Formelzeichen

Es gibt auch Prozesse, bei denen ein Antrieb abhängig von Prozesszuständen unterschiedliche Größen regeln muss. Ein Beispiel hierfür ist der Prozess des Kunststoffspritzgießens, bei dem zwischen Geschwindigkeitsregelung während des Einspritzvorgangs und Kraftregelung im Nachrückvorgang umgeschaltet wird.

Bei positionsgeregelten elektrischen Antrieben werden üblicherweise folgende Größen gemessen:

Position: Bei einem rotatorischen Motor wird die Winkelposition der Motorwelle und bei einem Linearmotor die Position der anzutreibenden Masse, gemessen. Durch Differentiation der Position wird ein Drehzahl- bzw. Geschwindigkeitsmesswert ermittelt. Eine zweite Messung der Position in der Wirkkette möglichst nahe am Produktions- oder Messprozess, zur Erhöhung der Maschinen- oder Messgenauigkeit, ist optional.

Strom bzw. Ströme: Die Bestromung des Motors wird immer gemessen. Unter anderem werden der Stromistwert bzw. die Stromistwerte für den Stromregler und zur Überwachung benötigt.

Motortemperatur: Die Messung der Motortemperatur erfolgt zur Vermeidung einer Überhitzung und damit Beschädigung des Motors. Es wird entweder im Motor die Überschreitung eines zulässigen Temperaturwertes detektiert und als Schaltsignal ausgegeben, oder die gemessene Temperatur an die Steuerungseinrichtung übertragen und dort weiterverarbeitet.

Die Regler für Position, Drehzahl und Strom sind heute durchgängig digital ausgeführt. Im Vergleich zu analogen Reglern ist bei digitalen Reglern der Regelkreis nicht permanent geschlossen, sondern nur zu bestimmten Zeitpunkten, den sogenannten Abtastzeitpunkten. Bei digitalen Reglern ist zwischen den Abtastzeitpunkten keine Regelung vorhanden. Das System befindet sich dann in einem gesteuerten Zustand. Die Zeitdauer zwischen den Abtastzeitpunkten wird Abtastzeit genannt und ist konstant.

Ist die Abtastzeit groß, d. h. der Regelkreis ist nur selten geschlossen, so kann das Antriebsverhalten nur schlecht beeinflusst werden. Da das Antriebverhalten maßgeblich von der Abtastzeit bestimmt wird, gleichzeitig aber die Kosten der Regelungseinrichtung mit einer Erniedrigung der Abtastzeit steigen, muss für die jeweilige Antriebsaufgabe immer ein Kompromiss zwischen den konträren Zielen niedrigster Abtastzeit und niedrigste Kosten gefunden werden. Typische Abtastzeiten bei elektrischen Antrieben sind im Bereich zwischen $31{,}25\,\mu s$ und $250\,\mu s$. Häufig erfolgt die Angabe der Leistungsfähigkeit der Regelungseinrichtung als Abtastfrequenz.

$$f_s = \frac{1}{T_s} \qquad\qquad (1.10)$$

T_s	Abtastzeit	*Sample time*	s
f_s	Abtastfrequenz	*Sample frequency*	Hz

Digitale Regeleinrichtungen (Motion Controller) für elektrische Antriebe basieren heute meist auf einem Rechner mit leistungsfähigem Prozessor (Hardware), auf dem der Regelalgorithmus, der als Programm (Software) realisiert ist, abläuft. Da die Abarbeitung der Regelalgorithmen in einem eng tolerierten zeitlichen Takt erfolgen muss, muss die Hard- und Software für Echtzeitaufgaben ausgelegt sein (Echtzeitrechner).

◼ 1.5 Antriebsprinzipien

Neben der Bewegungsart (linear oder rotatorisch) ist bei elektrischen Antrieben das Antriebsprinzip ein weiteres wichtiges Unterscheidungsmerkmal. Man unterscheidet:

- Elektromechanische Antriebe
- Elektrische Direktantriebe

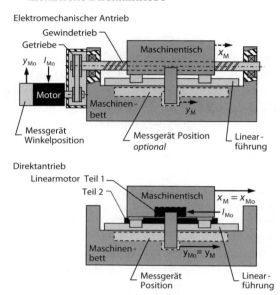

Bild 1.15 Unterscheidungsmerkmale linearer elektrischer Antriebe

Sowohl bei linearen (Bild 1.15 und Bild 1.17) als auch bei rotatorischen Bewegungsachsen
(Bild 1.16) werden zum weitaus größten Anteil einem rotatorischen Motor mechanische Antriebskomponenten, wie Getriebe, Gewindetriebe, Zahnriemen, Zahnstange-Ritzel, nachgeschaltet, um auf wirtschaftliche Weise die für die jeweiligen Antriebsaufgaben erforderlichen Kräfte bzw. Drehmomente zu erzeugen. Diese Antriebskomponenten werden mechanische Übertragungselemente genannt. Bei linearen Bewegungsaufgaben werden mechanische
Übertragungselemente auch dazu genutzt, um aus der rotatorischen Bewegung des Motors
eine Linearbewegung zu erzeugen. Elektrische Antriebe, bei denen zur Erfüllung der Antriebsaufgabe dem Elektromotor mechanische Übertragungselemente nachgeschaltet sind, werden
als elektromechanische Antriebe bezeichnet. Die Drehzahl des Motors ist nicht identisch mit
derjenigen der anzutreibenden Masse. Entsprechendes gilt für die Winkelposition.

$$n_{Mo} \neq n_M \tag{1.11a}$$

$$\varphi_{Mo} \neq \varphi_M \tag{1.11b}$$

Bei elektrischen Direktantrieben verzichtet man bewusst auf mechanische Übertragungselemente. Der Motor ist bei elektrischen Direktantrieben starr mit der anzutreibenden Masse verbunden. Die zu bewegende Masse und der Motor haben eine gemeinsame Lagerung und bei
Drehachsen zusätzlich eine gemeinsame Welle. Die Geschwindigkeit bzw. Drehzahl des Mo-

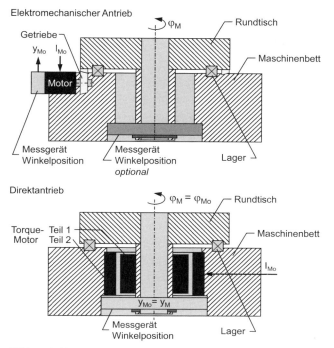

Bild 1.16 Unterscheidungsmerkmale rotatorischer elektrischer Antriebe

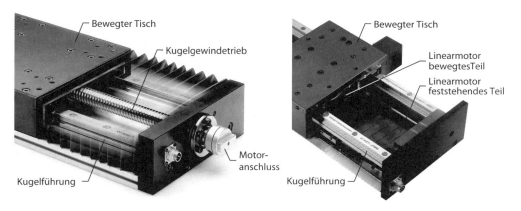

Bild 1.17 Linearachse; links: elektromechanisch, rechts: direkt angetrieben (© SKF GmbH, 2012)

tors ist, sofern Materialelastizitäten vernachlässigt werden, identisch mit derjenigen der anzutreibenden Masse. Entsprechendes gilt für die Position bzw. Winkelposition.

$$v_{Mo} = v_M \quad \text{bzw.} \quad n_{Mo} = n_M \tag{1.12a}$$

$$x_{Mo} = x_M \quad \text{bzw.} \quad \varphi_{Mo} = \varphi_M \tag{1.12b}$$

Wird zur Bewegungserzeugung ein rotatorischer Motor verwendet, so gibt es eine Ausführung, welche zwischen den beiden vorgestellten Prinzipien angesiedelt ist. Dabei werden me-

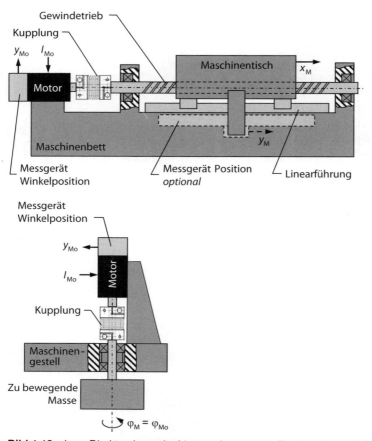

Bild 1.18 oben: Direkt gekoppelte Linearachse, unten: Direkt gekoppelte Drehachse

chanische Übertragungselemente nicht zur Anpassung von Drehzahlen bzw. Drehmomenten zwischen Motor und anzutreibender Masse genutzt (Bild 1.18). Um Achsversatz zwischen den Antriebswellen, Fluchtungsfehler etc. auszugleichen, wird zwischen dem Motor und der anzutreibenden Masse eine Kupplung eingebaut. Im Gegensatz zu Direktantrieben ist der Motor nicht so starr mit der anzutreibenden Masse verbunden. Charakteristisch ist auch, dass die anzutreibende Masse und der Motor jeweils eine eigenständige Lagerung besitzt. Antriebe mit einem derartigen Aufbau werden direkt gekoppelte Antriebe genannt.

Im rotatorischen Fall ist, sofern die Elastizität der Kupplung und der anderen mechanischen Elemente in Antriebsstrang gering ist, die Drehzahl und Winkelposition des Motors ungefähr identisch mit derjenigen der anzutreibenden Masse.

$$n_{\mathrm{Mo}} \approx n_{\mathrm{M}} \tag{1.13a}$$

$$\varphi_{\mathrm{Mo}} \approx \varphi_{\mathrm{M}} \tag{1.13b}$$

Für die meisten Betrachtungen können die Drehzahlen und die Positionen jeweils gleichgesetzt werden.

2 Mechanische Übertragungs-elemente

■ 2.1 Einführung

Das Bauvolumen und die Kosten eines Elektromotors sind, bei ansonsten gleichen Konstruktionsbedingungen, im Wesentlichen vom Drehmoment, das der Motor zur Verfügung stellen muss, abhängig. Die Motordrehzahl beeinflusst die Motorkosten erst ab Drehzahlen von ca. $15\,000\,\mathrm{min}^{-1}$ nennenswert. Unter der Annahme gleicher Konstruktionsbedingungen ist das Motordrehmoment oder die Motorkraft proportional zur Fläche, die zur Drehmoment- oder Krafterzeugung beiträgt.

Rotatorischer Motor: $\qquad M_{\mathrm{Mo}} = c_{\mathrm{A}}\,A_{\mathrm{T}}$ (2.1a)

Linearmotor: $\qquad F_{\mathrm{Mo}} = c_{\mathrm{A}}\,A_{\mathrm{F}}$ (2.1b)

c_{A}	Konstante Motordrehmoment zu drehmomenterzeugender Fläche	Constant motor torque to torque generating area	Nm/m^2
	Konstante Motorkraft zu krafterzeugender Fläche	Constant motor force to force generating area	N/m^2
A_{T}	Drehmomenterzeugende Fläche	Torque generating area	m^2
A_{F}	Krafterzeugende Fläche	Force generating area	m^2

Bei rotatorischen Motoren ist das die Mantelfläche eines Zylinders (Bild 2.1).

$\qquad A_{\mathrm{T}} = \pi\,d_{\mathrm{T}}\,l_{\mathrm{T}}$ (2.2)

d_{T}	Drehmomenterzeugender Durchmesser	Torque generating diameter	m
l_T	Drehmomenterzeugende Länge	Torque generating length	m

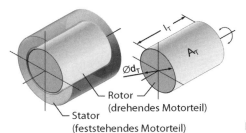

Rotor
(drehendes Motorteil)
Stator
(feststehendes Motorteil)

Bild 2.1 Drehmomenterzeugende Fläche

Eine Veränderung des Motordrehmomentes kann entweder durch alleinige Änderung des Durchmessers oder der Länge oder durch gleichzeitige Änderung beider Größen erfolgen.

Durch eine Änderung des Durchmessers und/ oder der Länge wird gleichzeitig das Trägheits-moment beeinflusst, wobei für die weitere Betrachtung davon ausgegangen wird, dass sich das innere Teil dreht. Das Trägheitsmoment soll auf Basis eines Vollzylinders mit konstanter Dichte berechnet werden. Hohlräume oder unterschiedliche Materialen bei realen Maschi-nen werden dadurch berücksichtigt, dass eine mittlere Dichte angenommen wird. Für das Trägheitsmoment gilt:

$$J_{\text{Mo}} = \frac{\pi}{32} \, \rho_A \, l_T \, d_T^4 \tag{2.3}$$

| ρ_A | Mittlere Dichte | *Averaged density* | kg/m^3 |

Wird eine Verdoppelung des Motordrehmomentes gewünscht, kann dies z. B. über eine Ver-doppelung der Länge oder des Durchmessers erreicht werden. Bei einer Verdoppelung der Länge ergibt sich eine Verdoppelung des Trägheitsmomentes. Das Beschleunigungsvermö-gen des Motors bleibt damit konstant. Im Gegensatz dazu erhöht sich bei Verdoppelung des Durchmessers das Trägheitsmomentes auf das 16-Fache des ursprünglichen Wertes. Das Be-schleunigungsvermögen sinkt auf 1/8 des ursprünglichen Wertes.

Durch die Wahl der Länge und des Durchmesser des Motors ist es möglich, einen Motor auf hohes Beschleunigungsvermögen oder auf hohen Drehzahl- bzw. Geschwindigkeitsgleichlauf auszulegen. Abhängig von der Applikation ist das eine oder das andere erforderlich (Tabel-le 2.1). Da ein Motor immer eine zu bewegende Masse antreibt, sind für eine Optimierung des Antriebes alle zu bewegenden Massen des Antriebsstranges zu berücksichtigen. Weitere Betrachtungen hierzu finden sich im Abschnitt „Beschleunigungsvermögen und Gleichlauf-verhalten" in diesem Kapitel.

Tabelle 2.1 Vergleich niedriges und hohes Trägheitsmoment des Motors

	Niedriges Trägheitsmoment **Low-Inertia-Motor**	**Hohes Trägheitsmoment** **High-Inertia-Motor**
Vorteil	Hohes Beschleunigungsvermögen	Hoher Drehzahl- oder Geschwindig-keitsgleichlauf
Applikation (Beispiele)	Handhabungstechnik Holzbearbeitungsmaschinen Maschinen für die Nahrungsmittel- und Getränkeindustrie	Werkzeugmaschinen Druckmaschinen Messmaschinen

Für die vom Motor bereitgestellte mechanische Leistung gilt:

$$P_{\text{Mo}} = M_{\text{Mo}} \, \omega_{\text{Mo}} = M_{\text{Mo}} \, 2\pi \, n_{\text{Mo}} \tag{2.4}$$

Bei konstantem Drehmoment des Motors ist dessen Leistung an der Welle umso größer, je höher die Drehzahl ist. Daher sollte die Motordrehzahl möglichst hoch gewählt werden, so dass ohne Kostenerhöhung für den Motor und die zugehörige Leistungselektronik die Motor-leistung gesteigert wird. Sind jedoch auf Grund vergleichsweise hoher Drehzahlen und/oder hoher Zentrifugalkräfte kostentreibende mechanische Maßnahmen am Motor erforderlich, ist eine gesonderte Wirtschaftlichkeitsbetrachtung erforderlich.

Die maximale Drehzahl von Elektromotoren ist oft höher als die von der Antriebsaufgabe geforderte maximale Drehzahl. In diesen Fällen ermöglichen mechanische Übertragungselemente zwischen dem Motor und der anzutreibenden Masse eine Anpassung des Arbeitspunktes des Motors an denjenigen der Antriebsaufgabe. Vernachlässigt man zunächst die Verluste im Antriebsstrang, so lautet die Leistungsbilanz:

$$\underbrace{M_{\text{Mo}}\,2\pi\,n_{\text{Mo}}}_{\text{Antriebsseite}} = \underbrace{M_{\text{M}}\,2\pi\,n_{\text{M}}}_{\text{Abtriebsseite}} \rightarrow M_{\text{Mo}} = \frac{n_{\text{M}}}{n_{\text{Mo}}}\,M_{\text{M}} \tag{2.5}$$

Das Motordrehmoment ergibt sich, abhängig vom Verhältnis der Drehzahlen von Abtriebsseite zu Antriebsseite, aus dem Drehmoment, das an der anzutreibenden Masse benötigt wird. Kann die Motordrehzahl größer als die Drehzahl der anzutreibenden Masse gewählt werden, ist eine Verringerung des erforderlichen Motordrehmoments möglich. Die Anpassung von Drehmomenten und Drehzahlen ist eine Aufgabe mechanischer Übertragungselemente. In elektrischen Antrieben ermöglichen sie eine technische und wirtschaftliche Optimierung des Motors und der Leistungselektronik (Bauvolumen und Kosten). Eine weitere Aufgabe von mechanischen Übertragungselementen in elektrischen Antrieben kann die Wandlung einer Drehbewegung in eine Linearbewegung sein.

Innerhalb des Antriebsstrangs können mehrere mechanische Übertragungselemente hintereinander, d. h. in Serie, geschaltet sein. Für jedes mechanische Übertragungselement werden die in Tabelle 2.2 gezeigten Größen eingeführt.

Tabelle 2.2 Formelzeichen

Bewegungsart	Antriebsseite	→	Abtriebsseite
rotatorisch → rotatorisch	Drehmoment	$M_1 \rightarrow M_2$	Drehmoment
	Drehzahl	$n_1 \rightarrow n_2$	Drehzahl
rotatorisch → linear	Drehmoment	$M_1 \rightarrow F_2$	Kraft
	Drehzahl	$n_1 \rightarrow v_2$	Geschwindigkeit

Abhängig von der Art der Kraftübertragung (Bild 2.2) unterscheidet man in:

- Reibschlüssige Übertragungselemente und
- Formschlüssige Übertragungselemente

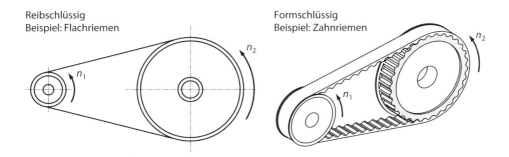

Reibschlüssig
Beispiel: Flachriemen

Formschlüssig
Beispiel: Zahnriemen

Bild 2.2 Reibschlüssige und formschlüssige Übertragungselemente

Bei reibschlüssigen Übertragungselementen erfolgt die Kraft- bzw. Drehmomentübertragung mittels Reibung. Prinzipbedingt kommt es bei reibschlüssigen Übertragungselementen zu

Schlupf zwischen Antriebs- und Abtriebsseite. Sie eignen sich daher nicht für Positionier-aufgaben. Bei Überschreitung des maximalen durch Reibung übertragbaren Drehmoments kommt es zum „Durchrutschen".

Formschlüssige Übertragungselemente nutzen Formelemente, wie Zähne, Kugeln, Ketten etc., zur Kraft- bzw. Drehmomentübertragung. Durch die ineinander greifenden Formelemente tritt kein Schlupf auf. Formschlüssige Übertragungselemente eignen sich daher für Positio-nieraufgaben.

■ 2.2   Leistungsbilanz und Wirkungsgrad

In elektrischen Antrieben werden elektrische und mechanische Leistungen gewandelt, um-geformt und übertragen. Bei diesen Vorgängen entstehen mehr oder weniger große Verluste. Die Bezeichnung der Leistung für das jeweilige Antriebselement im Antriebsstrang erfolgt entsprechend zu den Drehmomenten bzw. Drehzahlen:

P_1	Leistung Antriebseite	*Power driving side*	W
P_2	Leistung Abtriebsseite	*Power output side*	W
P_L	Verlustleistung	*Power loss*	W

Die Leistungsbilanz ist die Summe der zugeführten und abgeführten Leistungen. Die Summe ist in einem abgeschlossenen System immer null.

$$\underbrace{P_1}_{\substack{\text{zugeführte}\\\text{Leistung}}} \quad \underbrace{-P_2 - P_L}_{\substack{\text{abgeführte}\\\text{Leistung}}} = 0 \tag{2.6}$$

Der Wirkungsgrad ist definiert zu:

$$\boxed{\eta = \frac{P_2}{P_1}; \quad 0 \le \eta \le 1} \tag{2.7}$$

η	Wirkungsgrad	*Efficiency*

Bei hintereinandergeschalteten Antriebselementen sind zur Ermittlung des Gesamtwirkungs-grades die einzelnen Wirkungsgrade zu multiplizieren:

$$\boxed{\eta = \Pi_{i=1}^{n}\eta_i; \quad i = 1,...,n} \quad n: \text{Anzahl Antriebselemente Antriebsstrang} \tag{2.8}$$

■ 2.3   Drehzahlanpassung und Antriebsoptimierung

Zur Anpassung des Drehmomentes und der Drehzahl auf der Antriebsseite an das Drehmo-ment und die Drehzahl auf der Abtriebsseite werden bei elektromechanischen Antrieben

Getriebe eingesetzt. Sie werden genutzt, um Drehmomente bzw. Kräfte umzuformen und zu übertragen (Bild 2.3). Man unterscheidet in:

- Zahnradgetriebe
- Zugmittelgetriebe

Zugmittelgetriebe nutzen Zugmittel wie Riemen oder Ketten zur Übertragung von tangentialen Zugkräften. Das Zugmittel umschlingt zwei Scheiben, um aus dem Drehmoment auf der Antriebsseite die Zugkraft zu erzeugen und sie anschließend auf der Abtriebsseite in ein Drehmoment zu wandeln. Die Kraft- bzw. Leistungsübertragung erfolgt im sogenannten Lasttrum. Bei unbegrenzter Anzahl an Umdrehungen muss das Zugmittel zurückführt werden. Dies erfolgt im kraftfreien Leertrum.

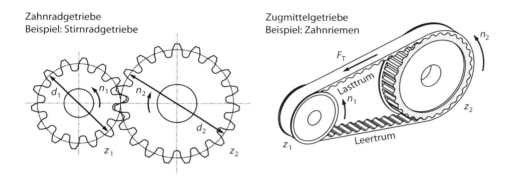

Bild 2.3 Zahnradgetriebe und Zugmittelgetriebe

Das Verhältnis von Antriebsdrehzahl zu Abtriebsdrehzahl des Getriebes ist die Getriebeübersetzung. Sie ist definiert zu:

$$i_G = \frac{n_1}{n_2}$$

(2.9)

i_G	Getriebeübersetzung	*Gear ratio*	
n_1	Drehzahl Antriebsseite	*Speed driving side*	1/s
n_2	Drehzahl Abtriebsseite	*Speed output side*	1/s

Der Zusammenhang zwischen dem Arbeitspunkt der Antriebsseite und dem Arbeitspunkt der Abtriebsseite kann immer mit

- dem kinematischen Zusammenhang und
- einer Leistungsbilanz

hergeleitet werden.

Den Zusammenhang zwischen den Motorgrößen und den Größen an der anzutreibenden Masse erhält man damit bei einem Zahnradgetriebe zu:

Kinematischer Zusammenhang

$$n_{Mo} = i_G\, n_M$$

(2.10)

Leistungsbilanz ($P_M = \eta_G P_{Mo}$)

$$M_M 2\pi n_M = \eta_G M_{Mo} 2\pi n_{Mo} = \eta_G M_{Mo} 2\pi i_G\, n_M \tag{2.11}$$

| η_G | Wirkungsgrad Getriebe | *Efficiency gear* |

Damit ergibt sich das erforderliche Motordrehmoment zu:

$$M_{Mo} = \frac{1}{\eta_G\, i_G} M_M \tag{2.12}$$

Das maximale Drehmoment auf der Abtriebsseite ist durch die Antriebsaufgabe vorgegeben, womit sich das maximal erforderliche Motordrehmoment berechnen lässt. Mit der Wahl der Getriebeübersetzung wird das maximal zur Verfügung zu stellende Drehmoment des Motors beeinflusst (Tabelle 2.3). Das maximale Drehmoment des Motors bestimmt im Wesentlichen dessen Bauvolumen. Ferner ist der Motorstrom in erster Näherung proportional zum Motordrehmoment. Die Größe der Leistungselektronik steigt mit dem Motorstrom. Unter diesen Gesichtspunkten ist es vorteilhaft, die Getriebeübersetzung $i_G > 1$ zu wählen.

Tabelle 2.3 Einfluss der Getriebeübersetzung

Getriebe-übersetzung	Drehzahl & Drehmoment	Bauvolumen & Kosten*	Antriebsprinzip
$i_G > 1$	$n_{Mo} > n_M$ $M_{Mo} < M_M$	↘ ✔	Elektromechanischer Antrieb
$i_G < 1$	$n_{Mo} < n_M$ $M_{Mo} > M_M$	↗ ✘	Elektromechanischer Antrieb
$i_G = 1$	$n_{Mo} = n_M$ $M_{Mo} = M_M$		Direktantrieb oder direkt gekoppelt

* Motor & Leistungselektronik

Aus technischen und wirtschaftlichen Gründen ist bei elektromechanischen Antrieben ein Motor auszuwählen, der Drehzahlen erlaubt, die nicht unter der von der Antriebsaufgabe geforderten maximalen Drehzahl liegen.

 Es ist allerdings zu beachten, dass ein Motor mit deutlich höherer Drehzahl als von der Antriebsaufgabe erforderlich eine höhere Stromaufnahme haben kann als ein Motor, dessen Drehzahl nur moderat über der zur Erfüllung der Antriebsaufgabe erforderlichen Drehzahl liegt. Eine zu hohe Wahl der Getriebeübersetzung führt dann nicht zu einem wirtschaftlichen Optimum.

■ 2.4 Wandlung einer Drehbewegungen in eine Linearbewegung

Zur Wandlung einer Drehbewegung in eine Linearbewegung werden in elektrischen Antrieben hauptsächlich folgende mechanischen Antriebskomponenten eingesetzt:

▪ Gewindetrieb

▪ Zahnriemen

▪ Zahnstange-Ritzel

2.4.1 Gewindetrieb

Ein Gewindetrieb besteht aus einer Welle mit einem Gewinde (Gewindespindel) und einer Mutter (Gewindemutter). Die Welle wird vom Motor angetrieben. Die anzutreibende Masse ist fest mit der Mutter verbunden. Eine Drehbewegung der Welle führt zu einer Linearbewegung der Mutter. Bild 2.4 zeigt exemplarisch einen Kugelgewindetrieb.

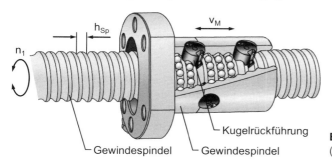

Kugelrückführung
Gewindespindel   Gewindespindel

Bild 2.4 Kugelgewindetrieb
(© SKF GmbH, 2012)

Um Reibungsverluste zu minimieren, werden zur Kraftübertragung von der Gewindespindel auf die Gewindemutter Kugeln eingesetzt, die auf Laufbahnen abrollen. Beim Gewindetrieb bestimmt die Spindelsteigung den kinematischen Zusammenhang zwischen der Drehzahl auf der Antriebsseite und der Geschwindigkeit auf der Abtriebsseite.

$$v_M = h_{Sp} n_1$$ (2.13)

h_{Sp} Spindelsteigung Gewindetrieb *Spindle pitch* m

Stellt man die Leistungsbilanz auf, so folgt:

$$F_M v_M = F_M h_{Sp} n_1 = \eta_{Sp} M_1 2\pi n_1$$ (2.14)

Das Drehmoment kann in eine Kraft umgerechnet werden:

$$F_M = \eta_{Sp} \frac{2\pi}{h_{Sp}} M_1$$ (2.15)

η_{Sp} Wirkungsgrad Gewindetrieb *Efficiency spindle*

2.4.2 Zahnriemen

Zahnriemen eignen sich neben dem Einsatz in Zugmittelgetrieben auch zur Wandlung einer Drehbewegung in eine Linearbewegung. Es gibt zwei Ausführungsformen:

- Umlaufender Zahnriemen
- Eingespannter Zahnriemen

Beim umlaufenden Zahnriemen ist die anzutreibende Masse fest mit dem Zahnriemen verbunden. Der Zahnriemen umschlingt jeweils am Ende des Verfahrweges eine Zahnscheibe. Eine der beiden Zahnscheiben wird vom Motor angetrieben (Bild 2.5). Insbesondere für große Verfahrwege, bei denen ein umlaufender Riemen wegen der Riemenlänge nicht zweckmäßig ist oder eine Zahnstange-Ritzel-Lösung die unwirtschaftlichere Lösung darstellt, werden eingespannte Zahnriemen eingesetzt. Der Zahnriemen umschlingt dabei nur eine Zahnscheibe, die vom Motor angetrieben wird.

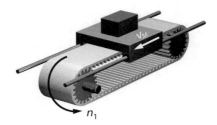

Bild 2.5 Zahnriemen zur Erzeugung einer Linearbewegung (© Lenze SE, 2012)

Bei Zahnriemen zur Erzeugung von Linearbewegungen ist die Geschwindigkeit auf der Abtriebsseite abhängig von der Drehzahl auf der Antriebsseite und dem wirksamen Durchmesser der Zahnscheibe. Der Zusammenhang lautet:

$$\boxed{v_{\mathrm{M}} = \pi d_{\mathrm{Eff}} n_1}$$

(2.16)

d_{Eff} Wirksamer Durchmesser Zahnscheibe   *Effective diameter tooth wheel*   m

Die an der anzutreibenden Masse verfügbare Kraft ist:

$$\boxed{F_{\mathrm{M}} = \eta_{\mathrm{Z}} \frac{2}{d_{\mathrm{Eff}}} M_1}$$

(2.17)

η_{Z} Wirkungsgrad Zahnriemengetriebe   *Efficiency toothed belt gear*

2.4.3 Zahnstange-Ritzel

Insbesondere bei sehr langen Verfahrwegen sind Zahnstange-Ritzel-Lösungen vorteilhaft (Bild 2.6). Der Motor treibt ein Zahnrad (Ritzel) an, welches in eine Zahnstange greift. Dadurch wird die Drehbewegung des Motors in eine Linearbewegung gewandelt. Der Verfahrweg ist unbegrenzt, da beliebig viele Zahnstangen in Bewegungsrichtung aneinander gestoßen werden können. Allerdings ist dies aufwändig.

Der Zusammenhang zwischen Geschwindigkeit und Kraft auf der Abtriebsseite und Drehzahl und Drehmoment auf der Antriebsseite ist identisch zu dem bei der Lösung mit Zahnriemen.

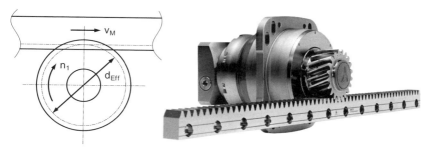

Bild 2.6 Zahnstange-Ritzel (rechts: © Wittenstein alpha GmbH, 2012)

■ 2.5 Wirkungsgrade

Tabelle 2.4 zeigt typische Wirkungsgrade mechanischer Übertragungselemente.

	η
Rotatorisch → Rotatorisch	
Zahnradgetriebe	
Stirnradgetriebe einstufig	0,9 – 0,98
Kegelradgetriebe	0,9 – 0,98
Schneckengetriebe	0,2 – 0,9
Zahnriemengetriebe einstufig	0,95 – 0,98
Rotatorisch → Linear	
Kugelgewindetrieb	0,8 – 0,96
Zahnriemen	0,95 – 0,98
Zahnstange-Ritzel	0,95

Tabelle 2.4 Typische Wirkungsgrade einiger mechanischer Übertragungselemente

■ 2.6 Umrechnung auf einen Bezugspunkt

Wird zwischen dem Motor und der anzutreibenden Masse mittels mechanischer Übertragungselemente eine Umformung bzw. Umwandlung von Drehzahlen und Geschwindigkeiten durchgeführt, so müssen zur Berechnung der Bewegungsgleichung alle Massen bzw. Trägheitsmomente und Kräfte bzw. Drehmomente auf einen gemeinsamen Punkt im Antriebsstrang bezogen werden. Meist wird der Motor oder die anzutreibende Masse (Antriebsseite oder Abtriebsseite) als gemeinsamer Bezugspunkt gewählt. Zur Umrechnung auf einen gemeinsamen Bezugspunkt werden die Energiebilanz und kinematischen Beziehungen genutzt. Im Weiteren wird von einer „starren Kopplung" zwischen der anzutreibenden Masse und dem Motor ausgegangen.

2.6.1   Elektromechanische Linearachse mit starrer Kopplung

Es soll die Bewegungsgleichung für den Bezugspunkt „Motor" (Antriebsseite bzw. Motorwelle) einer elektromechanischen Linearachse aufgestellt werden. Die kinetische Energie der anzutreibenden Masse ist:

$$E_{\mathrm{M}} = \frac{1}{2}\, m_{\mathrm{M}}\, v_{\mathrm{M}}^2 \qquad (2.18)$$

| E_{M} | Kinetische Energie anzutreibende Masse | *Kinetic energy mass to be moved* | J |

Es ist ein Trägheitsmoment zu bestimmen, das an der Motorwelle energetisch die gleiche Wirkung wie die anzutreibende Masse mit ihrer Geschwindigkeit hat. Die kinetische Energie einer rotierenden Masse ist ganz allgemein:

$$E = \frac{1}{2} J\omega^2 = \frac{1}{2}(2\pi)^2 J n^2 \qquad (2.19)$$

Die Winkelgeschwindigkeit für das zu bestimmende äquivalente Trägheitsmoment ist durch die Motordrehzahl festgelegt. Unter Berücksichtigung des Wirkungsgrades des mechanischen Übertragungselements folgt aus den beiden Beziehungen:

$$m_{\mathrm{M}}\, v_{\mathrm{M}}^2 = \eta (2\pi)^2\, J_{\mathrm{M}}\, n_{\mathrm{Mo}}^2 \qquad (2.20)$$

| J_{M} | Äquivalentes Trägheitsmoment | *Equivalent inertia* | $\mathrm{kg\,m^2}$ |

Die Beziehung zwischen Geschwindigkeit und Motordrehzahl ist abhängig von den eingesetzten mechanischen Übertragungselementen. Exemplarisch soll der Zusammenhang für eine elektromechanische Linearachse mit Getriebe und Gewindetrieb betrachtet werden (Bild 2.7).

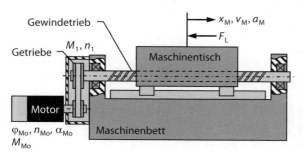

Bild 2.7 Elektromechanische Linearachse

Setzt man die dafür gültige kinematische Beziehung ($v_{\mathrm{M}} = h_{\mathrm{Sp}}/i_{\mathrm{G}}\, n_{\mathrm{Mo}}$) ein, so folgt:

$$m_{\mathrm{M}}\left(\frac{h_{\mathrm{Sp}}}{i_{\mathrm{G}}}\right)^2 n_{\mathrm{Mo}}^2 = \eta_{\mathrm{G}}\eta_{\mathrm{Sp}}\,(2\pi)^2\, J_{\mathrm{M}}\, n_{\mathrm{Mo}}^2 \qquad (2.21)$$

Daraus ergibt sich das Trägheitsmoment, das von der anzutreibenden Masse auf die Motorwelle wirkt (äquivalentes Trägheitsmoment).

$$J_{\mathrm{M}} = \frac{1}{\eta_{\mathrm{G}}}\, \frac{1}{\eta_{\mathrm{Sp}}}\, \frac{1}{(2\pi)^2}\left(\frac{h_{\mathrm{Sp}}}{i_{\mathrm{G}}}\right)^2 m_{\mathrm{M}} \qquad (2.22)$$

Für weitere Trägheitsmomente im Antriebsstrang wird entsprechend vorgegangen.

Die Lastkraft muss auf ein Lastdrehmoment auf der Motorseite umgerechnet werden. Unter Berücksichtigung der Wirkungsgrade der mechanischen Übertragungselemente gilt:

$$M_{\mathrm{L}} = \frac{1}{\eta_{\mathrm{G}}} \frac{1}{i_{\mathrm{G}}} \frac{1}{\eta_{\mathrm{Sp}}} \underbrace{\frac{h_{\mathrm{Sp}}}{2\pi} F_{\mathrm{L}}}_{M_{\mathrm{Sp}}} \qquad (2.23)$$

Der Term M_{Sp} ist das antriebsseitig erforderliche Drehmoment des Gewindetriebes.

 Zu beachten ist, dass nur die Verluste der mechanischen Übertragungsglieder berücksichtigt wurden. Weitere Verluste z. B. durch Reibkräfte in Führungen und Lager wurden nicht berücksichtigt. Sollen oder müssen diese zusätzlichen Verluste berücksichtigt werden, so sind die gleichen Regeln wie bei der Umrechnung der Lastkraft anwendbar.

Die Bewegungsgleichung des Motors mit auf den Motor bezogenen Größen und der Berücksichtigung von Verlusten lautet:

$$\overbrace{\underbrace{J_{\mathrm{Mo}} \ddot{\varphi}_{\mathrm{Mo}}}_{\text{Motor}} + \underbrace{J_{\mathrm{M}} \ddot{\varphi}_{\mathrm{Mo}}}_{\text{anzutreibende Masse}}}^{\text{Beschleunigungsdrehmomente}} = M_{\mathrm{Mo}} - M_{\mathrm{L}} \qquad (2.24)$$

Die auf die Motorwelle bezogene Bewegungsgleichung bei starrer Kopplung ergibt sich unter den angenommenen Voraussetzungen zu:

$$\underbrace{\left(J_{\mathrm{Mo}} + \underbrace{\frac{1}{\eta_{\mathrm{G}}} \frac{1}{\eta_{\mathrm{Sp}}} \frac{1}{(2\pi)^2} \left(\frac{h_{\mathrm{Sp}}}{i_{\mathrm{G}}} \right)^2 m_{\mathrm{M}}}_{J_{\mathrm{M}}} \right) \ddot{\varphi}_{\mathrm{Mo}} = M_{\mathrm{Mo}} - \underbrace{\frac{1}{\eta_{\mathrm{G}}} \frac{1}{\eta_{\mathrm{Sp}}} \frac{1}{2\pi} \frac{h_{\mathrm{Sp}}}{i_{\mathrm{G}}} F_{\mathrm{L}}}_{M_{\mathrm{L}}}}_{J_{\mathrm{T}}} \qquad (2.25)$$

2.6.2 Elektromechanische Drehachse mit starrer Kopplung

Mit der gleichen Vorgehensweise wie im vorherigen Abschnitt kann für eine elektromechanische Drehachse mit Getriebe die Bewegungsgleichung für den Bezugspunkt „Motor" aufgestellt werden (Bild 2.8).

Das Trägheitsmoment, das vom anzutreibenden Trägheitsmoment auf der Motorseite wirkt, erhält man zu:

$$J_{\mathrm{M,Mo}} = \frac{1}{\eta_{\mathrm{G}}} \frac{1}{i_{\mathrm{G}}^2} J_{\mathrm{M}} \qquad (2.26)$$

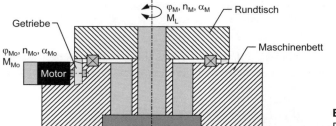

Bild 2.8 Elektromechanische Drehachse

Der zweite Index im Formelzeichen gibt den Bezugspunkt an ($\square_{\square,\text{Mo}}$ = Motor).

 Für weitere Trägheitsmomente im Antriebsstrang wird entsprechend vorgegangen.

Für das auf die Motorseite bezogene Lastdrehmoment gilt:

$$M_{\text{L,Mo}} = \frac{1}{\eta_\text{G}} \frac{1}{i_\text{G}} M_\text{L}$$ (2.27)

 Zu beachten ist, dass nur die Verluste der mechanischen Übertragungsglieder berücksichtigt wurden. Weitere Verluste z. B. durch Reibung in Lagern wurden nicht berücksichtigt. Sollen oder müssen diese zusätzlichen Verluste berücksichtigt werden, so sind die entsprechenden Regeln wie bei der Umrechnung des Lastdrehmomentes anwendbar.

Die auf die Motorwelle bezogene Bewegungsgleichung bei starrer Kopplung ergibt sich unter den angenommenen Voraussetzungen zu:

$$\underbrace{\left(J_{\text{Mo}} + \underbrace{\frac{1}{\eta_\text{G}} \frac{1}{i_\text{G}^2} J_\text{M}}_{J_{\text{M,Mo}}} \right)}_{J_\text{T}} \ddot{\varphi}_{\text{Mo}} = M_{\text{Mo}} - \underbrace{\frac{1}{\eta_\text{G}} \frac{1}{i_\text{G}} M_\text{L}}_{M_{\text{L,Mo}}}$$ (2.28)

Das Verhalten eines rotatorischen Direktantriebes erhält man für $i_\text{G} = 1$ und $\eta_\text{G} = 1$.

■ 2.7 Beschleunigungsvermögen und Gleichlaufverhalten

Bei vielen Antriebsaufgaben muss möglichst schnell von einer Geschwindigkeit bzw. Drehzahl auf eine andere Geschwindigkeit bzw. Drehzahl beschleunigt oder verzögert werden. Häufig wird dabei von einer Position (P_1) in eine andere Position gefahren (P_2), wie dies in Bild 2.9 auf der linken Seite dargestellt ist. Die rechte Seite des Bildes zeigt den Drehzahlverlauf.

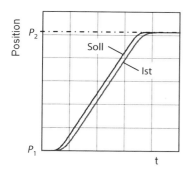 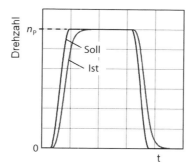

Bild 2.9 Typisches Bewegungsprofil

Von Interesse ist in der Regel die maximale Beschleunigung an der anzutreibenden Masse. Die Beschleunigungszeit für eine rotatorische Achse von Drehzahl 0 auf Produktionsdrehzahl berechnet sich unter den Voraussetzungen:

- konstante Winkelbeschleunigung

- starre Kopplung

- Vernachlässigung von Verlusten

- kein Lastdrehmoment während des Beschleunigungsvorganges

zu:

$$t_{Ac} = \frac{2\pi n_P}{\alpha_M}$$

(2.29a)

Im linearen Fall gilt entsprechend:

$$t_{Ac} = \frac{v_P}{a_M}$$

(2.29b)

t_{AC}	Beschleunigungszeit	Acceleration time	s
n_P	Produktionsdrehzahl bzw. programmierte Drehzahl	Production speed resp. programmed speed	1/s
v_P	Produktionsgeschwindigkeit bzw. programmierte Geschwindigkeit	Production velocity resp. programmed velocity	m/s

Wird ein Getriebe eingesetzt, so wird durch die Wahl der Getriebeübersetzung das erforderliche Motordrehmoment für die Beschleunigung beeinflusst.

$$M_{Mo} = J_T \alpha_{Mo} = \left(J_{Mo} + \frac{J_M}{i_G^2} \right) i_G \alpha_M; \quad J_{M,Mo} = \frac{J_M}{i_G^2}$$

(2.30)

Die Einführung des Verhältnisses des Trägheitsmomentes der anzutreibenden Masse bezogen auf den Motor zum Motorträgheitsmoment ist für weitere Betrachtungen hilfreich.

$$\chi_J = \frac{J_{M,Mo}}{J_{Mo}}$$

(2.31)

χ_J	Verhältnis Trägheitsmoment anzutreibende Masse bezogen auf den Motor zu Motorträgheitsmoment	*Ratio inertia of mass to be moved related on motor to motor inertia*

$$M_{Mo} = \left(1 + \chi_J\right) J_{Mo} i_G \alpha_M = \left(1 + \chi_J\right) J_{Mo} \sqrt{\frac{J_{Mo}}{J_{M,Mo}}} \alpha_M \tag{2.32a}$$

$$M_{Mo} = \left(1 + \chi_J\right) \sqrt{\frac{J_{Mo}}{J_{M,Mo}}} \sqrt{J_{Mo} J_M} \alpha_M = \left(1 + \chi_J\right) \sqrt{\frac{1}{\chi_J}} \sqrt{J_{Mo} J_M} \alpha_M \tag{2.32b}$$

Mit Normierung folgt:

$$M_{Mo}^* = \left(1 + \chi_J\right) \sqrt{1/\chi_J}; \quad M_{Mo}^* = \frac{M_{Mo}}{\sqrt{J_{Mo} J_M} \alpha_M} \tag{2.32c}$$

Dieser Zusammenhang ist in Bild 2.10 dargestellt.

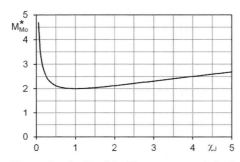

Bild 2.10 Motordrehmoment zum Beschleunigen

Die optimale Getriebeübersetzung wird wie folgt berechnet:

$$\frac{dM_{Mo}}{di_G} = \frac{d}{di_G} \left\{ \left(J_{Mo} + \frac{J_M}{i_G^2} \right) i_G \alpha_M \right\} = \frac{d}{di_G} \left\{ \left(J_{Mo} i_G + \frac{J_M}{i_G} \right) \right\} = 0 \tag{2.33a}$$

$$\left(J_{Mo} - \frac{J_M}{i_G^2} \right) = 0 \tag{2.33b}$$

$$\boxed{i_{G,Opt} = \sqrt{\frac{J_M}{J_{Mo}}}} \tag{2.34}$$

Bei einigen Produktionsprozessen sind möglichst geringe Drehzahlabweichungen bei konstanter Drehzahl gewünscht. Beispiele hierfür sind:

Werkzeugmaschinen: Hohe Drehzahlschwankungen führen zu einer schlechten Oberflächengüte der bearbeiteten Werkstücke

Druckmaschinen: Hohe Drehzahlschwankungen führen zu einem schlechten Druckbild

Unabhängig von der Applikation verursachen die Schwankungen Geräusche im Antriebsstrang (Anregung von Schwingungen) und Leistungsverluste. Zur Beurteilung der Drehzahlabweichung wird exemplarisch von einem sinusförmigen Verlauf der Schwankung des Lastdrehmomentes ausgegangen.

$$\Delta M_L = \Delta \widehat{M_L} \sin(2\pi f_L t) \tag{2.35a}$$

| ΔM_L | Schwankung Lastdrehmoment | *Load torque ripple* | Nm |
| f_L | Lastfrequenz | *Load frequency* | Hz |

Für die Schwankung der Winkelbeschleunigung gilt:

$$\Delta \alpha_\mathrm{M} = \frac{\Delta M_\mathrm{L}}{J_\mathrm{T,M}} = \frac{\Delta \widehat{M}_\mathrm{L}}{J_\mathrm{T,M}} \sin(2\pi f_\mathrm{L} t) \tag{2.35b}$$

| $J_\mathrm{T,M}$ | Auf die zu bewegende Masse bezogenes Gesamtträgheitsmoment | *Total inertia related to the mass to be moved* | $\mathrm{kg\,m^2}$ |

Daraus kann die durch die Schwankung des Lastdrehmomentes verursachte Drehzahlschwankung berechnet werden.

$$\Delta \omega_\mathrm{M} = 2\pi \Delta n_\mathrm{M} = \int_0^t \Delta \alpha_\mathrm{M}\, \mathrm{d}t \tag{2.35c}$$

$$\Delta n_\mathrm{M} = \frac{1}{2\pi} \int_0^t \Delta \alpha_\mathrm{M}\, \mathrm{d}t = \frac{1}{2\pi} \frac{\Delta \widehat{M}_\mathrm{L}}{J_\mathrm{T,M}} \int_0^t \{\sin(2\pi f_\mathrm{L} t)\}\, \mathrm{d}t \tag{2.35d}$$

$$\Delta n_\mathrm{M} = \left(\frac{1}{2\pi}\right)^2 \frac{\Delta \widehat{M}_\mathrm{L}}{J_\mathrm{T,M}} \frac{1}{f_\mathrm{L}} \cos(2\pi f_\mathrm{L} t)\, |_0^t \tag{2.35e}$$

Die maximale Drehzahlabweichung ergibt sich damit zu:

$$\boxed{\Delta \widehat{n}_\mathrm{M} = \pm \left(\frac{1}{2\pi}\right)^2 \frac{1}{f_\mathrm{L}} \frac{\widehat{M}_\mathrm{L}}{J_\mathrm{Mo} + J_\mathrm{M,Mo}}} \tag{2.36}$$

Auf Grund der Trägheit der zu bewegenden Massen nehmen die Gleichlaufabweichungen mit höherer Anregungsfrequenz ab. Ein höheres Trägheitsmoment des Motors führt ebenfalls zu geringeren Gleichlaufabweichungen. Motoren mit hohem Trägheitsmoment (High-Inertia Motoren) sind daher zur Erzielung einer hohen Gleichlaufkonstanz vorteilhaft.

■ 2.8 Dynamisches Verhalten

2.8.1 Grundlagen

Mechanische Übertragungselemente und die Verbindungen einzelner Teile im Antriebsstrang haben immer eine Elastizität, d. h. sie sind nie starr. Ist die Elastizität für das Antriebsverhalten nicht relevant, kann sie vernachlässigt werden. In diesem Fall werden die Ansätze der starren Kopplung benutzt. Man spricht dann von einer „quasi-starren" Betrachtungsweise. Häufig ist diese Betrachtungsweise nicht genau genug, um das Antriebsverhalten zu beschreiben. In diesem Fall müssen zumindest all diejenigen Elastizitäten, welche sich auf das gewünschte Antriebsverhalten nennenswert auswirken, berücksichtigt werden. Die verbleibenden Elastizitäten werden vernachlässigt („quasi-starre" Betrachtungsweise).

Für die Beschreibung des dynamischen Verhaltens einzelner mechanischer Übertragungselemente ist zwischen den Betrachtungsweisen

- starre Kopplung („quasi-starre Betrachtungsweise") oder
- elastische Kopplung

zu entscheiden. Je nachdem, wie viele Elastizitäten zu berücksichtigen sind, ergeben sich Ein-Masse- oder Mehr-Massen-Schwinger. Abhängig davon, wie viele Elastizitäten das Antriebsverhalten maßgeblich beeinflussen, sagt man auch:

- Der Antrieb hat eine dominante elastische Kopplung
- Der Antrieb hat mehrere relevante elastische Kopplungen

Es werden hier nur Fälle mit einer dominanten elastischen Kopplung betrachtet. In Bild 2.11 ist die elastische Kopplung zwischen zwei zu bewegenden Massen gezeigt.

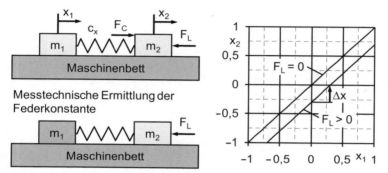

Bild 2.11 Elastische Kopplung von zwei Massen

Die Masse 1 ist die Masse auf der Antriebsseite und die Masse 2 diejenige auf der Abtriebsseite. Die Steifigkeit der Kopplung der beiden Massen wird durch die Federkonstante bzw. Federsteifigkeit beschrieben. Reibungskräfte sollen vernachlässigt werden. Für die Federkraft gilt:

$$F_C = c_x(x_1 - x_2) = c_x \Delta x \tag{2.37}$$

F_C	Federkraft	*Spring force*	N
c_x	Federsteifigkeit	*Spring stiffness*	N/m
x	Position	*Position*	m
Δx	Positionsabweichung	*Position deviation*	m

Dies bedeutet, dass bei Elastizitäten im Antriebsstrang eine Kraftübertragung nur durch Verformung möglich ist, was wiederum zu einer Positionsdifferenz zwischen den Massen führt. Im stationären Fall ist $F_C = F_L$. Für die Position der Masse 2 gilt:

$$x_2 = x_1 - \frac{F_c}{c_x} \tag{2.38}$$

Sowohl bei Beschleunigungsvorgängen als auch bei positiven Lastkräften läuft die Position 2 der Position 1 zeitlich nach. Die Positionsdifferenz ist umso geringer, je höher die Steifigkeit.

Die Steifigkeit kann im Stillstand gemessen werden. Hierzu wird die Masse 1 starr mit dem Maschinenbett (Bild 2.11 unten) verbunden. Ergibt sich zwischen der Kraft an der Masse 2 (F_L) und der Position der Masse 2 ein linearer Zusammenhang, so gilt für die Steifigkeit:

$$c_x = -\frac{F_L}{x_2} \tag{2.39a}$$

c_x	Steifigkeit (linear)	*Stiffness (linear)*	N/m
F_L	Lastkraft	*Load force*	N
x_2	Position Masse 2	*Position mass 2*	m

Bei einer Drehachse gilt der entsprechende Zusammenhang für die Torsionssteifigkeit.

$$c_\phi = -\frac{M_L}{\varphi_2} \qquad\qquad\qquad (2.39b)$$

c_ϕ	Torsionssteifigkeit	*Torsional stiffness*	Nm/rad
M_L	Lastdrehmoment	*Load torque*	Nm
φ_2	Winkelposition Trägheitsmoment 2	*Angular position inertia 2*	rad

Die Masse und die Feder ist jeweils ein Energiespeicher. Wird die Masse 1 schlagartig gestoppt, so wird die in der Masse 2 gespeicherte kinetische Energie zunächst in potentielle Energie (Federenergie) umgesetzt. Die Feder wird so lange gedehnt, bis die Geschwindigkeit null wird. Anschließend wird die Feder in der umgekehrten Richtung entspannt, bis die Geschwindigkeit der Masse 2 maximal wird. Ohne Reibung setzt sich der Vorgang der Energieumwandlung kontinuierlich fort, und es kommt zu einer Dauerschwingung der Masse 2. Mit Reibung wird die Schwingung gedämpft. Diese in einem Antrieb unerwünschte Schwingung kann durch folgende Maßnahmen reduziert werden:

- Hohe Steifigkeit in den mechanischen Übertragungselementen
- Hohe Dämpfung der Masse 2 (hohe Reibkräfte)
- Kein schlagartiges Stoppen der Masse 1, so dass sich die kinetische Energie der Masse 2 langsam über die Reibverluste abbauen kann

2.8.2 Linearachse mit elastischer Kopplung

Um die Zusammenhänge in einem Antriebsstrang mit elastischer Kopplung zu veranschaulichen, soll eine direkt gekoppelte elektromechanische Linearachse (Bild 2.12, Tabelle 2.5) betrachtet werden. Es wird davon ausgegangen, dass diese eine relevante Drehelastizität in den mechanischen Übertragungselementen besitzt. Die Elastizität wird durch die Torsionssteifigkeit, bezogen auf die Lastseite, charakterisiert. In der Führung des Maschinentisches wird von einer geschwindigkeitsproportionalen Reibung ausgegangen, die durch den Dämpfungskoeffizienten beschrieben wird. Alle Massen auf der Abtriebsseite (Lastseite) der Nachgiebigkeit sind in der Masse 2 zusammengefasst. Es wird zusätzlich davon ausgegangen, dass der Motor drehzahlgeregelt und der dynamische Einfluss der mechanischen Übertragungselemente auf den Motor vernachlässigbar ist. Verluste im Antriebsstrang bleiben unberücksichtigt.

d_{x2}	Dämpfungskoeffizient	*Damping coefficient*	Ns/m	**Tabelle 2.5** Kenngrößen Linearachse
$c_{\varphi2}$	Torsionssteifigkeit	*Torsional stiffness*	Nm/rad	
h_{Sp}	Spindelsteigung Gewindetrieb	*Spindle pitch*	m	

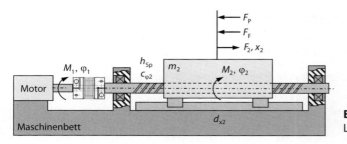

Bild 2.12 Elektromechanische Linearachse mit Drehelastizität

Es ergeben sich folgende beschreibende Gleichungen:

Bewegungsgleichung: $\qquad m_2 \ddot{x} = F_2 - F_F - F_P$ (2.40a)

Reibkraft: $\qquad F_F = d_{x2} \dot{x}_2$ (2.40b)

Kraft Abtriebsseite Gewindetrieb: $\qquad F_2 = M_2 \dfrac{2\pi}{h_{SP}}$ (2.40c)

Drehmoment Abtriebsseite Gewindetrieb: $\qquad M_2 = c_{\varphi 2}(\varphi_1 - \varphi_2)$ (2.40d)

(Torsionsdrehmoment)

Kinematik: $\qquad \varphi_2 = \dfrac{2\pi}{h_{SP}} x_2$ (2.40e)

Werden diese Zusammenhänge eingesetzt, erhält man:

$$m_2 \ddot{x}_2 = \underbrace{\frac{2\pi}{h_{SP}} c_{\varphi 2} \left(\varphi_1 - \frac{2\pi}{h_{SP}} x_2 \right)}_{\substack{\text{übertragende Kraft} \\ \text{Gewindebetrieb } (F_2)}} - d_{x2} \dot{x}_2 - F_P$$ (2.41)

Daraus kann die lineare Steifigkeit in Bewegungsrichtung abgeleitet werden:

$$c_{x2} = \frac{(2\pi)^2}{(h_{SP})^2} c_{\varphi 2}$$ (2.42)

Somit erhält man:

$$m_2 \ddot{x}_2 = c_{x2} \left(\frac{h_{SP}}{2\pi} \varphi_1 - x_2 \right) - d_{x2} \dot{x}_2 - F_P$$ (2.43)

Für weitere Betrachtungen ist es zweckmäßig, die Konstante (c_K) einzuführen.

$$c_K = \frac{h_{SP}}{2\pi}$$ (2.44)

Es ergibt sich dann folgende Differentialgleichung 2. Ordnung:

$$\frac{m_2}{c_{x2}} \ddot{x}_2 + \frac{d_{x2}}{c_{x2}} \dot{x}_2 + x_2 = c_K \varphi_1 - \frac{1}{c_{x2}} F_P \quad .$$ (2.45)

Die Position des Maschinenschlittens wird durch zwei Größen beeinflusst:

- Motorposition
- Prozesskraft

Die linke Seite der Differentialgleichung ist die eines Ein-Masse-Schwingers. Verbindet man die Motorwelle starr mit dem Maschinenbett („blockierter Motor"), so kann man sich diese Eigenschwingung veranschaulichen, indem man die anzutreibende Masse auslenkt und dann loslässt.

Die Normalform der Differentialgleichung eines schwingungsfähigen Systems (System 2. Ordnung) mit den charakteristischen Kenngrößen Kennkreisfrequenz und Dämpfungsgrad lautet ganz allgemein:

$$\frac{1}{\omega_0^2}\ddot{x} + \frac{2D}{\omega_0}\dot{x} + x = K\,u \quad \text{oder} \quad \ddot{x} + 2D\omega_0\dot{x} + \omega_0^2 x = K\omega_0^2 u \tag{2.46}$$

ω_0	Kennkreisfrequenz	*Characteristic angular frequency*	rad/s
D	Dämpfungsgrad	*Damping grade*	
K	Verstärkung	*Gain*	

Daraus ergeben sich für den hier betrachteten Antriebsstrang durch Koeffizientenvergleich die charakteristischen Kenngrößen der Schwingung aus den mechanischen Kenngrößen zu:

$$\omega_0 = \sqrt{\frac{c_{x2}}{m_2}} \tag{2.47a}$$

$$D = \frac{1}{2}d_{x2}\sqrt{\frac{1}{c_{x2}\,m_2}} \tag{2.47b}$$

Die Bewegungsgleichung mit diesen Kenngrößen für die Masse 2 lautet:

$$\ddot{x}_2 + 2D\omega_0\dot{x}_2 + \omega_0^2 x_2 = \omega_0^2 c_K \varphi_1 - \frac{1}{m_2} F_P \tag{2.48}$$

Die Kreisfrequenz der Schwingung wird als Eigenkreisfrequenz bezeichnet und berechnet sich zu:

$$\omega_N = \omega_0\sqrt{1 - D^2} \tag{2.49}$$

Regt man ein schwingungsfähiges Antriebselement sprungförmig an, so kann die Schwingungsdauer bestimmt werden. Die Eigenkreisfrequenz und die Eigenfrequenz kann daraus berechnet werden:

$$\omega_N = \frac{2\pi}{T} \qquad f_N = \frac{1}{T} \tag{2.50}$$

ω_N	Eigenkreisfrequenz	*Natural angular frequency*	rad/s
f_N	Eigenfrequenz	*Natural frequency*	Hz
T	Periodendauer	*Period time*	s

Das Einschwingverhalten eines Ein-Masse-Schwingers mit einem Dämpfungsgrad von $D = 0,1$ bei sprungförmiger Anregung zeigt Bild 2.13 Die Zeit wird normiert dargestellt. Die beiden Hüllkurven sind mit ① und ② gekennzeichnet.

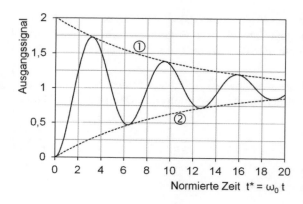

Bild 2.13 Sprungantwort eines Ein-Masse-Schwingers

Typische Werte für die Eigenfrequenz liegen bei Produktionsmaschinen im Bereich von $f_N = 20\,\mathrm{Hz}$ bis $200\,\mathrm{Hz}$. Je kleiner die Dämpfung, desto ausgeprägter ist die Schwingung der anzutreibenden Masse. Dies führt dazu, dass die Geschwindigkeit starke Schwankungen aufweisen kann. Dadurch entstehen z. B. bei Werkzeugmaschinen Riefen in der Werkstückoberfläche oder bei Druckmaschinen ein unscharfes Druckbild. Soll der Maschinentisch in eine neue Position bewegt werden, so kann durch den Ausschwingvorgang die Position erst nach längerer Zeit in einem von der Applikation vorgegebenen Toleranzfenster gehalten werden. Mechanische Übertragungselemente haben daher einen wesentlichen Einfluss auf das dynamische Verhalten eines Antriebes und damit auch der Maschine.

3 Grundlagen elektrischer Maschinen

■ 3.1 Einführung

Die meisten elektrischen Maschinen nutzen elektromagnetische Effekte zur Erfüllung ihrer Aufgabe. Bei der Berechnung dieser Maschinen muss auf Größen und Zusammenhänge bei magnetischen Feldern zurückgegriffen werden, wie sie aus der Elektrotechnik bekannt sind. Die wichtigsten Zusammenhänge werden kurz wiederholt und sind im Überblick im Anhang zum Kapitel zusammengefasst. Ansonsten sei auf [4] verwiesen.

Elektrische Maschinen besitzen arbeitspunktabhängige Leistungsverluste, die zu einer Erwärmung der Maschine führen. Eine zu hohe Erwärmung führt zur Beschädigung von Maschinenkomponenten. Das Vorgehen zur Bestimmung zulässiger Arbeitspunkte wird gezeigt. Am Ende des Kapitels werden wichtige international genormte Begriffe und Bezeichnungen zur Charakterisierung von elektrischen Maschinen vorgestellt.

■ 3.2 Analogien

Im Bereich der Antriebstechnik können, wie in anderen technischen Bereichen, Analogiebetrachtungen hilfreich sein. Die Analogie zwischen elektrischem und magnetischem Kreis zeigen Bild 3.1 und Tabelle 3.1. Weitere Analogien finden sich im Anhang unter „Weiterführende Literatur". Bei einem elektrischen Kreis ist die Spannung die Ursache für einen Ladungsfluss, der als Strom bezeichnet wird. In einem magnetischen Kreis ist die Durchflutung die Ursache für einen magnetischen Fluss. Analog zum elektrischen Kreis ist im magnetischen Kreis ein Widerstand definiert, der als magnetischer Widerstand bezeichnet wird. Entsprechend dem elektrischen Kreis wird am magnetischen Widerstand ein magnetischer Spannungsabfall eingeführt. Da es sich dabei um einen Abfall der Durchflutung handelt, hat er die Einheit Ampere.

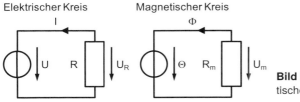

Bild 3.1 Analogie elektrischer und magnetischer Kreis

Tabelle 3.1 Analogie elektrischer und magnetischer Kreis

Elektrischer Kreis			Magnetischer Kreis		
U	Spannung	V	Θ	Durchflutung	A
I	Strom	A	Φ	Magnetischer Fluss	Vs = Wb
R	Widerstand	Ω	R_m	Magnetischer Widerstand	A/Vs
U_R	Spanungsabfall	V	U_m	Magnetischer Spannungsabfall	A

■ 3.3 Physikalische Effekte bei elektromagnetischen Maschinen

Die drei wichtigsten Effekte bei elektromagnetischen Maschinen sind:

- Auf einen stromdurchflossenen Leiter in einem Magnetfeld wirkt eine Kraft. Dadurch wird im Motor das Drehmoment bzw. die Kraft erzeugt.
- Wird eine Leiterschleife von einem zeitlich veränderlichen Magnetfeld durchsetzt, entsteht an den beiden Enden der Leiterschleife eine Spannung. Falls ein Verbraucher angeschlossen wird, fließt ein Strom. Dieser Effekt wird in einem Generator ausgenutzt.
- Verändert man an einer Spule die Versorgungsspannung, so folgt der Strom durch die Spule zeitverzögert. Enthält die Spule kein ferromagnetisches Material, so ist die in der Spule induzierte Spannung proportional zur Stromänderung. Die Spannungsinduktion in der Spule wirkt der Stromänderung entgegen. Dieser Effekt beeinflusst die Dynamik des elektrischen Kreises.

3.3.1 Lorentzkraft

Fließt ein Strom durch einen Leiter, der senkrecht zur Magnetfeldrichtung angeordnet ist, so wird die auf den Leiter wirkende Kraft, die sogenannte Lorentzkraft, maximal. Der konstruktive Aufbau von elektrischen Maschinen wird so gewählt, dass diese Bedingung sehr gut erfüllt wird. Die Lorentzkraft selbst steht senkrecht zur Magnetfeld- und zur Stromrichtung. Es gilt:

$$\boxed{F_{\mathrm{Lo}} = I\,l\,B; \quad \vec{l} \perp \vec{B}}$$
(3.1)

F_{Lo}	Lorentzkraft	*Lorentz force*	N
l	Leiterlänge	*Length wire*	m
I	Strom	*Current*	A
B	Magnetische Flussdichte	*Magnetic flux density*	T

Eine anschauliche Erklärung für die Kraftrichtung erhält man durch Überlagerung des anliegenden Magnetfeldes mit dem des stromdurchflossenen Leiters (Bild 3.2), der ein zweites konzentrisches Magnetfeld erzeugt.

Bei der gewählten Stromrichtung entsteht um den stromdurchflossenen Leiter ein konzentrisches Magnetfeld, das gegen den Uhrzeigersinn verläuft. Die Richtung der Lorentzkraft geht im überlagerten Magnetfeld in den Bereich entgegenwirkender Feldlinien. Der Leiter bewegt sich

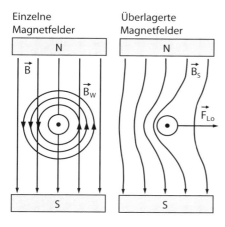

Bild 3.2 Lorentzkraft

in den Bereich geringerer Feldstärken. Die Kraftrichtung kann mit der „Rechte-Hand-Regel" (UVW-Regel) bestimmt werden (Bild 3.3).

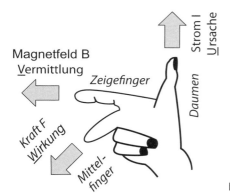

Bild 3.3 Rechte-Hand-Regel (UVW-Regel)

3.3.2 Induktion und Lenz'sche Regel

Bewegt man einen Leiter in einem Magnetfeld, so werden auf die im Leitermaterial vorhandenen Ladungsträger Kräfte ausgeübt. Sie wirken senkrecht zur magnetischen Feldrichtung und senkrecht zur Bewegungsrichtung des Leiters. Geht man wieder von der bei elektrischen Maschinen sehr gut erfüllten senkrechten Anordnung der Größen aus, so erhält man die durch die Bewegung des Leiters induzierte Spannung (Bild 3.4).

$$\boxed{U_i = -Blv}$$ (3.2)

U_i	Induzierte Spannung	*Induced voltage*	V
B	Magnetische Flussdichte	*Magnetic flux density*	T
l	Leiterlänge	*Length wire*	m
v	Geschwindigkeit	*Velocity*	m/s

Bewegter Leiter in einem Magnetfeld

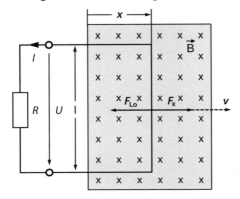

Bild 3.4 Induktion und Rechte-Hand-Regel (UVW-Regel)

Ganz allgemein ist die induzierte Spannung die Änderung des magnetischen Flusses, der von einer Leiterschleife umschlossen wird.

$$u_i = -\frac{d\Phi}{dt} \tag{3.3}$$

| Φ | Magnetischer Fluss | *Magnetic flux* | Wb = Vs |

Geht man von einem homogenen Magnetfeld aus ($\Phi = AB$), so gilt:

$$u_i = -\frac{d}{dt}(AB) \tag{3.4}$$

Wird nicht nur eine Leiterschleife, sondern eine größere Anzahl von Leiterschleifen eingesetzt, wie dies bei einer Spule oder einem Motor der Fall ist, so gilt für die induzierte Spannung:

$$u_i = -N\frac{d\Phi}{dt} \tag{3.5}$$

Der Zusammenhang zwischen induzierter Spannung und magnetischem Fluss wird Induktionsgesetz genannt. Ganz allgemein gilt:

$$u_i = -N\left(\frac{dA}{dt}B + A\frac{dB}{dt}\right); \quad A \perp \vec{B} \tag{3.6}$$

| N | Windungszahl | *Number of turns* | |
| A | Effektive Fläche | *Effective area* | m^2 |

Die Lenz'sche Regel besagt:

 Die induzierte Spannung ist stets so gerichtet, dass der von ihr hervorgerufene Strom der Ursache Ihrer Entstehung entgegenwirkt.

Die Stromrichtung kann mit der „Rechte-Hand-Regel" (UVW-Regel) bestimmt werden (siehe Bild 3.5).

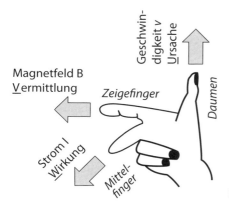

Bild 3.5 Rechte-Hand-Regel (UVW-Regel)

Wird die Leiterschleife über einen Widerstand belastet, so fliest ein Strom durch den Leiter. Dadurch entsteht wiederum eine Lorentzkraft auf den stromdurchflossenen Leiter, die der Bewegung entgegenwirkt. Im Gleichgewichtszustand muss eine Kraft in Bewegungsrichtung aufgebracht werden, um die Geschwindigkeit zu halten. Bei konstanter elektrischer Belastung eines Generators muss diese Kraft auf der Antriebsseite zur Verfügung gestellt werden.

3.3.3 Selbstinduktion

Ein weiterer wichtiger Effekt bei elektrischen Maschinen ist die Selbstinduktion einer Spule. Wird an einer Spule der Speisestrom geändert, so ändert sich der vom Strom erzeugte magnetische Fluss. Enthält die Spule kein ferromagnetisches Material, so sind der Speisestrom und der magnetische Fluss zueinander proportional. Für die in der Spule induzierte Spannung gilt:

$$u_L = L \frac{\mathrm{d}i}{\mathrm{d}t}$$ (3.7)

u_L	Spannungsabfall Induktivität	*Voltage drop inductance*	V
L	Induktivität	*Inductance*	H = Vs/A

Der lineare Zusammenhang zwischen Strom und induzierter Spannung in der Spule wird durch den Proportionalitätsfaktor der Induktivität beschrieben. Die Spannungsinduktion in der Spule wirkt der Stromänderung entgegen.

■ 3.4   Magnetfelderzeugung und magnetische Werkstoffe

Bei elektrischen Maschinen, deren Wirkprinzip auf elektromagnetischen Effekten basiert, wird das erforderliche Magnetfeld mittels

- stromdurchflossener Spulen oder
- Permanentmagneten

erzeugt. Dieses Feld wird bei elektrischen Maschinen Erregerfeld genannt. Stromdurchflossene Spulen werden bei elektrischen Maschinen als Wicklungen bezeichnet.

Für die magnetischen Kreise in elektromagnetischen Maschinen sind die magnetischen Eigenschaften der eingesetzten Werkstoffe von großer Bedeutung. Bei nicht ferromagnetischen Werkstoffen, wie Aluminium, Kupfer und Luft, besteht ein linearer Zusammenhang zwischen magnetischer Feldstärke und magnetischer Flussdichte, d. h. die Permeabilität bzw. Permeabilitätszahl ist konstant.

$$B = \mu H = \mu_0 \mu_r H; \quad \mu_0 = 4\pi \, 10^{-7} \, \frac{Vs}{Am} \qquad (3.8)$$

B	Magnetische Flussdichte	*Magnetic flux density*	$T = Vs/m^2$
H	Magnetische Feldstärke	*Magnetic field strength*	A/m
μ	Permeabilität	*Permeability*	Vs/Am
μ_0	Magnetische Feldkonstante	*Magnetic field constant*	Vs/Am
μ_r	Permeabilitätszahl	*Permeability coefficient*	

Für ferromagnetische Werkstoffe, wie Eisen, Nickel und Kobalt etc., ist der Zusammenhang nichtlinear. Die von der magnetischen Feldstärke abhängige Permeabilitätszahl ist sehr viel größer als 1.

In der Magnetisierungskennlinie (Bild 3.6) wird der Zusammenhang zwischen magnetischer Feldstärke und magnetischer Flussdichte dargestellt. Die magnetische Flussdichte hat ein Maximum. Eine Erhöhung der magnetischen Feldstärke führt nicht mehr zu einer Erhöhung der magnetischen Flussdichte. Es ist die magnetische Sättigung erreicht.

Für Spulen in elektrischen Maschinen bedeutet dies, dass eine Erhöhung des Spulenstroms keine Erhöhung der magnetischen Flussdichte bewirkt. Es kann keine Drehmomenterhöhung mehr erreicht werden. Durch den höheren Strom steigen die Leistungsverluste, und die Maschine wird unnötig erwärmt.

Ferromagnetische Werkstoffe weisen eine mehr oder weniger ausgeprägte Hysterese auf (Bild 3.6), die durch zwei Kenngrößen beschrieben wird.

Remanenzflussdichte: Sie gibt die verbleibende magnetische Flussdichte an, die sich einstellt, wenn das magnetische Feld vom Bereich der Sättigung auf null zurückgefahren wird.

Koerzitivfeldstärke: Sie ist diejenige Feldstärke, die erforderlich ist, um die magnetische Flussdichte auf null zu bringen.

Ist die Remanenzflussdichte hoch, so eignet sich das Material für Dauermagnete. Damit bei einem äußeren Magnetfeld, das auf die Dauermagneten wirkt, die Flussdichte nicht schnell

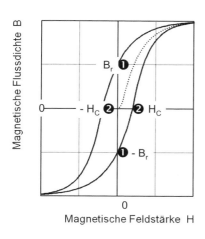

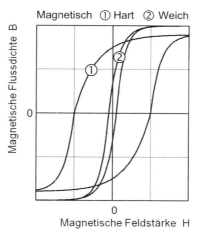

Bild 3.6 Magnetisierungskennlinien

B_r	Remanenzflussdichte	*Remanence flux density*	T	**Tabelle 3.2** Kenngrößen ferro-
H_c	Koerzitivfeldstärke	*Coercive field strength*	A/m	magnetischer Werkstoffe

absinkt, sollten Werkstoffe für Dauermagnete zusätzlich eine hohe Koerzitivfeldstärke aufweisen. Diese Werkstoffe bezeichnet man als magnetisch hart. Die Magnetkennlinie ändert sich mehr oder weniger stark mit der Temperatur. Wird die Curie-Temperatur überschritten, verschwinden die ferromagnetischen Eigenschaften. Daher werden für Dauermagnete in elektrischen Maschinen Temperaturgrenzen definiert, die im Betrieb nicht überschritten werden dürfen (Einsatztemperatur).

Ferromagnetische Werkstoffe bewirken im Vergleich zu anderen Werkstoffen eine deutlich höhere Verstärkung des magnetischen Feldes. Sie konzentrieren Magnetfeldlinien in ihrem Inneren sehr stark. Sie werden daher in magnetischen Kreisen von elektrischen Maschinen in Kombination mit Dauermagneten oder Spulen eingesetzt. Ein weiteres wichtiges Einsatzgebiet sind Transformatoren. Um ein möglichst lineares Verhalten zwischen magnetischer Feldstärke und magnetischer Flussdichte zu erhalten, sollte die Koerzitivfeldstärke klein sein. Werkstoffe mit diesen Eigenschaften bezeichnet man als magnetisch weich.

Die Eigenschaften einiger ferromagnetischer Werkstoffe sind in den Tabellen 3.3 und 3.4 gezeigt.

Tabelle 3.3 Magnetische Eigenschaften ferromagnetischer Werkstoffe: Hartmagnetische Materialien

Werkstoff	Remanenz-flussdichte B_r [T] = [As/m^2]	Koerzitiv-feldstärke H_C [kA/m]	Energiebei-wert $(B_r H_C)_{max}$ [kJ/m^3]	Curie-Tem-peratur T_{Cu} [°C]	Einsatztem-peratur T_{Op} [°C]
AlNiCo	0,8 ↔ 1,3	40 ↔ 150	10 ↔ 60	≈ 850	< 400
Hartferrit	0,2 ↔ 0,44	120 ↔ 260	6 ↔ 40	≈ 450	< 100
SmCo	0,8 ↔ 1,2	400 ↔ 900	140 ↔ 320	≈ 750	< 200
NeFeB	0,6 ↔ 1,5	700 ↔ 1100	100 ↔ 420	≈ 300	< 80 (120)

AlNiCo ist eine Legierung aus Eisen, Aluminium, Nickel, Kupfer und Cobalt. Ferrite sind elektrisch schlecht oder nichtleitende keramische Werkstoffe mit ferromagnetischen Eigenschaften. Hartmagnetische Ferrite eignen sich für Dauermagnete, während weichmagnetische Ferrite als Transformatoren- oder Spulenkerne Verwendung finden. Dauermagnete mit den Werkstoffen SmCo und NeFeB werden als „Seltenerdmagnete" bezeichnet. Es hat sich mittlerweile herausgestellt, dass die Werkstoffe nicht so selten sind wie ursprünglich angenommen. Der Name ist jedoch geblieben.

Werkstoff	Koerzitivfeldstärke H_C [A/m]
Eisen (rein)	10 ↔ 200
Dynamoblech	25 ↔ 200
Nickeleisen (50% Ni)	3 ↔ 16
μ-Metall (75%-80% Ni) „Permalloy"	0,8 ↔ 5

Tabelle 3.4 Magnetische Eigenschaften ferromagnetischer Werkstoffe: Weichmagnetische Materialien

■ 3.5 Leistungsverluste

In elektrischen Maschinen gibt es mechanische und elektrische Verluste. Ursachen mechanischer Verluste sind Reibung z. B. in

- Lagern bzw. Führungen
- Dichtungen bzw. Abdeckungen
- Lüftern (Strömungswiderstand)

Ursachen elektrischer Verluste sind:

- Ohmsche Verluste in den Leitern
- Ummagnetisierungsverluste (Hystereseverluste)
- Wirbelstromverluste
- Streuverluste

In den Leitern entstehen abhängig vom Strom ohmsche Verluste. Da als stromleitendes Material Kupfer eingesetzt wird, werden diese Verluste auch Kupferverluste genannt.

Durch das Hystereseverhalten ferromagnetischer Materialien entstehen bei der Ummagnetisierung Verluste, sogenannte Ummagnetisierungsverluste oder Hystereseverluste. Änderungen des magnetischen Flusses führen senkrecht zur Ebene des Flusses zu kreisförmig verlaufenden Strömen, den sogenannten Wirbelströmen. Eine Maßnahme zur Reduzierung der damit verbundenen Wärmeverluste ist, den Eisenkern aus zueinander isolierten Blechen (Dynamoblechen) aufzubauen. Dadurch können sich die Wirbelströme nicht mehr im gesamten Kernquerschritt ausbreiten und die Verluste werden deutlich reduziert. Zusätzlich verbleibt ein Teil des magnetischen Flusses nicht im magnetischen Kreis. Dieser Anteil wird als Streuverlust bezeichnet. Da Eisen mit seinen weichmagnetischen Eigenschaften in magnetischen Kreisen ein gängiger Werkstoff zur Verstärkung der magnetischen Flussdichte und Leitung des magnetischen Flusses ist, spricht man bei den Ummagnetisierungsverlusten, den Wirbelstromverlusten und den Streuverlusten von Eisenverlusten.

$$P_{\text{Fe}} = P_{\text{Hy}} + P_{\text{Ed}} + P_{\text{Le}} \tag{3.9}$$

P_{Fe}	Eisenverluste	*Iron losses*	W
P_{Hy}	Hystereseverluste	*Hysteresis losses*	W
P_{Ed}	Wirbelstromverluste	*Eddy current losses*	W
P_{Le}	Streuverluste	*Leakage losses*	W

Die beschriebenen maschineninternen Leistungsverluste führen zu einer Erwärmung der Maschine. Häufig ist für eine Beurteilung der motorinternen Wärmeverteilung eine Aufteilung in Stator- und Rotorverluste zweckmäßig.

$$P_{\text{L}} = P_{\text{L,S}} + P_{\text{L,R}} \tag{3.10}$$

$P_{\text{L,S}}$	Statorverluste	*Stator losses*	W
$P_{\text{L,R}}$	Rotorverluste	*Rotor losses*	W

Exemplarisch ist in Bild 3.7 eine Aufschlüsselung der Leistungsverluste eines Drehstrom-Asynchronmotors dargestelllt.

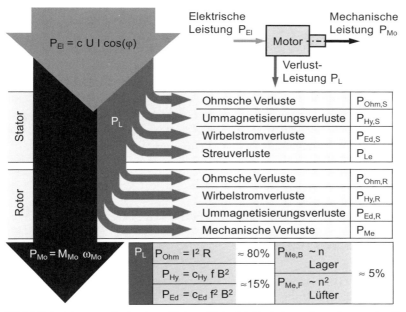

Bild 3.7 Leistungsverluste eines Motors, Beispiel: Drehstrom-Asynchronmotor (typisch)

Wird ein Motor eingeschaltet und mit konstantem Drehmoment bei konstanter Drehzahl belastet, so ist die Verlustleitung des Motors konstant. Die Motortemperatur steigt an, bis die an die Umgebung abgeführte Wärmeleistung mit der Verlustleitung des Motors identisch ist (Bild 3.8).

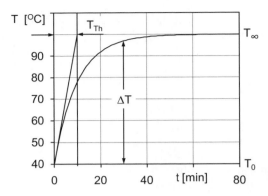

Bild 3.8 Thermisches Verhalten

Die Übertemperatur (ΔT) bzw. die stationäre Übertemperatur (ΔT_∞) ist definiert zu:

$$\Delta T = T - T_0 \tag{3.11a}$$

$$\Delta T_\infty = T_\infty - T_0 \tag{3.11b}$$

ΔT	Übertemperatur	*Over-temperature*	K
T	Motortemperatur	*Motor temperature*	°C
T_0	Temperatur beim Einschalten	*Power on temperature*	°C
T_∞	Endtemperatur	*Final temperature*	°C
T_{Th}	Thermische Zeitkonstante	*Thermal time constant*	s

Die thermische Zeitkonstante gibt die Zeitdauer an, bis die Übertemperatur 63 % ihres End-wertes erreicht. Sie wird vom Motorhersteller in den Produktinformationen angegeben. Typische Werte für die thermische Zeitkonstante bei Motoren in der Industrieautomatisierung liegen zwischen 10 min und 60 min.

Wird die maximale Temperatur einer Motorkomponente überschritten, so kann sie geschädigt oder zerstört werden. Deshalb sind die Arbeitspunkte des Motors so zu wählen, dass eine Überschreitung der zulässigen Temperatur einzelner Motorkomponenten vermieden wird.

■ 3.6 Belastungsprofile, Einschaltdauer und Betriebsarten

Die Erwärmung eines Motors (Verlustleistung) hängt stark von der Belastung ab. Bei vielen Antriebsaufgaben ändert sich die Belastung. Ist der Zusammenhang zyklisch, so wird die Dauer des sich wiederholenden Belastungsprofiles als Spieldauer oder Zykluszeit bezeichnet. Bild 3.9 zeigt ein Belastungsprofil mit abschnittweise konstanten Drehmomenten und Drehzahlen.

Ist die Zyklusdauer deutlich kürzer als die Dauer des thermischen Einschwingvorganges des Motors, so kann eine mittlere Verlustleistung aus der Energiebilanz berechnet und mit dieser die Erwärmung abgeschätzt werden.

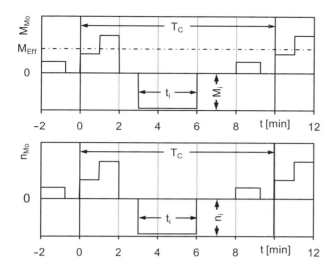

Bild 3.9 Abschnittsweise konstanter Betrieb

$$\overline{P}_{\mathrm{L}} = \frac{1}{T_{\mathrm{C}}} \int_0^{T_{\mathrm{C}}} P_{\mathrm{L}}(t)\,\mathrm{d}t \tag{3.12a}$$

$\overline{P}_{\mathrm{L}}$	Mittlere Verlustleistung des Motors	*Average power loss motor*	W
P_{L}	Verlustleistung des Motors	*Power loss motor*	W
T_{c}	Zykluszeit	*Cycle time*	s

Sind einzelne Größen abschnittweise konstant, so kann das Integral in eine Summe umgeformt werden:

$$\overline{P}_{\mathrm{L}} = \frac{1}{T_{\mathrm{C}}} \sum_{i=1}^n P_{\mathrm{L},i}\, t_i; \quad n: \text{Anzahl Abschnitte} \tag{3.12b}$$

Wird davon ausgegangen, dass das Drehmoment proportional zum Motorstrom ist ($M_{\mathrm{Mo}} = c_{\mathrm{T}} I$), und im Motor nur ohmsche Verluste auftreten, so gilt für die Verlustleistung:

$$P_{\mathrm{L}} = U\,I = R\,I^2 = R\,\frac{1}{c_{\mathrm{T}}^2}\,M_{\mathrm{Mo}}^2 = c_{\mathrm{L}}\,M_{\mathrm{Mo}}^2 \tag{3.13a}$$

Daraus lässt sich ein Effektivwert für das Motordrehmoment ausrechnen, der zur gleichen Verlustleistung im Motor führt wie das zeitlich veränderliche Drehmoment.

$$M_{\mathrm{Mo,eff}}^2 = \frac{1}{T_{\mathrm{C}}} \int_0^{T_{\mathrm{C}}} M_{\mathrm{Mo}}^2(t)\,\mathrm{d}t \tag{3.13b}$$

$M_{\mathrm{Mo,eff}}$	Effektives Motordrehmoment	*Effective motor torque*	Nm

Im allgemeinen Fall und im Fall abschnittsweise konstanten Drehmoments gilt somit:

$$M_{\text{Mo,eff}} = \sqrt{\frac{1}{T_C} \int_0^{T_C} M_{\text{Mo}}^2(t)\,dt}$$

(3.14a)

$$M_{\text{Mo,eff}} = \sqrt{\frac{1}{T_C} \sum_{i=1}^{n} M_{\text{Mo,i}}^2\, t_i}$$ n : Anzahl Abschnitte

(3.14b)

 Der angegebene Zusammenhang gilt nur unter den beiden Voraussetzungen, dass das Drehmoment proportional zum Motorstrom ist und im Motor nur ohmsche Verluste auftreten.

Beim Belastungsprofil in Bild 3.10 wird der Motor in einem Zyklus für die Zeitdauer T_{On} mit konstantem Drehmoment und konstanter Drehzahl betrieben (Aussetzbetrieb). In der restlichen Zeit (T_{Off}) ist das Drehmoment bzw. der Motorstrom null. Es gilt dann:

$$M_{\text{Mo,eff}} = M_{\text{Mo,I}} \sqrt{\frac{T_{\text{On}}}{T_C}}$$

(3.15)

T_{On}	Einschaltzeit	*On time*	s
T_{Off}	Ruhezeit	*Off time*	s

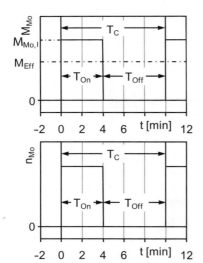

Bild 3.10 Aussetzbetrieb

Das Verhältnis der Zeitdauer konstanten Drehmoments zur Zykluszeit wird als Einschaltdauer, abgekürzt ED, bezeichnet und üblicherweise in % angegeben.

$$ED = \frac{T_{On}}{T_{C}}$$

(3.16)

ED   Einschaltdauer   *Duty cycle*

Die Ruhezeit ist die Differenz aus beiden Zeiten. Damit ergibt sich der Zusammenhang zwischen dauerhaft zulässigem Drehmoment des Motors und dem zulässigen Drehmoment im Aussetzbetrieb ($M_{Mo,Eff} = M_{Mo,C}$).

$$M_{Mo,I} = M_{Mo,C} \frac{1}{\sqrt{ED}} \rightarrow \frac{M_{Mo,I}}{M_{Mo,C}} = \frac{1}{\sqrt{ED}}$$

(3.17)

| $M_{Mo,I}$ | Zulässiges Drehmoment Aussetzbetrieb | *Permissible torque intermittent operation* |
| $M_{Mo,C}$ | Dauerhaft zulässiges Drehmoment | *Continuously permissible torque* |

 Der angegebene Zusammenhang gilt nur unter den beiden Voraussetzungen, dass das Drehmoment proportional zum Motorstrom ist und im Motor rein ohmsche Verluste auftreten.

Eine grafische Darstellung zeigt Bild 3.11 Bei einer Einschaltdauer des Motors von ED = 0,2 (20 %) kann der Motor mit mehr als dem Doppelten des Drehmomentes im Dauerbetrieb belastet werden.

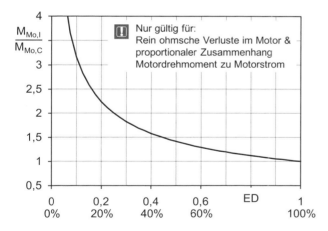

Bild 3.11 Zulässiges Motordrehmoment in Abhängigkeit von der Einschaltdauer

Zwar darf die zulässige Übertemperatur der Motorkomponenten (Wicklungen, Kugellager etc.) nicht überschritten werden, jedoch ist man aus wirtschaftlichen und technischen Gründen bestrebt, die Motormaterialen in der Nähe der Temperaturgrenzen zu betreiben. Da die Anzahl möglicher Belastungsprofile nicht begrenzt ist, war es erforderlich, wenige typische Belastungsprofile festzulegen. Dazu sind in der *IEC 60034-1* unterschiedliche Betriebsarten mit dazugehörigem Belastungsprofil definiert (Tabelle 3.5). Die Motorenhersteller beziehen sich bei Angaben in den Produktinformationen auf diese Betriebsarten. Bei der Motorauswahl ist diejenige Betriebsart zu wählen, welche eine Belastung aufweist, die während des Motorbetriebes nicht überschritten wird.

Tabelle 3.5 Betriebsarten nach IEC 60034-1

Kennziffer	Betriebsart
S1	Dauerbetrieb
S2	Kurzzeitbetrieb
S3	Periodischer Aussetzbetrieb
S4	Periodischer Aussetzbetrieb mit Einfluss des Anlaufvorganges
S5	Periodischer Aussetzbetrieb mit elektrischer Bremsung
S6	Ununterbrochener periodischer Betrieb
S7	Ununterbrochener periodischer Betrieb mit elektrischer Bremsung
S8	Ununterbrochener periodischer Betrieb mit Last-/Drehzahländerung
S9	Betrieb mit nichtperiodischer Last- und Drehzahländerungen
S10	Betrieb mit einzelnen konstanten Belastungen und Drehzahl

Bild 3.12 zeigt für drei wichtige Betriebsarten den zeitlichen Verlauf der mechanischen Leistung des Motors, der Verlustleistung und der Übertemperatur des Motors. Für die Betriebsarten S3 und S6 wird während der Spieldauer kein thermischer Beharrungszustand erreicht.

Betriebsart S1 – Dauerbetrieb: Sie definiert den Betrieb mit konstanter Belastung, die so lange ansteht, dass die Maschine die Beharrungstemperatur (stationärer Zustand) erreichen kann. Um die Beharrungstemperatur zu erreichen, muss die Betriebsdauer wesentlich länger als drei thermische Zeitkonstanten sein. Die Umrechnung bei sich zyklisch änderndem Belastungsprofil mit einer Zykluszeit im Bereich der thermischen Zeitkonstante auf ein effektives Motordrehmoment wurde bereits gezeigt. Damit ist das Motordrehmoment bekannt, das bei der Motorauslegung in diesem Fall zu Grunde gelegt werden muss.

Betriebsart S3 – Periodischer Aussetzbetrieb: Der Betrieb setzt sich aus einer Folge identischer Spiele zusammen. Jedes Spiel beinhaltet eine Betriebszeit mit konstanter Belastung und eine Stillstandszeit mit stromlosen Wicklungen. Die Übertemperatur wird nicht merklich vom Anlaufstrom beeinflusst. Ergänzend wird die relative Einschaltdauer angegeben, z. B. S3–25%.

Betriebsart S6 – Ununterbrochener periodischer Betrieb: Der Betrieb setzt sich aus einer Folge identischer Spiele zusammen, von denen jedes eine Betriebszeit mit konstanter Belastung und eine Leerlaufzeit umfasst. Ergänzt wird die Angabe durch die relative Einschaltdauer, z. B. S6–40%.

Die Spieldauer beträgt, wenn vom Hersteller nicht anders angegeben, normalerweise 10 Minuten.

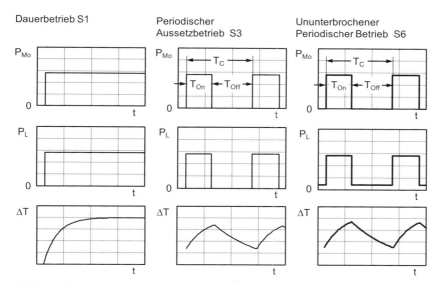

Bild 3.12 Motorleistung, Verlustleistung und Übertemperatur

■ 3.7 Wärmeklassen

Zur Vergleichbarkeit bzgl. der Erwärmung werden Motoren Wärmeklassen zugeordnet (Tabelle 3.6). Für jede Klasse werden zulässige Übertemperaturen definiert. Die Übertemperatur gibt an, um wie viel die mittlere Motortemperatur die Umgebungs- bzw. Kühlmitteltemperatur überschreiten darf. Meist wird von einer maximal zulässigen Umgebungstemperatur von 40°C ausgegangen. Zur Sicherheit und Vermeidung von Motorschäden wird die Temperatur in den Wicklungen häufig überwacht. Wird am heißesten Punkt der Wicklung die zulässige Maximaltemperatur überschritten, erfolgt eine Abschaltung des Motors. Für Motoren in Industrieanwendungen sind die Wärmeklassen B und F gebräuchlich.

Motoren in Maschinen stellen zum Teil erhebliche Wärmequellen dar. Dadurch ergeben sich Temperaturgradienten, die die Genauigkeit der Maschine beeinflussen. Für hochgenaue Maschinen sind spezielle Kühlmaßnahmen erforderlich.

Tabelle 3.6 Wärmeklassen

Wärme- klasse	Zulässige Übertemperatur* ΔT_∞	Zulässige Motortemperatur T_{Mo}	Zulässige Wicklungs- temperatur** $T_{ShutOff}$
Y	50 K	90°C	90°C
A	60 K	100°C	105°C
E	75 K	115°C	120°C
B	80 K	120°C	130°C
F	105 K	145°C	155°C
H	125 K	165°C	180°C

* Bei Umgebungs- oder Kühlmitteltemperatur von 40°C

** Maximaltemperatur am heißesten Punkt der Wicklung, Abschalttemperatur

■ 3.8 Schutzarten

Abhängig vom Einbauort der elektrischen Maschine und den Umgebungsbedingungen muss diese mehr oder weniger geschützt werden. Im Wesentlichen sind zwei Schutzfunktionen zu unterscheiden:

Schutz des Menschen: Motoren mit ihren bewegten und spannungsführenden Teilen stellen eine Gefahr für den Menschen dar. Abhängig von der Zugänglichkeit ist der Motor diesbezüglich zu schützen. Ist der Motor an einem Ort, der vom Maschinenbediener ohnehin nicht erreichbar ist, so kann in der Regel mit geringeren Schutzmaßnahmen gearbeitet werden.

Schutz der elektrischen Maschine: Das Eindringen von Fremdkörpern oder Fremdmedien kann die Funktionsweise der elektrischen Maschine beeinträchtigen. Abhängig von den Umgebungsbedingungen ist die elektrische Maschine gegen diese negativen Einflüsse zu schützen. Ein Motor in einer Werkzeugmaschine mit aggressiven Kühl-/Schmiermitteln und Spänen im Arbeitsraum bedarf eines deutlich aufwendigeren Schutzes als ein Motor in einer Fertigungseinrichtung für die Herstellung von Halbleitern, welche prozessbedingt ohnehin in einem Reinraum aufgestellt ist.

Tabelle 3.7 Schutzarten für drehende elektrische Maschinen nach IEC 60034-5

X		Y	
0	Kein besonderer Schutz	0	Kein besonderer Schutz
1	Kein Schutz bei absichtlichen Zugang Schutz gegen Eindringen von großen festen Fremdkörpern ($d > 50$ mm)	1	Schutz gegen senkrecht fallendes Tropfwasser
2	Fernhalten von Fingern,... Schutz gegen mittelgroße feste Fremdkörper ($d > 12$ mm)	2	Schutz gegen schräg fallende Tropfwasser bis zu einem Kippwinkel von 15° gegenüber normaler Betriebslage
3	Schutz gegen kleine feste Fremdkörper, Fernhalten von Werkzeugen, Drähten,... ($d > 2,5$ mm)	3	Schutz gegen Sprühwasser, das in einem Winkel bis 60° zur Senkrechten fällt.
4	Fernhalten von Werkzeugen, Drähten,... Schutz gegen sehr kleine feste Fremdkörper ($d > 1$ mm)	4	Schutz gegen Spritzwasser aus allen Richtungen
5	Vollständiger Berührungsschutz. Schutz gegen Staubablagerungen (staubgeschützt)	5	Schutz gegen Strahlwasser aus allen Richtungen
6	Staubdichte Maschine	6	Schutz gegen schwere See
		7	Schutz gegen Eindringen von Wasser bei zeitweisem Eintauchen
		8	Schutz gegen Eindringen von Wasser bei dauerhaftem Untertauchen

Die Schutzarten für drehende elektrische Maschinen sind in der IEC 60034-5 international festgelegt. Das Kurzzeichen für Schutzarten ist IP (International Protection). Die Unterscheidung der Schutzart erfolgt mit zwei Kennziffern (Tabelle 3.7).

Die erste Kennziffer hinter dem Kennbuchstaben beschreibt den Schutzgrad, den das Gehäuse Personen oder dem Eindringen von Fremdkörpern in die Maschine, gewährt. Die zweite

Kennziffer beschreibt den Schutzgrad, den das Gehäuse gegen das Eindringen von Wasser mit schädlicher Wirkung gewährt. Beispielsweise ist bei der Schutzart IP65 vollständiger Berührungsschutz, ein Schutz gegen Eindringen von Staub und der Schutz gegen Strahlwasser aus allen Richtungen gewährleistet. In einigen Anwendungen ist ein Schutz nach IP für die Einsetzbarkeit des Produktes nicht ausreichend. So müssen z. B. Produkte in Werkzeugmaschinen dauerhaft aggressiven Kühl-/Schmiermitteln widerstehen.

■ 3.9　Energieeffizienz

In Deutschland ist der Verbrauch von elektrischer Energie in der Industrie und in privaten Haushalten etwa gleich groß. Elektrische Antriebe verursachen in der Industrie rund zwei Drittel des Stromverbrauchs. Durch Einsatz drehzahlgeregelter Antriebe können der Energieverbrauch und damit die Energiekosten und die CO_2-Emissionen deutlich verringert werden. Nach aktuellem Energiemix (Anteil Verbrennung von Kohle, Öl und Gas, Kernspaltung, Wasser, Wind etc.) in Deutschland kann die erzeugte elektrische Energie wie folgt in CO_2-Emission umgerechnet werden (Quelle: Umweltbundesamt für das Jahr 2009, Stand: März 2010):

$$\frac{\text{kg } CO_2\text{-Emissionen}}{\text{kWh erzeugter elektrischer Energie}} = 0{,}575 \tag{3.18}$$

Der Industriepreis für Strom in Deutschland beträgt ca. 0,12 €/kWh (Stand: Jahr 2011)

Die größten Einsparungen bei elektrischen Motoren in Antrieben lassen sich derzeit bei Drehstrom-Asynchronmotoren erreichen, da sie ca. 90 % aller eingesetzten Industriemotoren in Europa repräsentieren. Wie bei anderen Geräten (z. B. Kühlschränken, Fernsehern etc.) werden Motoren auch in Effizienzklassen eingeteilt. Die Effizienzklasse bei elektrischen Motoren gibt an, wie effizient die aufgenommene elektrische Energie in mechanische Energie umgewandelt wird, oder anders ausgedrückt, wie gut der Wirkungsgrad des Motors ist. International werden die Effizienzklassen für Asynchronmotoren mit Käfigläufer in der IEC 60034-30 festgelegt. Das Kurzzeichen für die Effizienzklasse ist IE (International Efficiency). Unterteilt wird in die in Tabelle 3.8 angegebenen Effizienzklassen. Voraussetzung zur Erreichung einer bestimmten Effizienzklasse ist, dass der Motor einen festgelegten Mindestwirkungsgrad erfüllt. Der geforderte Mindestwirkungsgrad ist abhängig von der mechanische Leistung des Motors und davon, wievielpolig der Motor ist. Anforderungen zur Erfüllung von Effizienzklassen finden sich im Anhang.

IE 1	Standard
IE 2	Hoch
IE 3	Premium
IE 4	Super Premium

Tabelle 3.8 Effizienzklassen (Efficiency classes) und Symbol

Wird zusätzlich zu energieeffizienteren Motoren die Motordrehzahl, entsprechend den aktuellen Prozessanforderungen, gesteuert oder geregelt, lassen sich weitere Einsparungen erreichen. Allein in Deutschland ergibt sich durch diese Einsparungspotentiale nach Angaben des Umweltbundesamtes (7/2009) folgendes Ergebnis:

> „... Bis zum Jahr 2020 können circa 27 Milliarden Kilowattstunden Strom weniger verbraucht und damit rund 16 Millionen Tonnen CO_2-Emissionen vermieden werden. Zum Vergleich: Auf den Bau von acht Großkraftwerken mit einer elektrischen Leistung von je 700 Megawatt kann verzichtet werden. (...)"

Daher gibt es in der europäischen Union bindende Einführungsvorschriften für die Energieeffizienz von elektrischen Antrieben für IE2 und IE3 (Tabelle 3.9).

Tabelle 3.9 Effizienzklassen und EU-Einführungsvorschriften

IEC 60034-30		EU — Bindende Regelung für Motoren, die in Verkehr gebracht werden
IE 1	Standard	
IE 2	High	**ab 16 Juni** 2011 für Motoren 0,75 kW bis 375 kW
IE 3	Premium	**ab Januar 2015** für Motoren 7,5 KW bis 375 kW oder IE2 mit Frequenzumrichter ① **ab Januar 2017** für Motoren 0,75 kW bis 7,5 kW oder IE2 mit Frequenzumrichter ①
① drehzahlgeregelt		

Zusätzlich zum Wirkungsgrad des Motors sind alle anderen Komponenten eines Antriebs bzgl. ihrer Energieeffizienz zu betrachten. Während Leistungselektroniken meist einen vergleichsweise hohen Wirkungsgrad besitzen, haben mechanische Übertragungselemente häufig deutlich niedrigere Wirkungsgrade. So kann z. B. durch Einsatz eines Kegelradgetriebes anstatt eines Stirnradgetriebes der Wirkungsgrad deutlich erhöht werden (siehe Kapitel 2, Wirkungsgrade). Eine weitere Möglichkeit der Energieeinsparung ist die in mechanischen Übertragungselementen gespeicherte mechanische Energie beim Bremsen nicht in Wärmeenergie umzuwandeln, sondern elektrisch zu speichern oder anderen elektrischen Verbrauchern zuzuführen. Diese Thematik wird im Kapitel 6 im Abschnitt „Energiemanagement" behandelt.

■ 3.10   Bauformen und Befestigung

Die Hersteller von Motoren bieten ihren Kunden im Wesentlichen drei unterschiedliche Lösungen für Antriebsaufgaben:

Gehäusemotoren: Der Rotor und Stator sind in einem Gehäuse untergebracht. Der Rotor ist im Gehäuse gelagert. Zusätzlich sind die Motorteile vor Verschmutzung geschützt. Die Integration des Motors in die Maschinenkonstruktion und die Montage ist für den Motorkunden sehr einfach.

Einbaumotoren: Die Motorkomponenten Stator und Rotor werden vom Motorhersteller einzeln geliefert. Im Vergleich zu einem Gehäusemotor erfordert die Integration der beiden Komponenten in die Maschinenkonstruktion beim Motorkunden deutlich mehr Motorkenntnisse, und die Montage in die Maschine ist aufwändiger.

Motorsysteme: Zunehmend gibt es auf einzelne Applikationen angepasste Systeme bestehend aus den Kernkomponenten zur Drehmoment- bzw. Krafterzeugung und weiteren Komponenten zur Erfüllung der von der Applikation geforderten Aufgaben. Diese Lösungen werden Motorsysteme genannt.

Am Beispiel eines Spindelantriebes für Werkzeugmaschinen, der die Aufgabe hat, das Drehmoment für die Bearbeitung (Zerspanung) eines Werkstückes bereitzustellen und das Werkzeug zu führen und zu halten, sind in Bild 3.13 drei verschiedene Motorlösungen exemplarisch dargestellt. Die Systemlösung wird „Motorspindel" genannt. Den Aufbau einer Motorspindel zeigt Bild 3.14. Charakteristisches Merkmal ist, dass die Werkzeugaufnahme und der Rotor des Motors eine gemeinsame Welle besitzen und die gleiche Lagerung nutzen.

Gehäusemotor   Einbaumotor   Motorspindel

Bild 3.13 Bauformen für Spindelantriebe an Werkzeugmaschinen (© Siemens AG, 2012)

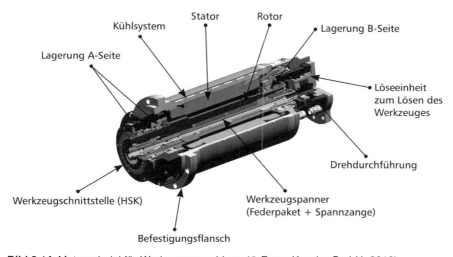

Bild 3.14 Motorspindel für Werkzeugmaschinen (© Franz Kessler GmbH, 2012)

Ein anderes sehr weit verbreitetes Motorsystem ist der Getriebemotor (Bild 3.15). Die Motor-komponenten sind in einer gemeinsamen Baueinheit mit dem Getriebe untergebracht. Für den Motor und die Antriebsseite des Getriebes wird eine gemeinsame Welle genutzt. Dadurch wird die Anzahl an Teilen minimiert und die Ausrichtung der Motorwelle zur Getriebewelle beim Motorkunden entfällt. Teilweise wird in dem Gehäuse zusätzlich die Steuerungs- und Regelungselektronik untergebracht, wodurch ein mechatronisches System entsteht.

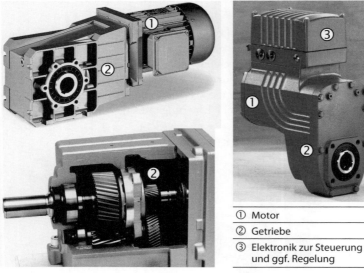

① Motor

② Getriebe

③ Elektronik zur Steuerung und ggf. Regelung

Bild 3.15 Getriebemotoren (© Lenze SE, 2012; © SEW-Eurodrive GmbH & Co KG, 2012)

Motorsysteme zeichnen sich durch folgende Eigenschaften aus:

- Bauteilereduktion und damit Kostenreduktion
- Bauvolumenreduktion
- Verbesserung statischer und dynamischer Antriebseigenschaften durch steifere Kopplung der Komponenten
- Kurze Montagezeiten des Antriebes in die Maschine

Bei der Variante mit zusätzlicher Elektronik werden der Verkabelungsaufwand und das Bauvo-lumen im Schaltschrank deutlich reduziert. Durch diese dezentrale Antriebstechnik kann die Inbetriebnahme einzelner Module einer Maschine unabhängig von der überlagerten Steue-rung erfolgen.

In IEC 60034-7 sind die Bauarten, Aufstellungsarten und Klemmkastenlagen von drehenden elektrischen Maschinen spezifiziert. Wesentliche Unterscheidungsmerkmale sind:

- Anzahl Lagerschilde
- Gehäuse- oder Flanschmontage
- Vertikale oder horizontale Anordnung
- Art des Wellenendes

Tabelle 3.10 Beispiele International Mounting nach IEC 60034-7

IM XY Code I					IM Code II	
X	**Wellenanordnung**	**Y**	**Beschreibung**			
B	Waagrechte Welle	3	– 2 Lagerschilde – Gehäuse mit Füßen – Freies Wellende – Montage auf Unterbau		IM 1001	
		5	– 2 Lagerschilde – Gehäuse ohne Füße – Freies Wellende – Montage an Befestigungs- flansch auf Antriebsseite		IM 3001	

		35	– 2 Lagerschilde
			– Gehäuse mit Füßen
			– Freies Wellende
			– Montage auf Unterbau oder
			  Gehäusestirnfläche
			  Antriebsseite
					IM 2001	

V	Senkrechte Welle	1	– 2 Lagerschilde – Gehäuse ohne Füße – Freies Wellende nach unten – Montage an Befestigungs- flansch auf Antriebsseite		IM 3011	

Es werden zwei Codes unterschieden, die beide mit IM (International Mounting) beginnen. Code I ist der ältere und dennoch gebräuchlichste, während Code II genauer ist. In Tabelle 3.10 sind einige Beispiele beschrieben und der Bezug von Code I zu Code II.

■ 3.11 Bemessungsgrößen

Eine elektrische Maschine wird vom Hersteller für bestimmte Einsatzbedingungen ausgelegt. Man sagt auch, die Maschine ist für diese Einsatzbedingungen bemessen. Zur Bemessung gehören die Bemessungsgrößen und die Betriebsbedingungen. Bemessungsgrößen sind Angaben, welche einen vom Hersteller ausgewählten Arbeitspunkt (Bemessungspunkt) einer Maschine beschreiben. Hierzu zählen:

- das Drehmoment oder die Kraft im Bemessungspunkt, alternativ oder auch zusätzlich die mechanische Leistung im Bemessungspunkt
- die Drehzahl oder Geschwindigkeit im Bemessungspunkt
- die Spannung, mit der die Maschine im Bemessungspunkt versorgt werden muss

- der erforderliche Strom im Bemessungspunkt

- die Frequenz der Wechsel- oder Drehspannung, mit der die Maschine im Bemessungspunkt versorgt werden muss (nur bei Wechsel- oder Drehstrommotoren)

Vom Motorhersteller werden in der Produktinformation und auf dem Leistungsschild des Motors mechanische und elektrische Bemessungsgrößen angegeben. Bei rotatorischen Motoren werden üblicherweise die in Tabelle 3.11 angegebenen Bemessungsgrößen angegeben. Der Index n rührt daher, dass Bemessungsgrößen früher Nennwerte genannt wurden. Eine Prinzipdarstellung eines Drehmoment-Drehzahl-Diagramms mit Bemessungsgrößen zeigt Bild 3.16. Üblicherweise werden die Bemessungsgrößen für Dauerbetrieb (S1) angegeben. Die Betriebsbedingungen werden durch die Schutzart, die Wärmeklasse etc. definiert. Für Linearmotoren gelten entsprechende Angaben.

Tabelle 3.11 Bemessungsgrößen

Bemessungsgrößen		Nenngrößen (früher)
Mechanisch		
n_n	Bemessungsdrehzahl	Nenndrehzahl
P_n, M_n	Bemessungsleistung oder/und Bemessungsdrehmoment	Nennleistung oder/und Nenndrehmoment
Elektrisch		
U_n	Bemessungsspannung	Nennspannung
I_n	Bemessungsstrom	Nennstrom
f_n ①	Bemessungsfrequenz	Nennfrequenz
$\cos(\varphi_n)$ ①	Leistungsfaktor im Bemessungspunkt	Leistungsfaktor im Nennpunkt
zusätzlich		
η	Wirkungsgrad im Bemessungspunkt	Wirkungsgrad im Nennpunkt
① Wechsel- und Drehstrommotoren		

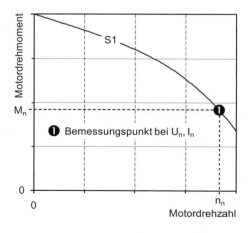

Bild 3.16 Drehmoment-Drehzahl-Diagramm mit Bemessungsgrößen

4 Gleichstrommotoren

■ 4.1 Einführung

Gleichstrommaschinen sind Elektromotoren, die darauf ausgelegt sind, mit Gleichspannung gespeist zu werden, oder Generatoren, welche Gleichspannung erzeugen. Drehstrommaschinen haben Gleichstrommaschinen bei Investitionsgütern, insbesondere im Bereich der Automatisierungstechnik, größtenteils verdrängt. Bei Konsumgütern, wie z. B. Kraftfahrzeugen, sind sie auf Grund niedriger Kosten sehr verbreitet. Grundlegende Zusammenhänge von elektrischen Maschinen, welche das elektromagnetische Prinzip nutzen, lassen sich an Gleichstrommaschinen anschaulich darstellen. Die dabei gewonnenen Erkenntnisse können anschließend auf andere Maschinen übertragen werden.

Abhängig von der Art der Erzeugung des magnetischen Feldes (Erregerfeld) werden bei Gleichstrommaschinen zwei Grundprinzipien unterschieden:

- Elektrisch erregte Maschine (Selbsterregte oder fremderregte Maschine)
- Permanenterregte Maschine

Bei elektrisch erregten Maschinen erzeugen stromdurchflossene Spulen (Erregerwicklung) das Magnetfeld. Wird für die Erregerwicklung die gleiche Spannungsquelle benutzt wie für die Wicklung, die das Drehmoment erzeugt (Ankerwicklung), spricht man von einer selbsterregten Maschine. Wird für die Erregerwicklung eine separate Spannungsquelle benutzt, handelt es sich um eine fremderregte Maschine. Fremderregte Maschinen erlauben eine unabhängige Einstellung der Stärke des Erregerfeldes über den Strom durch die Erregerwicklung. Nachteilig ist, dass zwei Spannungsquellen erforderlich sind. Bei permanenterregten Maschinen werden Permanentmagnete zur Erzeugung des Erregerfeldes eingesetzt. Die Stärke des Erregerfeldes ist bei diesen Maschinen konstant.

■ 4.2 Drehmomenterzeugung und Drehmomentgleichung

Um die Wirkungsweise der Erzeugung des Motordrehmomentes zu verstehen, soll zunächst nur eine einzelne Leiterschleife betrachtet werden. Die Leiterschleife ist drehbar gelagert und befindet sich in einem parallelen homogenen Magnetfeld (Bild 4.1). Das Magnetfeld steht senkrecht zum stromdurchflossenen Leiter. Der Abschnitt der Leiterschleife mit der Länge l, bei dem die Stromrichtung aus der Zeichenebene geht, ist mit ① bezeichnet. Das erzeugte Drehmoment im Leiterabschnitt ① errechnet sich aus der tangentialen Kraftkomponente der

Lorentzkraft zu:

$$M_1 = F_1 \cos(\varphi)\, r = I l B \cos(\varphi)\, r \tag{4.1}$$

M_1	Drehmoment Leiterabschnitt ①	*Torque wire segment* ①	Nm
F_1	Lorentzkraft Leiterabschnitt ①	*Lorentz force wire segment* ①	N
φ	Winkelposition	*Angular position*	rad
r	Abstand zum Drehpunkt	*Distance to center of rotation*	m
I	Strom	*Current*	A
l	Leiterlänge	*Length wire*	m
B	Magnetische Flussdichte	*Magnetic flux density*	T

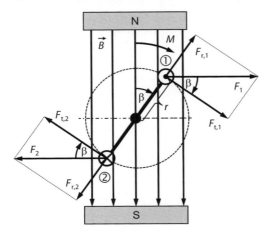

Bild 4.1 Prinzip der Drehmomenterzeugung

Im Leiterabschnitt ② wirkt betragsmäßig die gleiche Kraft wie im Abschnitt ①. Das von der Leiterschleife erzeugte Drehmoment ist doppelt so hoch wie das eines Leiterabschnitts. Mit der gewählten Anordnung ergibt sich keine Bewegung in einer Umdrehung. Die Leiterschleife bleibt bei $\varphi = \pi/2$ stehen (stabile Winkelposition). Die Winkelposition $\varphi = 3\pi/2$ ist grenzstabil. Kleinste Auslenkungen aus dieser Winkelposition führen zu einer Bewegung hin zur Winkelposition $\varphi = \pi/2$.

Um eine Bewegung über eine bzw. mehrere Umdrehungen zu erzeugen, muss in der Winkelpositionen $\varphi = \pi/2$ und $\varphi = 3\pi/2$ die Stromrichtung umgekehrt werden. Diese Aufgabe übernimmt der Kommutator, auch Stromwender oder Polwender genannt (Bild 4.2). Auf der Motorwelle sind am Umfang Kontaktflächen angeordnet. Mittels auf den Kontaktflächen schleifender Elemente erfolgt die Übertragung des Stroms vom stehenden Motorteil auf die drehende Motorwelle.

Im hier betrachteten Fall hat der Kommutator zwei Kontaktflächen, die Kommutatorlamellen 1 und 2. Mit Kommutator ist eine Bewegung der Motorwelle in eine Drehrichtung möglich. Im Bereich um $\varphi = \pi/2$ und $\varphi = 3\pi/2$ kommt es allerdings zu einem Kurzschluss, und der Motor läuft nicht an. Zusätzlich kommt es zu starken Drehmomentschwankungen in einer Umdrehung, und das Drehmoment ist klein.

Durch folgende Maßnahmen werden die beschriebenen Nachteile überwunden (Bild 4.3):

- Statt einer Leiterschleife werden mehrere Leiterschleifen benutzt, wodurch sich eine Spule ergibt. Das Drehmoment wird höher.

- Über den Umfang des drehenden Motorteils, beim Gleichstrommotor Rotor, Anker oder Läufer genannt, sind äquidistant mehrere Spulen verteilt. Die Gesamtheit der Spulen ist die Wicklung. Daraus ergibt sich eine weitere Erhöhung des Drehmomentes, und die Drehmomentschwankung reduziert sich. Die Anzahl der Kommutatorsegmente erhöht sich und der Motor läuft in jeder Stellung an.

- Bei der magnetischen Auslegung des Motors wird das Magnetfeld (Erregerfeld) so dimensioniert, dass es möglichst radial zum Rotor verläuft. Der feststehende Motorteil wird Stator oder Ständer genannt. Im Stator wird das Erregerfeld erzeugt. Beim dargestellten Motor erfolgt dies elektrisch. Ganz allgemein treten bei magnetischen Materialien die magnetischen Feldlinien senkrecht aus und ein. Die Geometrie des Statorbereichs, aus dem die magnetischen Feldlinien austreten und in den die magnetischen Feldlinien eintreten, wird so ausgelegt, dass das Erregerfeld senkrecht zu den stromdurchflossenen Leitern des Rotors verläuft. Dieser Bereich des Stators wird Polschuh genannt.

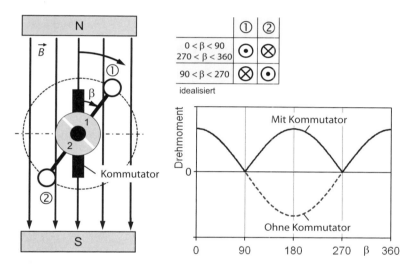

Bild 4.2 Schematische Darstellung Kommutatorprinzip und Drehmomentverlauf

Durch die beschriebenen Maßnahmen ist das Motordrehmoment über dem Umfang weitestgehend konstant. Es ist zu beachten, dass die gezeigten Maschinenelemente in verschiedenen Schnittebenen liegen.

Der in Bild 4.3 dargestellte Motor hat 2 Pole (Erregerpole) und wird daher 2-poliger Motor genannt. Die Anzahl der Polpaare ist die Polpaarzahl. Der gezeigte Motor hat die Polpaarzahl 1.

$$z_P = \frac{p}{2} \qquad (4.2)$$

z_P	Polpaarzahl	*Number of pole pairs*
p	Anzahl Pole	*Number of poles*

Das Magnetfeld ergibt sich aus dem Stromfluss durch die Erregerwicklung. In Richtung der Drehachse liegt die Rotorwicklung (Ankerwicklung). Der Stromfluss durch die Rotorwicklung erzeugt das Drehmoment. Über das Joch wird der magnetische Kreis geschlossen. Das Joch ist

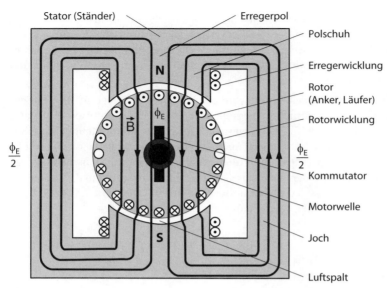

Bild 4.3 Elektrisch erregte 2-polige Gleichstrommaschine

aus weichmagnetischem Material aufgebaut. Es setzt den Feldlinien des Erregerfeldes einen geringen magnetischen Widerstand entgegen. Dadurch werden Streuverluste minimiert. Zur Stromübertragung an den Rotor und Steuerung der Stromrichtung wird der Kommutator benutzt.

Über den Umfang können mehrere gleichmäßig verteilte Polpaare angeordnet werden. Die Polteilung ist die Länge eines Poles auf dem Kreisumfang. Es gilt:

$$\tau_P = \frac{d\pi}{2z_p} \tag{4.3}$$

τ_P	Polteilung	*Pole grating*	m
d	Durchmesser	*Diameter*	m

Für das erzeugte Drehmoment und für die später betrachtete induzierte Spannung ist immer die radiale magnetische Flussdichte im Luftspalt die entscheidende Größe. Über dem Umfang ist sie nie völlig konstant. Um weitere Betrachtungen zu vereinfachen, wird mit einer mittleren radialen magnetischen Flussdichte in einer Polteilung gerechnet. Diese Rechengröße hat die gleiche Auswirkung wie die von der Position auf dem Kreisumfang abhängige radiale magnetische Flussdichte des betrachteten Motors. Die Anzahl an Leiterschleifen ist die Windungszahl. Bei Gleichstrommotoren wird der Strom durch den Anker (Rotor) als Ankerstrom bezeichnet.

Bei Vernachlässigung von Drehmomentverlusten durch die geometrische Anordnung der Leiterschleifen und motorinterner Reibung ergibt sich das Motordrehmoment zu:

$$M_{Mo} = 2l\,NrBI_A \tag{4.4}$$

N	Windungszahl	*Number of turns*	
I_A	Ankerstrom	*Armature current*	A

Der Zusammenhang zwischen magnetischer Flussdichte und magnetischem Fluss eines Poles (Erregerfluss) lautet:

$$\Phi_E = B\,A_P = B\,l\,\tau_P = B\,l\,\frac{d\pi}{2z_P} \rightarrow B = \frac{z_P}{\pi l r}\,\Phi_E \tag{4.5}$$

| Φ_E | Erregerfluss | *Excitation flux* | Wb |
| A_P | Polfläche | *Pole area* | m^2 |

Ersetzt man in der Gleichung für das Motordrehmoment die magnetische Flussdichte durch den magnetischen Fluss, ergibt sich:

$$M_{Mo} = 2l\,N\,r\,B\,I_A = \frac{2z_P}{\pi}\,N\,\Phi_E\,I_A \tag{4.6}$$

Im Falle eines konstanten magnetischen Flusses bzw. einer konstanten magnetischen Flussdichte ist das Drehmoment des Motors proportional zum Ankerstrom. Der Proportionalitätsfaktor ist die Drehmomentkonstante. Sie wird vom Motorhersteller bei den Motorkennwerten angegeben.

$$\boxed{M_{Mo} = c_T\,I_A} \tag{4.7}$$

| c_T | Drehmomentkonstante | *Torque constant* | Nm/A |

Die Drehmomentkonstante gibt an, wie viel Drehmoment der Motor bei einem konstanten Ankerstrom erzeugt. Bei variablem magnetischen Fluss gilt:

$$\boxed{M_{Mo} = k_{Mo}\,\Phi_E\,I_A} \tag{4.8}$$

| k_{Mo} | Konstante des Motors | *Constant of motor* | Nm/(VsA) |

■ 4.3 Spannungsinduktion und Spannungsgleichung

Bei Drehzahlen der Maschinenwelle ungleich null wird nach dem Induktionsgesetz im Rotor eine Spannung induziert. Beim Motor wirkt sie der Bewegung entgegen, und beim Generator ist sie die Basis zur Spannungserzeugung. Eine andere Bezeichnung für die induzierte Spannung ist Elektromotorische Kraft, kurz EMK. Für den Fall, dass die Bewegungsrichtung senkrecht zum Magnetfeld ist (siehe Bild 4.3), gilt für die induzierte Spannung in einem Leiter:

$$U_{i,1} = -B\,\frac{dA}{dt} \tag{4.9}$$

$U_{i,1}$	Induzierte Spannung Leiter	*Induced voltage wire*	V
B	Magnetische Flussdichte	*Magnetic flux density*	T
A	Vom Leiter überstrichene Fläche	*Crossed plane by wire*	m^2

In Abhängigkeit von der Zeit überstreicht ein Leiter der Länge l die Zylinderfläche

$$A(t) = x(t)\,l \tag{4.10}$$

Bei konstanter Motordrehzahl folgt für die Zylinderfläche:

$$A(t) = v\,t\,l = \omega_{\mathrm{Mo}}\,r\,t\,l \tag{4.11}$$

x	Position auf dem Kreisumfang	*Position on circumference*	m
A	Vom Leiter überstrichene Fläche	*Crossed plane by wire*	m²
v	Umfangsgeschwindigkeit Leiter	*Circumferential speed wire*	m/s
ω_{Mo}	Winkelgeschwindigkeit Motor	*Angular speed motor*	rad/s

Die im Leiter induzierte Spannung ergibt sich damit zu:

$$U_{\mathrm{i},1} = -B\,\omega_{\mathrm{Mo}}\,r\,l \tag{4.12}$$

Geht man, wie bei der Drehmomenterzeugung, von mehreren Leiterschleifen aus, so ergibt sich:

$$\boxed{U_{\mathrm{i}} = c_{\mathrm{Mo}}\,\omega_{\mathrm{Mo}}} \tag{4.13}$$

U_{i}	Induzierte Spannung	*Induced voltage*	V
c_{Mo}	Motorkonstante	*Motor constant*	Vs/rad

Meist wird vom Motorhersteller nicht die Motorkonstante, sondern die Spannungskonstante angegeben. Sie gibt an, welche Spannung bei einer bestimmten Motordrehzahl induziert wird.

$$\boxed{U_{\mathrm{i}} = c_{\mathrm{U}}\,n_{\mathrm{Mo}}} \tag{4.14}$$

c_u	Spannungskonstante	*Voltage constant*	Vs

Die induzierte Spannung kann auch aus dem Erregerfluss berechnet werden.

$$\boxed{U_{\mathrm{i}} = k_{\mathrm{Mo}}\Phi_{\mathrm{E}}\omega_{\mathrm{Mo}}} \tag{4.15}$$

k_{Mo}	Konstante des Motors	*Constant of motor*	Nm/(VsA)

Die Zusammenhänge zwischen den einzelnen Konstanten bei konstanter Erregung lauten:

$$c_{\mathrm{Mo}} = c_{\mathrm{T}} = \frac{c_{\mathrm{U}}}{2\pi} \tag{4.16}$$

 Gleichstrommotoren haben nur eine Konstante, die das Motorverhalten im stationären Fall charakterisiert. Um das Arbeiten zu erleichtern, werden bei den Motorkennwerten sowohl die Drehmomentkonstante als auch die Spannungskonstante angegeben.

■ 4.4 Komponenten

Die Komponenten eines elektrisch erregten Gleichstrommotors zeigt Bild 4.4.

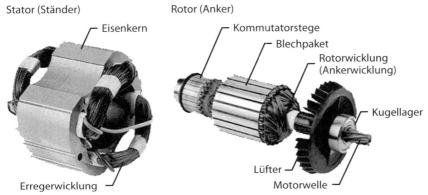

Bild 4.4 Komponenten eines elektrisch erregten Gleichstrommotors (© Gregor Papa und Barbara Koroušić, Jožef Stefan Institute, Ljubljana, 2012)

Der Anker eines Gleichstrommotors besitzt häufig genutete Bleche (Bild 4.5), die übereinander gestapelt sind. Anker mit diesem Aufbau bezeichnet man als eisenbehaftete Anker. Die einzelnen Bleche werden bei großen Stückzahlen durch Stanzen, und bei kleineren Stückzahlen zur Vermeidung von Werkzeugkosten z. B. durch Laserschneiden, hergestellt. Der Stapel aus Blechen wird als Blechpaket bezeichnet, das auf die Motorwelle gepresst wird (Bild 4.6).

Bild 4.5 Einzelblech für eisenbehafteten Rotor

In die Nuten wird isolierter Kupferdraht eingebracht. Diesen Vorgang bezeichnet man als Wickeln. Zur Minimierung von Ummagnetisierungsverlusten werden Bleche aus weichmagnetischem Material (geringe Hysterese) eingesetzt. Sie besitzen eine typische Dicke von 0,3 mm bis 1 mm. Die Bleche sind zueinander isoliert, um Wirbelstromverluste zu vermeiden.

Der Anker versucht immer in der Winkelposition mit dem geringsten magnetischen Widerstand zu verharren. Der magnetische Fluss konzentriert sich im weichmagnetischen Material und nicht in den Nuten. Möchte man diese Winkelposition verlassen, so muss ein Drehmoment aufgebracht werden. Dieses wird als Rastmoment bezeichnet. Rastmomente führen zu einem unerwünschten pulsierenden Drehmomentverlauf (Momentenwelligkeit) und damit

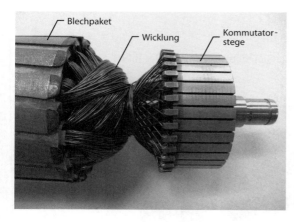

Bild 4.6 Ankeraufbau

auch zu Gleichlaufschwankungen. Eine Maßnahme zur Reduzierung von Rastmomenten sind geschrägte Nuten (Bild 4.7). Die Nut läuft dadurch nicht „schlagartig" unter den Pol. Vor allem bei Motoren mit Leistungen bis 250 W werden eisenlose Anker eingesetzt (Bild 4.8), welche prinzipbedingt keine Rastmomente aufweisen. Der Rotor wird als mehrlagiges Geflecht eines stromdurchflossenen Kupferdrahtes ausgeführt, das sich im Wesentlichen selbst trägt.

Bild 4.7 Blechpaket mit schrägen Nuten

Wichtige Vorteile von Motoren mit eisenlosen Ankern sind in Tabelle 4.1 aufgeführt.

Bild 4.9 zeigt den Aufbau eines Kommutators. Ein beweglicher Grafitquader wird mittels einer Feder auf die Kommutatorlamellen (Kontaktflächen) aus Kupfer gedrückt. Der Graphitquader ist in einem Halter geführt.

Bild 4.8 Eisenloser Anker (© Maxon Motor AG, 2012)

Tabelle 4.1 Wichtige Vorteile von Motoren mit eisenlosen Ankern

Prinzipbedingte Vorteile	Vorteile Antriebseigenschaften
Keine Rastmomente	Hohe Gleichlaufkonstanz Niedriger Geräuschpegel
Minimierung der bewegten Massen	Hohes Beschleunigungsvermögen Hohe Regeldynamik
Kleine Induktivität	Hohe Regeldynamik Weniger elektromagnetische Störungen Einfachere Entstörung Höhere Lebensdauer des Kommutators (Last, die vom Kommutator zu schalten ist, ist kleiner)

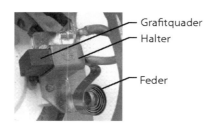

Grafitquader

Halter

Feder

Bild 4.9 Grafitkommutator

■ 4.5 Klemmenbezeichnung

Die Klemmenbezeichnung für Gleichstrommotoren ist in der IEC 600034-8 festgelegt (Tabelle 4.2).

Ankerwicklung	A1, A2
Reihenschlusserregung	D1, D2
Nebenschlusserregung	E1, E2
Fremderregung	F1, F2

Tabelle 4.2 Klemmenbezeichnung für Gleichstrommotoren (Auszug)

■ 4.6 Fremderregter Gleichstrommotor

Bei fremderregten Gleichstrommotoren wird das Magnetfeld elektrisch von einer unabhängigen Spannungsquelle erzeugt. Grundlegende Zusammenhänge lassen sich an diesem Motor anschaulich darstellen. Die dabei gewonnenen Erkenntnisse können anschließend auf andere Motoren übertragen werden. Da fremderregte Gleichstrommotoren zwei Spannungsquellen benötigen, haben sie keine Verbreitung.

4.6.1   Elektrisches Ersatzschaltbild und beschreibende Gleichungen

In Bild 4.10 ist das Anschlussbild eines fremderregten Gleichstrommotors mit getrenntem Anker- und Erregerkreis dargestellt.

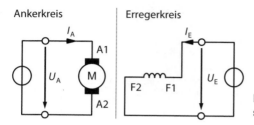

Bild 4.10 Anschlussbild fremderregter Gleichstrommotor

Die Ankerwicklung und die Erregerwicklung haben jeweils einen Widerstand und eine Induktivität. Zur Vereinfachung werden alle Widerstände und Induktivitäten eines Kreises in einem Wert zusammengefasst. Das elektrische Ersatzschaltbild für den Ankerkreis und Erregerkreis zeigt Bild 4.11. In Tabelle 4.3 sind die verwendeten Formelzeichen beschrieben.

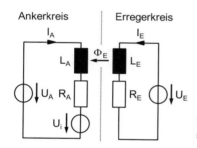

Bild 4.11 Elektrisches Ersatzschaltbild fremderregter Gleichstrommotor

U_A	Ankerspannung	Armature voltage	V
U_i	Induzierte Spannung	Induced voltage	V
I_A	Ankerstrom	Armature current	A
R_A	Ankerwiderstand	Armature resistance	Ω
L_A	Ankerinduktivität	Armature inductance	H

Tabelle 4.3 Klemmenbezeichnung für Gleichstrommotoren (Auszug)

Wird die Erregung nicht verändert, d. h. der magnetische Fluss bleibt konstant, so stehen insgesamt vier beschreibende Gleichungen zur Verfügung:

1. Spannungsgleichung

$$U_A - U_i - I_A R_A - L_A \frac{dI_A}{dt} = 0$$ (4.17a)

2. Induzierte Spannung

$$U_i = c_{Mo} \omega_{Mo}$$ (4.17b)

3. Bewegungsgleichung

$$M_{Mo} - M_L - J_T \frac{d\omega_{Mo}}{dt} = 0$$ (4.17c)

4. Motordrehmoment

$$M_{Mo} = c_{Mo} I_A$$ (4.17d)

4.6.2   Statisches Verhalten

Das statische Verhalten (stationärer Betriebszustand) ergibt sich aus den vier beschreibenden Gleichungen zu:

$$M_{Mo} = M_L \tag{4.18a}$$

$$U_A - c_{Mo} 2\pi n_{Mo} - \frac{R_A}{c_{Mo}} M_{Mo} = 0 \tag{4.18b}$$

Das Motordrehmoment ist identisch mit dem Lastdrehmoment. Der Zusammenhang zwischen der Motordrehzahl, dem Motordrehmoment und der Ankerspannung lautet:

$$n_{Mo} = \frac{U_A}{2\pi c_{Mo}} - \frac{R_A}{2\pi c_{Mo}^2} M_{Mo} \tag{4.19}$$

Die Motordrehzahl lässt sich bei vorgegebenem Drehmoment über die Ankerspannung steuern. Wird der Motor nicht belastet, so erreicht die Drehzahl bei konstanter Ankerspannung ein Maximum. Die induzierte Spannung ist dann identisch mit der Ankerspannung. Es fließt kein Strom. Bei maximaler Ankerspannung wird die maximale Drehzahl des Motors, die sogenannte Leerlaufdrehzahl, erreicht.

$$n_0 = \frac{U_{A,max}}{2\pi c_{Mo}} \tag{4.20}$$

n_0	Leerlaufdrehzahl	*Idle speed*	1/s
$U_{A,max}$	Maximale Ankerspannung	*Maximum armature voltage*	V

Bei Stillstand ($n_{Mo} = 0$) und maximaler Ankerspannung ergibt sich das maximale Motordrehmoment. Dieses Drehmoment wird als Stillstandsdrehmoment oder Haltedrehmoment bezeichnet. Der Ankerstrom wird ebenfalls maximal und Stillstandsstrom genannt.

$$M_{St} = \frac{c_{Mo}}{R_A} U_{A,max} \tag{4.21}$$

$$I_{St} = \frac{U_{A,max}}{R_A} = \frac{M_{St}}{c_{Mo}} \tag{4.22}$$

M_{St}	Stillstandsdrehmoment	*Torque at stand still*	Nm
I_{St}	Stillstandsstrom	*Current at stand still*	A

Dividiert man die Gl. (4.19) durch die Leerlaufdrehzahl und berücksichtigt den Zusammenhang aus Gl. (4.20), so erhält man:

$$\frac{n_{Mo}}{n_0} = \underbrace{\frac{U_A}{2\pi c_{Mo} n_0}}_{U_{A,max}} - \underbrace{\frac{R_A}{2\pi c_{Mo}^2 n_0}}_{c_{Mo} U_{A,max}} M_{Mo} \tag{4.23}$$

Daraus ergibt sich mit Gl. (4.21) die auf Maximalwerte normierte Darstellung.

$$\underbrace{\frac{n_{Mo}}{n_0}}_{n_{Mo}^*} = \underbrace{\frac{U_A}{U_{A,max}}}_{U_A^*} - \underbrace{\frac{M_{Mo}}{M_{St}}}_{M_{Mo}^*} \tag{4.24}$$

$$\boxed{n_{Mo}^* = U_A^* - M_{Mo}^*} \tag{4.25}$$

Die Einführung von normierten Größen führt zu einer übersichtlichen Darstellung des Motorverhaltens. Bild 4.12 zeigt das vom Motor bereitgestellte Drehmoment in Abhängigkeit von der Ankerspannung und der Motordrehzahl.

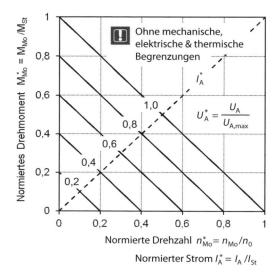

Bild 4.12 Normiertes Drehmoment-Drehzahl- und Drehmoment-Strom-Diagramm

Das Drehmoment nimmt bei konstanter Ankerspannung linear mit der Drehzahl ab. Dabei ist zu beachten, dass bei diesem Diagramm mechanische, elektrische und thermische Begrenzungen zunächst unberücksichtigt blieben. Der für ein bestimmtes Motordrehmoment erforderliche Strom kann ebenso in normierten Größen angegeben werden.

Reale Motoren besitzen folgende Begrenzungen:

Mechanische Begrenzungen: Die Drehzahl wird durch eine mechanische Komponente, z. B. durch die eingesetzten Kugellager, limitiert.

Elektrische Begrenzungen: Das Motordrehmoment wird durch den zur Verfügung stehenden Ankerstrom begrenzt. Die Motordrehzahl wird durch die zulässige oder maximal zur Verfügung stehende Ankerspannung begrenzt.

Thermische Begrenzungen: Das Motordrehmoment wird durch die maximal zulässige Temperatur einer Komponente, z. B. dem Isolationsmaterial der Wicklungen, begrenzt.

Da hohe Ankerströme den Motor in sehr kurzer Zeit thermisch überlasten und diese daher nicht von praktischem Nutzen sind, erfolgt insbesondere zur Kostenminimierung und Minimierung des Bauvolumens der Leistungselektronik eine Begrenzung des Ankerstroms. Daraus ergibt sich das maximale Drehmoment das der Motor in Kombination mit der Leistungselektronik abgeben kann (M_{max}). Im Drehmoment-Drehzahl-Diagramm (Bild 4.13) entspricht dies der Grenzlinie ①. Die Grenzlinie wird Stromgrenze genannt.

Die Spannung, auf die der Motor dimensioniert (bemessen) ist (U_n), ist häufig identisch mit der Spannung, die von der Leistungselektronik maximal bereitgestellt werden kann (U_{max}). Dann gilt:

$$U_{max} = U_{A,max} = U_n \tag{4.26}$$

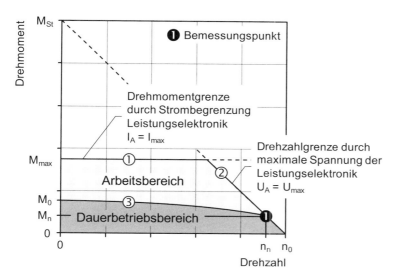

Bild 4.13 Drehmoment-Drehzahl mit Begrenzungen (Kombination aus Motor und Leistungselektronik)

Bei vorgegebenem Lastdrehmoment und damit konstantem Ankerstrom wird durch die bei höheren Drehzahlen höhere induzierte Spannung die erreichbare Drehzahl begrenzt. Diese Grenze wird Spannungsgrenze genannt und ist im Diagramm mit ② gekennzeichnet.

Durch die beiden Grenzen ist der Arbeitsbereich des Antriebs definiert. Um den Motor thermisch nicht zu überlasten, muss für einen Dauerbetrieb (Betriebsart: S1) der Bereich weiter eingegrenzt werden. Die Begrenzung zeigt Linie ③. Auf dieser Linie liegt der Bemessungspunkt (❶). Im dargestellten Fall wird der Bemessungspunkt bei maximaler Spannung der Leistungselektronik erreicht.

Wichtige Motorkenngrößen eines Antriebes, bestehend aus einer Kombination von Motor und Leistungselektronik, sind in Tabelle 4.4 zusammengefasst.

4.6.3 Feldschwächung

Wird die maximale Ankerspannung erreicht, so sind bei gegebenem Motordrehmoment und konstanter Erregung keine höheren Drehzahlen mehr möglich. Man sagt auch, die „Spannungsgrenze" ist erreicht. Die bekannten Zusammenhänge für Drehmoment und Spannung bei veränderlicher Erregung sind:

$$M_{Mo} = k_{Mo}\Phi_E I_A \tag{4.27a}$$

$$U_i = k_{Mo}\Phi_E \omega_{Mo} \tag{4.27b}$$

Wird die Erregung erniedrigt, so sinkt die induzierte Spannung. Bei unveränderter Ankerspannung sind dadurch höhere Drehzahlen möglich. Nachteilig ist, dass bei unverändertem Ankerstrom gleichzeitig das Drehmoment sinkt. Die Erniedrigung der Erregung zur Erweiterung des Drehzahlbereiches wird Feldschwächung genannt.

Tabelle 4.4 Wichtige Kenngrößen eines Antriebes

U_{max}	Maximale Spannung Leistungselektronik	*Maximum voltage power electronics*	V
I_{max}	Maximaler Strom Leistungselektronik	*Maximum current power electronics*	A
M_{max}	Maximales Drehmoment (in Kombination mit Leistungselektronik)	*Maximum torque (in combination with power electronics)*	Nm
I_0	Stillstandsstrom (S1)	*Current at stand still (S1)*	A
M_0	Stillstandsdrehmoment (S1)	*Torque at stand still (S1)*	Nm
n_0	Leerlaufdrehzahl	*Idle speed*	1/s
I_n	Bemessungsstrom (früher: Nennstrom)	*Rated current*	A
U_n	Bemessungsspannung (früher: Nennspannung)	*Rated voltage*	V
M_n	Bemessungsdrehmoment (früher: Nenndrehmoment)	*Rated torque*	Nm
n_n	Bemessungsdrehzahl (früher: Nenndrehzahl)	*Rated speed*	1/s

Damit die Motorerwärmung mit Feldschwächung nicht ansteigt, darf sich die Verlustleistung im Vergleich zum Betrieb ohne Feldschwächung nicht erhöhen. Beispielhaft soll dies für den Dauerbetrieb gezeigt werden. Die Verlustleistung im Dauerbetrieb bei Betrieb mit dem Bemessungsstrom ohne und mit Feldschwächung berechnet sich zu:

Ohne Feldschwächung: $\qquad P_L = R_A (I_n)^2$ $\hspace{4cm}$ (4.28a)

Mit Feldschwächung: $\qquad P_L = R_A (I_A)^2$ $\hspace{4cm}$ (4.28b)

Damit sich die Verlustleistung des Ankers und damit die Erwärmung des Motors nicht ändern und das erreichbare Drehmoment maximal wird, folgt für den Ankerstrom bei Betrieb mit Feldschwächung:

$$I_A = I_n \hspace{6cm} (4.29)$$

Die Leistungsbilanz unter Berücksichtigung der Zusammenhänge für den Strom und die Verlustleistung lautet:

Ohne Feldschwächung: $\qquad U_n I_n - P_L - M_n 2\pi n_n = 0$ $\hspace{2.5cm}$ (4.30a)

Mit Feldschwächung: $\qquad U_n I_n - P_L - M_{Mo,max} 2\pi n_{Mo} = 0$ $\hspace{1.5cm}$ (4.30b)

Das maximal erreichbare Drehmoment im Bereich der Feldschwächung berechnet sich damit zu:

$$\boxed{M_{Mo,max} = \frac{n_n}{n_{Mo}} M_n} \hspace{5cm} (4.31)$$

Charakteristisch für den Bereich der Feldschwächung ist, dass das maximal erreichbare Drehmoment umgekehrt proportional mit der Drehzahl abnimmt. Das Verhalten der Motorgrößen im Bereich ohne und mit Feldschwächung zeigt Bild 4.14. Die beiden Betriebsbereiche des Motors sind in Tabelle 4.5 gegenübergestellt.

Tabelle 4.5 Gegenüberstellung ohne und mit Feldschwächung bei Betrieb mit dem Bemessungsstrom

	Ohne Feldschwächung	Mit Feldschwächung
Stellgröße	Ankerspannung	Erregerfluss
Ankerspannung U_A	variabel	U_n
Erregerstrom I_E	I_{En}	variabel ($< I_{En}$)
Maximales Motordrehmoment $M_{Mo,max}$	M_n	$\sim 1/n_{Mo}$
Maximaler Ankerstrom I_A	I_n	I_n
Maximale Motorleistung P_{Mo}	$\sim n_{Mo}$	P_n

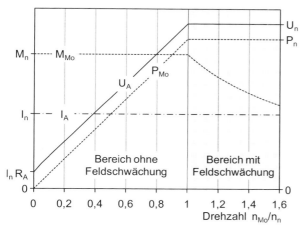

Bild 4.14 Verhalten Motorgrößen ohne und mit Feldschwächung bei Betrieb mit dem Bemessungsstrom

■ 4.7 Selbsterregter Gleichstrommotor

Beim selbsterregten Gleichstrommotor wird die Erregerwicklung zur Felderzeugung und die Ankerwicklung zur Drehmomenterzeugung an dieselbe Spannungsquelle angeschlossen. Abhängig davon, ob die Erregerwicklung parallel oder in Reihe zur Ankerwicklung geschaltet ist, wird unterschieden in:

- Nebenschlusserregung
- Reihenschlusserregung

Der Motor wird entsprechend Nebenschlussmotor oder Reihenschlussmotor genannt. Die Reihenschlusserregung wird auch Hauptschluss genannt. Nebenschlussmotor und Reihenschlussmotor können mit Wechselstrom betrieben werden, da das magnetische Feld sich gleichzeitig mit dem Strom umpolt. Da der Motor mit Nebenschlusserregung heute keine Bedeutung mehr hat, wird er nicht betrachtet. Sein Verhalten entspricht dem eines fremderregten Gleichstrommotors.

Das Anschlussbild und das elektrische Ersatzschaltbild einer Reihenschlussmaschine zeigt Bild 4.15. Es stehen insgesamt vier beschreibende Gleichungen zur Verfügung:

Spannungsgleichung

$$U - I \underbrace{(R_E + R_A)}_{R} - \underbrace{(L_E + L_A)}_{L} \frac{dI}{dt} - U_i = 0$$

(4.32a)

Induzierte Spannung

$$U_i = k_{Mo} \Phi_E \omega_{Mo}$$

(4.32b)

Bewegungsgleichung

$$M_{Mo} - M_L - J_T \frac{d\omega_{Mo}}{dt} = 0$$

(4.32c)

Drehmomentgleichung

$$M_{Mo} = k_{Mo} \Phi_E I$$

(4.32d)

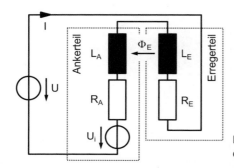

Bild 4.15 Elektrisches Ersatzschaltbild reihenschluss-erregter Gleichstrommotor

Geht man von einem linearen Zusammenhang zwischen Erregerfluss und Strom aus ($k_{Mo} \Phi_E = c_I I$), so lautet die Spannungsgleichung und Drehmomentgleichung:

$$U - IR - L\frac{I}{dt} - c_I I\omega_{Mo} = 0$$

(4.33a)

$$M_{Mo} = c_I I^2$$

(4.33b)

Für den stationären Fall gilt:

$$U^2 = I^2 (R + c_I \omega_{Mo})^2 = \frac{M_{Mo}}{c_I} (R + c_I \omega_{Mo})^2$$

(4.34)

$$M_{Mo} = c_I \frac{U^2}{(R + c_I 2\pi n_{Mo})^2}$$

(4.35)

Das Stillstandsdrehmoment ist:

$$M_{St} = c_I \left(\frac{U}{R}\right)^2$$

(4.36)

Das auf das Stillstandsdrehmoment normierte Drehmoment-Drehzahl-Diagramm des Reihenschlussmotors zeigt Bild 4.16.

$$M_{Mo}^* = \frac{M_{Mo}}{M_{St}} = \frac{R^2}{(R + c_I 2\pi n_{Mo})^2}$$

(4.37)

Reihenschlussmotoren besitzen ein sehr hohes Anlaufdrehmoment. Es ist allerdings zu beachten, dass ihre Drehzahl bei Entlastung stark ansteigt.

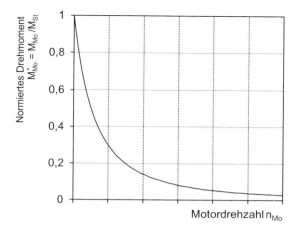

Bild 4.16 Drehmoment-Drehzahl-Diagramm Reihenschlussmotors

■ 4.8   Permanenterregter Gleichstrommotor

Elektrisch erregte Motoren verbrauchen zur Erzeugung des Magnetfeldes ständig elektrische Energie, wodurch der Motorwirkungsgrad negativ beeinflusst wird. Dieser Nachteil wird dadurch vermieden, dass Permanentmagnete im Stator das erforderliche Magnetfeld erzeugen. Bild 4.17 zeigt den prinzipiellen Aufbau eines 4-poligen permanenterregten Gleichstrommotors. Einen permanenterregten Gleichstrommotor aus dem Automobilbereich zeigt Bild 4.18.

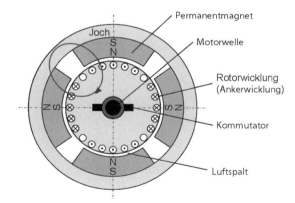

Bild 4.17 Prinzipieller Aufbau eines permanenterregten Gleichstrommotors

In Bild 4.19 ist der schematische Aufbau eines permanenterregten Gleichstrommotors mit eisenlosem Anker gezeigt. Der Permanentmagnet ist innenliegend. Dieser konstruktive Aufbau führt bei Motoren mit vergleichsweise kleinen Drehmomenten zu kleinen Bauvolumina.

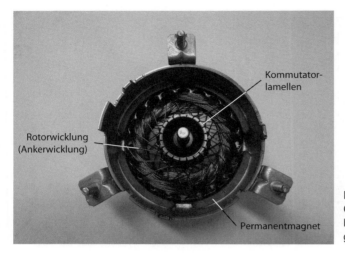

Bild 4.18 Permanenterregter Gleichstrommotor mit eisenbehaftetem Anker und außenliegenden Magneten

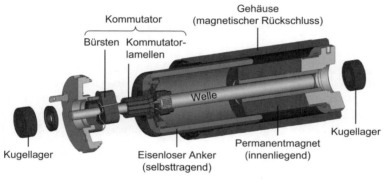

Bild 4.19 Permanenterregter Gleichstrommotor mit eisenlosem Anker und innenliegenden Magneten (Bildquelle: © Maxon Motor AG, 2012)

■ 4.9 Bürstenloser Gleichstrommotor und EC-Motor

Gleichstrommotoren mit mechanischer Kommutierung haben folgende Nachteile:

- Sie sind nicht wartungsfrei, da der mechanische Kommutator Verschleißteile enthält.
- Die maximale Motordrehzahl wird durch den mechanischen Kommutator begrenzt, da dieser bei hohen Drehzahlen durch Reibung an den Kontaktflächen hohe Wärmeverluste erzeugt.
- Das Leitungsnetz und andere elektrische Geräte werden gestört. Die Störungen entstehen durch Funkenbildung an den Kontaktflächen des Kommutators („Bürstenfeuer").

Diese Nachteile werden bei Motoren ohne mechanischen Kommutator (bürstenlosen Motoren) umgangen. Die Erregung erfolgt durch Permanentmagnete auf dem Rotor. Vorteilhaft ist, dass der Rotor keine elektrische Versorgung benötigt und im Rotor keine Wärmeverluste entstehen. Im Stator befinden sich, gleichmäßig über den Umfang verteilt, die Wicklungsstränge für zwei oder drei Phasen.

Bild 4.20 zeigt einen 3-phasigen Motor mit zwei Polen auf dem Rotor. Die Wicklungsstränge U, V und W sind mechanisch um 120° zueinander verdreht angeordnet, wobei für eine bessere Verständlichkeit die Wicklungen als örtlich konzentriert dargestellt sind.

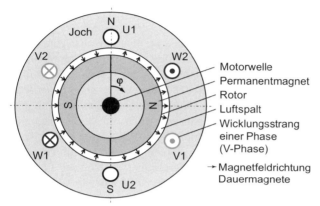

Motorwelle
Permanentmagnet
Rotor
Luftspalt
Wicklungsstrang
einer Phase
(V-Phase)
Magnetfeldrichtung
Dauermagnete

Bild 4.20 Aufbau eines bürstenlosen Gleichstrommotors

Motoren mit Permanentmagneten auf dem Rotor können auf unterschiedliche Weise angesteuert werden:

- Die Phasen werden so geschaltet, dass der Rotor bzw. die anzutreibende Masse der vorgegebenen Schaltfrequenz folgen kann (Frequenzsteuerung). Es ergibt sich ein Motor, der zur Gruppe der Schrittmotoren zählt.

- Die Phasen werden abhängig von der gemessenen Winkelposition des Rotors bestromt. Dieses Verfahren wird als positionsgeführte oder feldgeführte Ansteuerung bezeichnet.

- Die Phasen werden abhängig von der induzierten Spannung in den Wicklungen geschaltet. Diese Lösung bezeichnet man als „sensorless". Nachteil der Lösung ist, dass sie erst ab einer bestimmten Drehzahl einsetzbar ist.

Bei Motoren mit positionsgeführter Ansteuerung wird zusätzlich unterschieden, wie die Wicklungsstränge bestromt werden. Es gibt die Fälle:

Blockförmige Kommutierung: Betrieb mit blockförmigen Strömen bzw. Spannungen. Motoren mit dieser Art der Kommutierung werden unter anderem bürstenlose Gleichstrommotoren genannt und in diesem Abschnitt weiter vertieft. Das Magnetfeld im Luftspalt hat über dem Umfang üblicherweise einen rechteckförmigen Verlauf.

Sinusförmige Kommutierung: Betrieb mit sinusförmigen Strömen bzw. Spannungen. Im Gegensatz zur blockförmigen Kommutierung hat das Magnetfeld im Luftspalt über dem Umfang einen möglichst sinusförmigen Verlauf. Motoren mit diesen Eigenschaften werden Synchronmotoren genannt.

Den Aufbau eines bürstenlosen Gleichstrommotors zeigt Bild 4.20. Das mechanische Kommutatorprinzip zur Stromwendung wird elektronisch realisiert, weshalb diese Motoren auch elektronisch kommutierte Motoren oder EC-Motoren (Electronically commutated) genannt werden. Eine andere übliche Bezeichnung ist BLDC-Motor (Brushless direct current).

Bürstenlose Gleichstrommotoren werden aus einer Gleichspannungsquelle versorgt. Die einzelnen Phasen werden mit Wechselgrößen gespeist. Der Begriff bürstenloser Gleichstrommotor ist daher zunächst verwirrend. Allerdings werden wie beim bürstenbehafteten Gleichstrommotor bei konstantem Drehmoment die Ströme nur in ihrer Richtung gesteuert. Daher hat sich für dieses Motorprinzip die Bezeichnung bürstenloser Gleichstrommotor etabliert.

Die Wirkungsweise eines bürstenlosen Gleichstrommotors soll an einem 3-phasigen Motor mit zwei Polen, wie er in Bild 4.20 gezeigt ist, dargestellt werden. Die magnetischen Feldlinien des durch die Permanentmagnete gebildeten Magnetfeldes gehen in radialer Richtung. Idealisiert ergibt sich dadurch in einen Winkelsegment von 180° eine konstante magnetische Flussdichte im Luftspalt. Gleiches gilt für das verbleibende Winkelsegment, allerdings mit umgekehrtem Vorzeichen. Bleibt ein stromdurchflossener Leiter innerhalb eines Winkelsegmentes, so steht das Magnetfeld des Rotors immer senkrecht zum Leiter. Wird der Leiter mit konstantem Strom versorgt, so ergibt sich ein konstantes Drehmoment. Um das Drehmoment zu maximieren und über den Umfang konstant zu halten, werden immer genau 2 der 3 Phasen identisch bestromt. Würde man 3 Phasen bestromen, so müsste eine Phase im Übergangsbereich zwischen 2 Magnetpolen des Rotors von der Stromrichtung umgeschaltet werden. In diesem Bereich ist die magnetische Flussdichte nicht konstant, was zu einem unruhigen Drehmomentverlauf führen würde.

Bild 4.21 zeigt die idealisierte Bestromung der 3 Phasen in einer Umdrehung. Ebenso sind das von jeder Phase erzeugte Drehmoment und das Summendrehmoment dargestellt. Das Drehmoment ist in einer Umdrehung konstant. Selbst Pollücken zwischen den Magneten und Streuungen an den Übergangsstellen von einer auf die andere Flußrichtung, beeinflussen das Drehmomentverhalten nicht, sofern sie sich auf einen Winkelbereich von $\pm\pi/6 = \pm30°$ beschränken.

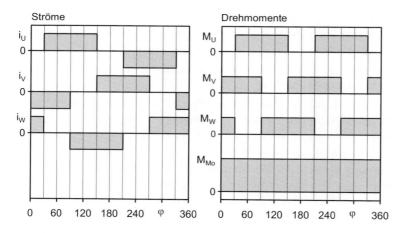

Bild 4.21 Phasenströme, Drehmomente der Phasen und Motordrehmoment

Zur Steuerung der Phasenströme (Kommutierung) muss die Winkelposition des Rotors gemessen werden. Für die Kommutierung sind drei Schaltsignale ausreichend, die z. B. durch Hallsensoren oder photoelektrisch, erzeugt werden. Über einfache logische Verknüpfungen der Schaltsignale kann die Bestromung der Phasen gesteuert werden (Bild 4.22).

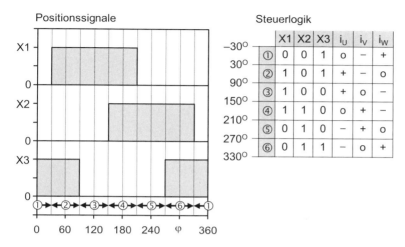

	X1	X2	X3	i_U	i_V	i_W
①	0	0	1	o	−	+
②	1	0	1	+	−	o
③	1	0	0	+	o	−
④	1	1	0	o	+	−
⑤	0	1	0	−	+	o
⑥	0	1	1	−	o	+

Bild 4.22 Digitale Positionssignale und Steuerlogik für die Bestromung

Bild 4.23 zeigt den schematischen Aufbau eines bürstenlosen Gleichstrommotors. Auf der Motorwelle ist ein Permanentmagnet befestigt. Die feststehende 3-phasige Wicklung ist nutenlos ausgeführt. Bürstenlose Gleichstrommotoren mit nutenloser Wicklung haben ähnliche Vorteile, wie sie bereits bei eisenlosen Ankern beschrieben wurden. Die Erfassung der Winkelposition des Rotors erfolgt magnetisch. Dazu wird das Magnetfeld eines zusätzlichen Permanentmagneten, der auf der Welle befestigt ist, mit Hallsensoren (Hall-IC) ausgewertet. Das Schnittbild dieses Motors zeigt Bild 4.24.

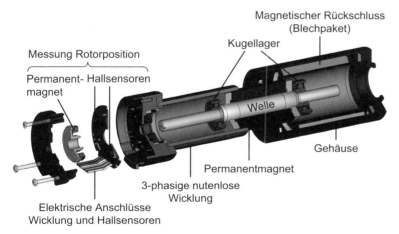

Bild 4.23 Schematischer Aufbau bürstenloser Gleichstrommotor mit nutenloser Wicklung (Bildquelle: © Maxon Motor AG, 2012)

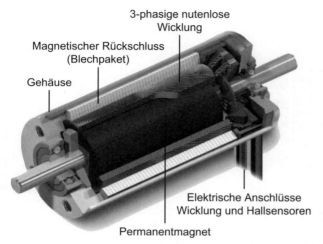

Gehäuse

Magnetischer Rückschluss
(Blechpaket)

3-phasige nutenlose
Wicklung

Elektrische Anschlüsse
Wicklung und Hallsensoren

Permanentmagnet

Bild 4.24 Schnittbild bürstenloser Gleichstrommotor mit nutenloser Wicklung (Bildquelle: © Maxon Motor AG, 2012)

Vorteile des bürstenlosen Gleichstrommotors gegenüber einem Motor mit sinusförmiger Kommutierung (Synchronmotor) ist die einfachere Steuerelektronik und Positionserfassung. Bei sinusförmiger Kommutierung ist ein Positionsmessgerät mit meist mehr als 1 000 Winkelschritten/Umdrehung erforderlich, eine Elektronik die die Messsignale auswertet und daraus die sinusförmigen Größen berechnet.

5 Schrittmotoren

▪ 5.1 Einführung

Antriebe mit Schrittmotoren werden für kostengünstige Positionieraufgaben im Bereich niedriger Leistung mit geringen bis mittleren Anforderungen an die Positioniergenauigkeit eingesetzt. Die Grenze der mit Schrittmotoren erreichbaren Positioniergenauigkeit liegt bei ca. 0,1°. Schrittmotoren werden für Drehmomente bis typisch 2 Nm und Drehzahlen bis ca. 2000 min^{-1}, angeboten. Die Einsatzgebiete von Schrittmotoren sind sehr vielfältig. Hierzu zählen z. B.:

- Bürogeräte (Drucker, Scanner ...)
- Heizungs-, Lüftungs- und Klimatechnik (Ventilsteuerung, Klappensteuerung ...)
- Kraftfahrzeuge (Spiegelverstellung, Sitzverstellung ...)
- Automatisierungstechnik für einfache Positionieraufgaben
- Unterhaltungsindustrie (Spielautomaten, Beleuchtung ...)

Schrittmotoren können im Gegensatz zu anderen Motoren für Positionieraufgaben eingesetzt werden, ohne dass hierfür eine Positionsmessung und Positionsregelung erforderlich ist.

▪ 5.2 Aufbau und Eigenschaften

Der Rotor eines Schrittmotors hat keine Wicklungen, wodurch der Motor wartungsfrei ist. Im Stator sind mindestens zwei Wicklungsstränge untergebracht (Bild 5.1). Die Wicklungen der Stränge wechseln sich meist am Umfang ab und sind gleichmäßig verteilt. Sie sind so angeordnet, dass örtlich eng begrenzte Pole, sogenannte ausgeprägte Pole, entstehen. Durch geeignete Wahl der zeitlichen Reihenfolge des Ein-, Aus- oder Umschaltens einzelner Wicklungsstränge entsteht ein quasi sprungförmig umlaufendes Magnetfeld. Der Rotor folgt auf Grund seiner Trägheit mit zeitlicher Verzögerung der geänderten Orientierung des Magnetfeldes und stellt sich auf die neue Orientierung ein.

Im eingeschwungenen Zustand gibt es eine begrenzte Anzahl an Winkelpositionen, auf die sich der Rotor ausrichtet. Diese sind bereits durch den konstruktiven Aufbau des Motors festgelegt und werden Vorzugspositionen genannt. Durch die charakteristische Eigenschaft von Schrittmotoren, dass sich bei diesen der Rotor auf Vorzugspositionen ausrichtet, eignen sie sich für einen positionsgesteuerten Betrieb. Eine Vorgabe von Pulsen, welche Positionsschritten entsprechen, und eines Richtungssignales durch eine überlagerte Steuerungselektronik ist zur Bewegungssteuerung bereits ausreichend. Bei jedem Puls (Takt) wird der Rotor um einen definierten Winkelschritt in der einen oder anderen Richtung „weitergeschaltet", wovon der

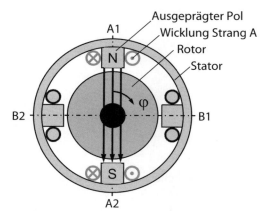

Bild 5.1 Prinzipieller Aufbau Schrittmotor
(2-phasig)

Name des Motors abgeleitet ist. Die Vorzugspositionen werden zeitlich nacheinander angefahren bzw. „überfahren". Die Umsetzung der Signale der überlagerten Steuerung (Takt und Richtung) in Schaltsignale für die Leistungsschalter der Wicklungen erfolgt in einem Logikteil.

Schrittmotoren gibt es mit verschiedener Phasenzahl. Die größte Verbreitung haben 2-phasige Systeme. Die Frequenz, mit der von einer Winkelposition auf die nächste Winkelposition weitergeschaltet wird, nennt sich Schrittfrequenz. Sie ist durch elektrische und mechanische Zusammenhänge begrenzt.

Ein kurzzeitig zu hohes Lastdrehmoment oder die Vorgabe zu hoher Motorbeschleunigungen führt bei Schrittmotoren allerdings zu bleibenden Positionsfehlern. Auf Grund der offenen Steuerkette werden Positionsfehler von der Bewegungssteuerung nicht erkannt (Schrittverlust). Wird an den Schrittmotor ein Positionsmessgerät angebaut und die Position geregelt, so sorgt der Regler dafür, dass es zu keinem bleibenden Positionsfehler kommt. Allerdings steigen dadurch die Kosten für den Antrieb. Sind die geforderten Drehmomente und Drehzahlen vergleichsweise klein und ist für die Antriebsaufgabe ohnehin ein positionsgeregelter Antrieb erforderlich, kann ein Schrittmotorantrieb preisgünstiger sein als ein Servoantrieb.

Bei Schrittmotoren werden drei Grundbauarten unterschieden:

- Wechselpolschrittmotor
- Reluktanzschrittmotor
- Hybridschrittmotor

Die wichtigsten elektrischen Unterscheidungsmerkmale bei Schrittmotoren sind:

- Vollschritt-, Halbschritt- oder Mikroschrittbetrieb
- Bipolare oder unipolare Ansteuerung
- Spannungs- oder Strombetrieb

Die letzten beiden Punkte werden hier nicht behandelt. Informationen zu diesen Punkten finden sich in [8]. Zunächst werden am Beispiel eines Wechselpolschrittmotors wichtige Kenngrößen von Schrittmotoren erläutert.

■ 5.3   Wechselpolschrittmotor

Beim Wechselpolschrittmotor trägt der Rotor Dauermagnete. Die magnetische Flußrichtung ändert sich über dem Umfang des Rotors, wovon der Name abgeleitet ist. Für den Stator gibt es unterschiedliche Bauformen. Das wesentliche Unterscheidungsmerkmal ist, wie die ausgeprägten Statorpole erzeugt werden:

• Für jeden Statorpol gibt es eine Spule

• Die Statorpole werden durch sogenannte Klauen erzeugt, wobei mehrere Statorpole von einer Spule versorgt werden. Diese Bauform wird Klauenpolschrittmotor genannt.

Da sich Arbeitsweise und Ansteuerverfahren von Schrittmotoren an der Bauform, bei der jedem Statorpol eine Spule zugeordnet ist, gut erläutern lassen, wird diese als Erstes betrachtet. Im Bild 5.2 ist ein 2-phasiger Motor mit einem Polpaar dargestellt. Abhängig von der Bestromung der Wicklungen richtet sich der Rotor nach einem Einschwingvorgang immer so aus, dass dessen Magnetfeld die gleiche Richtung hat wie das Magnetfeld, das durch die erregten Wicklungen erzeugt wird. Werden beide Phasen mit dem gleichen Strom versorgt, so richtet sich, abhängig von der Stromrichtung durch die beiden Wicklungen, der Rotor in einer Mittenposition zwischen den Statorpolen aus. Es sind die Winkelpositionen $\varphi = 45° \pm n90° (n = 0, 1, 2, 3)$. Der Motor hat mit dieser Ansteuerung vier Vorzugspositionen. Durch Anordnung weiterer Nord- und Südpole am Umfang des Rotors und Stators kann die Anzahl an Vorzugspositionen erhöht werden. Die Spulen werden allerdings schnell sehr klein und eine wirtschaftliche Fertigung ist nicht mehr möglich.

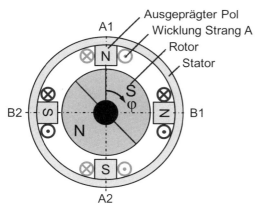

Bild 5.2 Wechselpolschrittmotor

Aus diesem Grund hat sich das sogenannte Klauenpolprinzip bei Wechselpolschrittmotoren durchgesetzt. Pro Phase gibt es ein von den anderen Phasen räumlich getrenntes Magnetsystem im Stator. Die einzelnen Magnetsysteme sind in axialer Richtung hintereinander angeordnet. Das Prinzip soll an einem 2-phasigen Motor veranschaulicht werden (Bild 5.2) [8].

Dieser Motor hat zwei Magnetsysteme. Kernelement des Magnetsystems ist eine Ringspule, die zu großen Teilen von Eisenblech umschlossen ist, das den magnetischen Fluss führt. Der magnetische Fluss wird so unterbrochen, dass sich an den Blechklauen auf der einen Seite Nordpole und auf der anderen Seite Südpole ausbilden. Wird die Stromrichtung verändert, so werden die Nordpole zu Südpolen und die Südpole zu Nordpolen. Der magnetische Fluss schließt sich über den Rotor. Die beiden Magnetsysteme sind um eine halbe Polteilung des Rotors zueinander versetzt. Ein Nordpol des Rotors nimmt die mittlere Stellung zwischen zwei Südpolen der beiden Magnetsysteme ein. Die Polung des Rotors kann dadurch in axialer Richtung gleich bleiben. Zu einer eindeutigen Drehrichtungszuordnung kommt es dadurch, dass abwechselnd eines der beiden Magnetsysteme umgepolt wird.

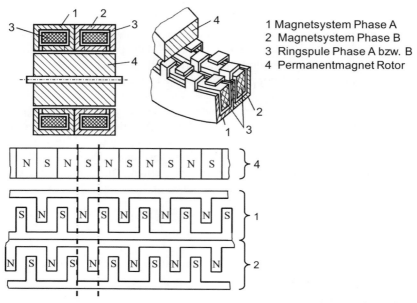

1 Magnetsystem Phase A
2 Magnetsystem Phase B
3 Ringspule Phase A bzw. B
4 Permanentmagnet Rotor

Bild 5.3 Prinzip Klauenpolschrittmotor (© Carl Hanser Verlag, Handbuch elektrische Kleinantriebe, 2006)

■ 5.4   Vollschrittbetrieb

Im Vollschrittbetrieb ist immer die gleiche Zahl von Wicklungssträngen bestromt, und die Wicklungsstränge werden mit dem betragsmäßig gleichen Strom versorgt. Um ein hohes Drehmoment zu erreichen, sind möglichst viele Phasen zu bestromen. Beim Motor aus Bild 5.4 gibt es vier Positionen des Rotors, auf die er sich bei konstanter Bestromung der Spulen ausrichtet. Möchte man den Motor drehen, so sind die einzelnen Phasen nacheinander in vorgegebener Reihenfolge zu bestromen. Bei jedem Schaltvorgang ergibt sich ein definierter Winkelschritt. Für eine Drehung im Uhrzeigersinn ist die Schrittfolge mit den dazugehörigen Wicklungsströmen in Tabelle 5.1 gezeigt.

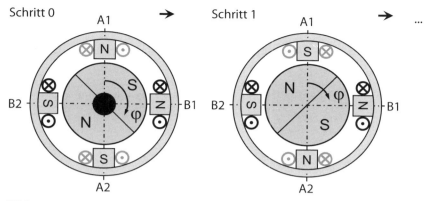

Bild 5.4 Wechselpolschrittmotor im Vollschrittbetrieb

Tabelle 5.1 Schrittfolge für Drehung im Uhrzeigersinn

	0	1	2	3
φ	45°	135°	225°	315°
I_A	I_0	$-I_0$	$-I_0$	I_0
I_B	I_0	I_0	$-I_0$	$-I_0$

■ 5.5 Schrittwinkel und Schrittzahl

Charakteristische Größe eines Schrittmotors ist der mechanische Winkel, den der Motor in einem Schritt zurücklegt. Üblicherweise wird er für einen Vollschritt angegeben und Schrittwinkel genannt, wovon im Weiteren auch ausgegangen wird. Eine präzisere Bezeichnung ist Vollschrittwinkel. Der Schrittwinkel ist bei einem Wechselpolschrittmotor abhängig von der Polpaarzahl und der Anzahl an Wicklungssträngen bzw. Phasen. Die Polpaarzahl bezieht sich auf eine Phase.

$$\alpha_S = \frac{2\pi}{2 z_P z_{Ph}} \tag{5.1}$$

α_S	Schrittwinkel	Step angle	rad
z_p	Polpaarzahl (bezogen auf eine Phase)	Number of pole pairs (related to one phase)	
z_{Ph}	Anzahl Phasen	Number of phases	

Die Schrittzahl ist die Anzahl an Positionsschritten, in die eine Umdrehung aufgeteilt ist. Im Vollschrittbetrieb gilt:

$$z_S = 2 z_P z_{Ph} \tag{5.2}$$

z_S	Schrittzahl	Number of steps

Bei dem im Bild 5.4 gezeigten Motor ist im Vollschrittbetrieb der Schrittwinkel $\alpha_S = 90°$, und die Schrittzahl $z_S = 4$.

■ 5.6 Halbschrittbetrieb

Der sogenannte Halbschrittbetrieb ist eine einfache Möglichkeit die Schrittzahl zu verdoppeln. Dabei werden abwechselnd beide oder nur eine Wicklung bestromt (Tabelle 5.2).

	0	1	2	3	4	5	6	7
φ	$45°$	$90°$	$135°$	$180°$	$225°$	$270°$	$315°$	$0°$
I_A	I_0	0	$-I_0$	$-I_0$	$-I_0$	0	I_0	I_0
I_B	I_0	I_0	I_0	0	$-I_0$	$-I_0$	$-I_0$	0

Tabelle 5.2 Schrittfolge für Drehung im Uhrzeigersinn

Für den betrachteten Beispielmotor ergibt sich dann eine Schrittzahl von $z_S = 8$. Wird nur eine Wicklung bestromt, so erhält man den Halbschritt. Zur Vermeidung einer Drehmomentenwelligkeit kann bei der Bestromung von zwei Wicklungen mit einem niedrigeren Strom gearbeitet werden als bei der Bestromung von nur einer Wicklung (Stromanpassung). Bild 5.5 zeigt eine Gegenüberstellung der Bestromung der Wicklungen im Vollschrittbetrieb und im Halbschrittbetrieb mit Stromanpassung. Im Halbschrittbetrieb verdoppelt sich die Positionsauflösung bei allerdings reduziertem Drehmoment.

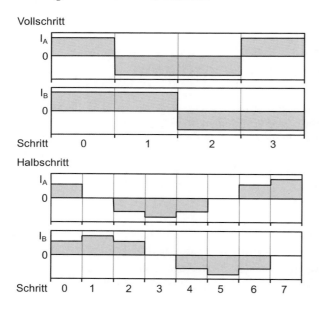

Bild 5.5 Vergleich Vollschrittbetrieb und Halbschrittbetrieb

■ 5.7 Mikroschrittbetrieb

Im Mikroschrittbetrieb werden die Wicklungsströme in viele Schritte unterteilt. Am Beispiel einer Unterteilung eines Vollschrittes in acht Einzelschritte soll dies aufgezeigt werden (Tabelle 5.3). Bild 5.6 zeigt die Bestromung im Mikroschrittbetrieb. Die Schrittzahl des Motors aus

Bild 5.2 steigt dadurch auf $z_S = 32 \, (4 \cdot 8)$. Ein weiterer wichtiger Vorteil des Mikroschrittbetriebes ist der ruhigere Lauf, da die Veränderung der Ströme und damit des Drehmomentes in kleineren Stufen erfolgt. Vor allem bei kleinen Drehzahlen ist dies vorteilhaft. Voraussetzung für den Mikroschrittbetrieb ist eine Ansteuerelektronik, die eine Steuerung der Wicklungsströme ermöglicht und dadurch aufwändiger ist. Bedingt durch die Reibung im Motor gibt es eine natürliche Grenze, bis zu der eine Unterteilung zweckmäßig ist. Bei einer Überschreitung der Grenze kommt es nicht bei jedem Schritt zu einer Bewegung.

Tabelle 5.3 Schrittsequenz im Mikroschrittbetrieb mit sinusförmigem Stromverlauf

	0	1	2	3	4	5	6	7	8	...	31
φ	45°	56,25°	67,5°	78,75°	90°	101,25°	112,5°	123,75°	135°		33,75°
I_A/I_0	0,707	0,556	0,383	0,195	0	−0,195	−0,383	−0,556	−0,707		0,831
I_B/I_0	0,707	0,831	0,924	0,981	1	0,981	0,924	0,831	0,707		0,556

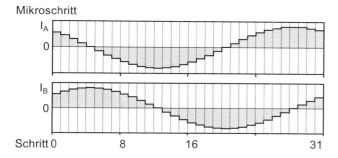

Bild 5.6 Mikroschrittbetrieb

■ 5.8 Haltedrehmoment und Selbsthaltedrehmoment

Wird ein Schrittmotor mit konstanten Strömen in den Phasen bestromt, so richtet sich der Rotor auf eine Vorzugsposition (stabile Ruhelage) aus. In dieser Ruhelage wird kein Motordrehmoment erzeugt. Bei einer Belastung des Schrittmotors wird eine möglichst geringe Auslenkung aus der Ruheposition angestrebt. Daher werden Schrittmotoren häufig auf einen steilen Anstieg des Motordrehmomentes bei einer Auslenkung aus der Ruhelage ausgelegt. Überschreitet die Auslenkung auf Grund einer Belastung den Wert von

$$\Delta\varphi = \pm 2\alpha_S \tag{5.3}$$

$\Delta\varphi$	Verdrehwinkel	*Twisting angle*	rad
α_S	Schrittwinkel	*Step angle*	rad

so strebt der Rotor den nächsten stabilen Gleichgewichtszustand bei $\pm 4\alpha_S$ an. Eine Überlastung des Motors führt dazu, dass der Bezug zwischen den vorgegebenen Takten und der Position verloren geht. Der Motor kehrt bei Entlastung nicht mehr in seine Ausgangslage zurück. Es kommt zu bleibenden Positionsfehlern oder anders ausgedrückt zu Schrittfehlern.

Um Schrittfehler zu vermeiden, gibt der Hersteller daher ein Drehmoment an, mit dem der Motor bei Bestromung im Stillstand maximal belastet werden darf. Es wird als Haltedrehmoment (Holding torque) bezeichnet. Schrittmotoren mit Permanentmagnetrotoren haben auch ohne Bestromung der Wicklungen ein Drehmoment (Rastdrehmoment). Dieses wird bei Schrittmotoren Selbsthaltedrehmoment (Self-holding torque) genannt.

■ 5.9   Dynamisches Verhalten

Das dynamische Verhalten von Schrittmotoren ist nichtlinear. Es ist abhängig von der Schrittfrequenz, die sich aus der Drehzahl wie folgt berechnet:

$$f_S = \frac{n_{Mo}}{z_S} \qquad (5.4)$$

| f_S | Schrittfrequenz | *Step frequency* | Hz |

Durch die annähernd sprungförmige Drehmomentänderung neigen Schrittmotoren zu Schwingungen und damit zu einem unruhigen Bewegungsablauf (Bild 5.7).

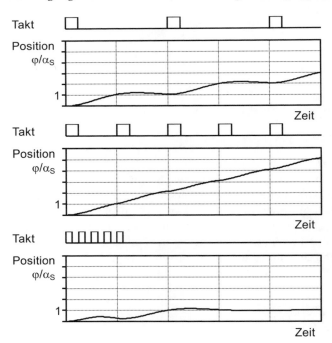

Bild 5.7 Bewegungsverhalten bei unterschiedlicher Schrittfrequenz [5]. Oben: Geringe Schrittfrequenz → „Einschwingen" in Position, Hohe Drehzahlwelligkeit, Mitte: Hohe Schrittfrequenz → Annähernd konstante Drehzahlen, unten: Unzulässig hohe Schrittfrequenz → Stillstand oder undefinierte Bewegung, Schrittverlust

Lässt man den Motor durch Erhöhung der Schrittfrequenz nicht mehr vollständig in seine Ruhelage einschwingen, so ergeben sich drei prinzipiell unterschiedliche zeitliche Verläufe der Position:

Geringe Schrittfrequenz: Unruhiger Lauf, hohe Drehzahlwelligkeit

Hohe Schrittfrequenz: Ruhiger Lauf, geringe Drehzahlwelligkeit

Unzulässig hohe Schrittfrequenz: Der Rotor kann auf Grund der Trägheit nicht mehr den vorgegebenen Winkelschritten folgen, und es kommt zum Schrittverlust.

■ 5.10 Reluktanzschrittmotor

Der Rotor eines Reluktanzschrittmotors besteht nur aus Weicheisen, das gezahnt ist. Bei Reluktanzschrittmotoren ist die Anzahl der Zähne des Rotors kleiner als die Polzahl des Stators. Die Wicklungsstränge werden nacheinander erregt, wodurch das Magnetfeld im Stator schrittweise eine neue Orientierung einnimmt. Das Motordrehmoment wird durch die Reluktanzkraft erzeugt. Der Rotor richtet sich immer in die Winkelposition mit dem geringsten magnetischen Widerstand (Reluktanz) aus. Die Winkelgeschwindigkeit des vom Stator erzeugten Drehfeldes ist größer als die Winkelgeschwindigkeit des Rotors. Das Drehzahlverhältnis ist konstant und durch den Motoraufbau festgelegt. Bild 5.8 zeigt einen 3-phasigen Reluktanzschrittmotor mit 6 Statorpolen und 4 Rotorzähnen, bei dem immer nur ein Wicklungsstrang bestromt wird.

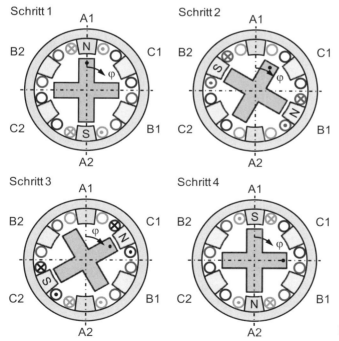

Bild 5.8 Reluktanzschrittmotor

Für die dargestellte Schrittfolge ergibt sich eine Drehung im Uhrzeigersinn. Im eingeschwungenen Zustand stehen 2 Rotorzähne immer den erregten Wicklungen gegenüber.

Reluktanzschrittmotoren sind sehr kostengünstig herzustellen und erlauben kleinere Schrittwinkel als Wechselpolschrittmotoren. Das Drehmoment ist vergleichsweise gering, und im stromlosen Zustand hat der Motor kein Selbsthaltedrehmoment. Reluktanzschrittmotoren haben auf Grund dieser Nachteile keine Verbreitung.

■ 5.11 Hybridschrittmotor

Hybridschrittmotoren vereinigen den Vorteil der kleinen Schrittweite bei Reluktanzschrittmotoren mit dem Vorteil des größeren Drehmomentes bei Wechselpolschrittmotoren. Im Gegensatz zum Wechselpolschrittmotor ist der Rotor nicht radial, sondern axial magnetisiert. Der Permanentmagnet ist zwischen 2 gezahnten Polrädern eingebaut (Bild 5.9).

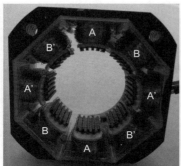 

Bild 5.9 Hybridschrittmotor

Ein Polrad bildet einen Nordpol und das andere einen Südpol. Über dem Umfang einer Polscheibe ändert sich die Flußrichtung nicht (Gleichpol). Die Polräder sind um eine halbe Zahnteilung gegeneinander verdreht eingebaut. Um kleine Schrittwinkel zu ermöglichen, sind die Statorpole auch gezahnt ausgeführt.

Die Wicklungen eines Stranges sind immer so geschaltet, dass am Umfang des Stators abwechselnd Nord- und Südpole entstehen. Wird eine Wicklung bestromt, so richtet sich der Rotor abhängig von der Stromrichtung so aus, dass sich der kleinste magnetische Widerstand ergibt (Bild 5.10).

Dadurch stehen Zähne über Zähnen oder über Lücken. Durch eine Vergrößerung der Zähnezahl kann der Schrittwinkel verkleinert werden. Betrachtet man Bild 5.10, so wird im ersten Schritt die Wicklung A bestromt. An der oberen Wicklung entsteht ein Nordpol, an der unteren ein Südpol. Damit stehen die Zähne des betrachteten Polrades, das ein Südpol ist, den Zähnen der oberen Wicklung gegenüber. Entsprechendes gilt für die untere Wicklung am nicht dargestellten Polrad, das ein Nordpol ist. Dadurch tragen immer beide Polräder zur Drehmomenterzeugung bei. Im Schritt 2 wird die Wicklung B bestromt und der Rotor dreht sich um 1/4 der Zahnteilung. Der kürzeste Weg, den kleinsten magnetischen Widerstand einzunehmen, ist

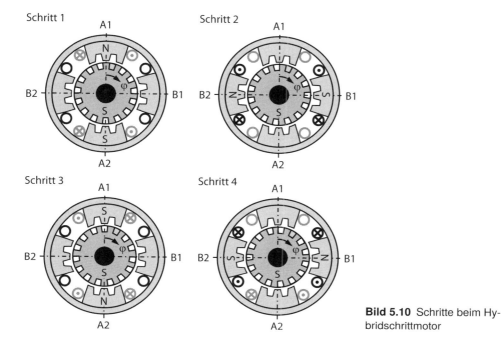

Bild 5.10 Schritte beim Hybridschrittmotor

bei der gewählten Bestromung eine Drehung im Uhrzeigersinn. Der Schrittwinkel eines Hybridschrittmotors errechnet sich zu:

$$\alpha_S = \frac{2\pi}{4z_R}$$

(5.5)

z_R Anzahl Rotorzähne *Number of rotor teeth*

In Bild 5.11 ist die magnetische Anordnung im Schritt 1 dargestellt.

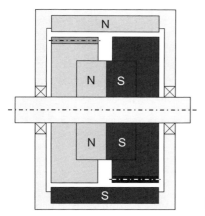

Bild 5.11 Magnetische Anordnung bei Schritt 1

■ 5.12   Betriebsdiagramm

Das von einem Schrittmotor abgegebene Drehmoment ist abhängig von:

- der Art und den Kenndaten der Ansteuerung
- der Schrittfrequenz
- dem Lastträgheitsmoment

Die Anstiegszeit für das Drehmoment und damit die Fähigkeit wie schnell der Rotor Winkel-schritten folgen kann, hängt stark von der Art der Ansteuerung ab. Weiteren Einfluss hat die bereitgestellte Spannung. Bei Motordiagrammen von Schrittmotoren muss die Ansteuerung bekannt sein. Ein Beispiel für das Motordiagramm eines Schrittmotors zeigt Bild 5.12.

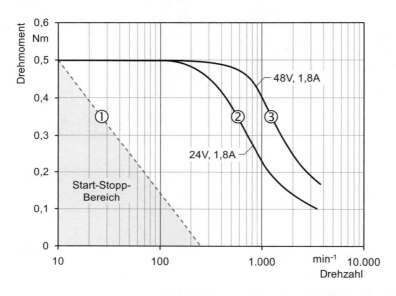

Bild 5.12 Beispiel für Betriebsdiagramm eines Schrittmotors (Datenquelle: Nanotec GmbH & Co KG, Produktinformation AS4118L 1804, 2012)

Die gestrichelte Begrenzungslinie ① gibt an, bis zu welcher Schrittfrequenz der Motor aus dem Stillstand heraus gestartet oder aus einer Drehung heraus gestoppt werden kann, ohne dass es zu Schrittverlusten kommt. Die Drehzahl muss dazu in die entsprechende Schrittfrequenz umgerechnet werden. Diese Schrittfrequenz wird als Start-Stopp-Frequenz bezeichnet.

$$f_{SS} = \frac{n_{SS}}{z_S} \tag{5.6}$$

f_{SS}	Start-Stopp-Frequenz	*Start-stop-frequency*	Hz
n_{SS}	Start-Stopp-Drehzahl	*Start-stop-speed*	1/s

Der Betriebsbereich, der durch die Linie ① begrenzt wird, wird Start-Stopp-Bereich genannt. Die Grenzlinie wird ohne Lastträgheitsmoment angegeben. Je höher das Lastträgheitsmoment umso mehr muss der Start-Stopp-Bereich eingegrenzt werden. Es ist möglich, den Motor in

Arbeitspunkten außerhalb des Start-Stopp-Bereichs zu betreiben. Allerdings muss dann die Schrittfrequenz langsam erhöht oder erniedrigt werden, um Schrittverlust zu vermeiden. Wird die Frequenzvorgabe schlagartig gestoppt, kommt es zu Schrittverlust.

Das maximale Drehmoment des Motors für zwei unterschiedliche Versorgungsspannungen zeigen die Begrenzungslinien ② und ③. Bei Vorgabe einer der Drehzahl entsprechenden Schrittfrequenz blockiert der Motor beim angegebenen Drehmoment (Lastdrehmoment). Um Schrittverlust zu vermeiden, wird empfohlen, mit der Schrittfrequenz ca. 25 % unterhalb dieser Grenze zu bleiben.

■ 5.13   Schrittmotoren im geregelten Betrieb

Zur Vermeidung von Schrittverlusten oder zur Verbesserung dynamischer Eigenschaften werden Schrittmotoren mit in das Motorgehäuse integrierten Positionsmessgeräten angeboten (Bild 5.13). In Kombination mit einem hierfür ausgelegten Motion Controller ergibt sich eine kostengünstige Lösung für einen positions- oder drehzahlgeregelten Antrieb. Voraussetzung sind allerdings die in der Einführung zu diesem Kapitel genannten vergleichsweise kleine Drehmomente und moderate Drehzahlen. Wird ein 2-phasiger Motor blockförmig oder sinusförmig bestromt, ergibt sich ein bürstenloser Gleichstrommotor oder ein Synchronmotor.

Bild 5.13 Schrittmotor mit Positionsmessgerät (© Nanotec GmbH & Co KG, Schrittmotor AS5918, 2012)

6 Grundlagen Drehstrom-antriebe

■ 6.1 Einführung

Gleichstrommotoren wurden in vielen Anwendungen durch Drehstrommotoren abgelöst. Insbesondere im Bereich der industriellen Automatisierungstechnik werden fast ausschließlich Drehstrommotoren eingesetzt. Die wesentlichen Gründe hierfür sind:

- Drehstrommotoren sind praktisch wartungsfrei
- Drehstrommotoren erlauben hohe Drehzahlen
- Drehstrommotoren sind einfach aufgebaut
- Drehstrommotoren sind in Kombination mit leistungsfähigen Signalelektroniken und schnellen Leistungselektroniken für Servoantriebe ebenso geeignet wie Gleichstrommotoren

Drehstrommotoren nutzen ein drehendes Feld zur Drehmoment- bzw. Krafterzeugung. Wichtige Grundlagen und übergreifende Zusammenhänge für Drehstrommotoren werden in diesem Kapitel zusammengefasst.

■ 6.2 Drehspannung und Drehstrom

Drehspannungs- bzw. Drehstromsysteme basieren auf drei Wechselspannungen bzw. Wechselströmen gleicher Amplitude und Frequenz (drei Phasen). Falls nicht bereits bekannt, sind die wichtigsten Zusammenhänge für Wechselspannung und Wechselstrom im Anhang unter „Weiterführende Informationen" kurz zusammengefasst.

Die Wechselspannungen bzw. Wechselströme sind bei Drehspannungssystemen jeweils um 120° elektrisch zueinander phasenverschoben (Bild 6.1). Zur deutlichen Unterscheidung vom mechanischen Winkel, insbesondere der Winkelposition einer Motorwelle, wird der elektrische Winkel an vielen Stellen mit einem Index versehen (φ_{El}).

Es gelten folgende Zusammenhänge:

$$\left\{\begin{array}{l} u_1(t) = \widehat{u}\sin(\omega t) \\ u_2(t) = \widehat{u}\sin\left(\omega t - \frac{2\pi}{3}\right) \\ u_3(t) = \widehat{u}\sin\left(\omega t - \frac{4\pi}{3}\right) \end{array}\right\} \tag{6.1}$$

Zwischen den Strömen und den Spannungen gibt es eine mehr oder weniger große Phasenverschiebung. Sind der elektrische Aufbau und die Belastung in allen Phasen identisch, so ist

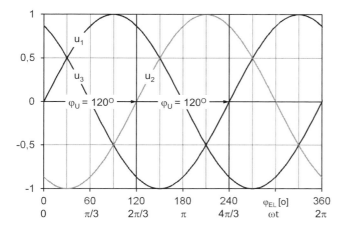

Bild 6.1 Drehspannungssystem

auch die Phasenverschiebung identisch. Für die Ströme gilt dann:

$$
\left\{
\begin{array}{l}
i_1(t) = \hat{i}\,\sin(\omega t + \varphi) \\
i_2(t) = \hat{i}\,\sin\left(\omega t - \frac{2\pi}{3} + \varphi\right) \\
i_3(t) = \hat{i}\,\sin\left(\omega t - \frac{4\pi}{3} + \varphi\right)
\end{array}
\right\}
\tag{6.2}
$$

$\hat{u}$	Spannungsamplitude	*Amplitude voltage*	V
$\hat{i}$	Stromamplitude	*Amplitude current*	A
ω	Elektrische Kreisfrequenz	*Electrical angular frequency*	rad
φ	Phasenverschiebung Strom zu Spannung	*Phase shift current to voltage*	rad

Der zeitliche Verlauf von Wechselgrößen kann auch vektoriell als komplexe Größen dargestellt werden. Für die Spannung gilt:

$$
\left\{
\begin{array}{l}
\underline{U}_1(t) = U\left(\cos(\omega t) + \mathrm{j}\,\sin(\omega t)\right) \\
\underline{U}_2(t) = U\left(\cos\left(\omega t - \frac{2\pi}{3}\right) + \mathrm{j}\,\sin\left(\omega t - \frac{2\pi}{3}\right)\right) \\
\underline{U}_3(t) = U\left(\cos\left(\omega t - \frac{4\pi}{3}\right) + \mathrm{j}\,\sin\left(\omega t - \frac{4\pi}{3}\right)\right)
\end{array}
\right\}
\tag{6.3}
$$

U	Effektivwert Spannung	*RMS-value voltage*	V	V_{eff}	V_{rms}
I	Effektivwert Strom	*RMS-value current*	A	A_{eff}	A_{rms}

Die komplexen Größen werden durch unterstrichene Buchstaben gekennzeichnet und als Zeiger bezeichnet. Üblicherweise wird anstatt der Amplitude der Effektivwert der Wechselgröße (rms: root mean square) benutzt. Die Darstellung für die Ströme ist entsprechend. Aus der Euler'schen Gleichung

$$
\mathrm{e}^{\mathrm{j}x} = \cos(x) + \mathrm{j}\,\sin(x)
\tag{6.4}
$$

ergibt sich für die Spannungen und die Ströme in Polarkoordinaten:

$$
\left\{
\begin{array}{l}
\underline{U}_1(t) = U\,\mathrm{e}^{\omega t} \\
\underline{U}_2(t) = U\,\mathrm{e}^{\omega t}\,\mathrm{e}^{-\frac{2\pi}{3}} \\
\underline{U}_3(t) = U\,\mathrm{e}^{\omega t}\,\mathrm{e}^{-\frac{4\pi}{3}}
\end{array}
\right\}
\quad \text{bzw.} \quad
\left\{
\begin{array}{l}
\underline{I}_1(t) = I\,\mathrm{e}^{\omega t}\,\mathrm{e}^{\varphi t} \\
\underline{I}_2(t) = I\,\mathrm{e}^{\omega t}\,\mathrm{e}^{-\frac{2\pi}{3}}\,\mathrm{e}^{\varphi t} \\
\underline{I}_3(t) = I\,\mathrm{e}^{\omega t}\,\mathrm{e}^{-\frac{4\pi}{3}}\,\mathrm{e}^{\varphi t}
\end{array}
\right\}
\tag{6.5}
$$

Eine Gegenüberstellung des Zeitdiagramms für Drehspannungen mit dem entsprechenden Zeitzeigerdiagramm (rotierendes Zeigerdiagramm) zeigt Bild 6.2. Der Phasenwinkel der Wechselgröße wird vorzeichenrichtig gegen den Uhrzeigersinn zur positiven reellen Achse aufgetragen. Der Momentanwert der Wechselgröße kann auf der imaginären Achse abgelesen werden.

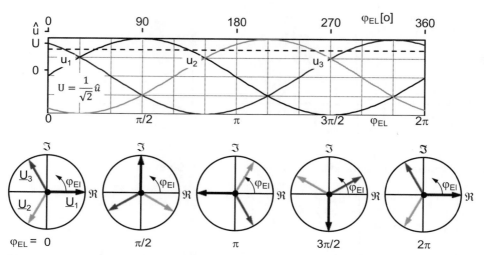

Bild 6.2 Zeitzeigerdiagramm Spannungen

Die grafische Addition der drei Spannungsvektoren zeigt, dass die Summenspannung zu jedem Zeitpunkt null ist. Für die Ströme gilt Identisches wie für die Spannungen.

$$\underline{U}_1 + \underline{U}_2 + \underline{U}_3 = 0 \tag{6.6}$$

Bei linearen Wechselstromnetzwerken enthält die Drehung eines Zeigers (Zeitzeiger) keine zusätzliche Information, da im stationären Fall (eingeschwungener Zustand) alle auftretenden Wechselgrößen die gleiche Frequenz aufweisen. Deshalb wird üblicherweise mit ruhenden Zeigern gearbeitet. Es wird nur die Phasenlage der Größe zum Zeitpunkt $t = 0$ (Nullphasenwinkel) dargestellt. Die Darstellung mit ruhenden Zeigern für die Spannungen U_1 und U_2 eines Drehspannungssystems zeigt Bild 6.3.

Die Spannungsdifferenz zwischen den beiden Wechselspannungen ($U_{12} = U_1 - U_2$) kann durch Vektorsubtraktion ermittelt werden. Es ergibt sich ein gleichschenkliges Dreieck. Der Nullphasenwinkel der Spannung U_{12} ist $\varphi_{12} = 30°$. Ferner gilt:

$$\cos(\varphi_{12}) = \frac{0,5\,U_{12}}{U_1} \rightarrow U_{12} = U_1 2\cos(30°) = U_1 2\frac{1}{2}\sqrt{3} \tag{6.7}$$

Für die Differenzspannung folgt:

$$U_{12} = \sqrt{3}U = \sqrt{3}U_1 = \sqrt{3}U_2 \tag{6.8}$$

So ergibt sich z. B. in Europa aus zwei Wechselspannungen von je 230 V die Spannungsdifferenz (Drehspannung) von 400 V.

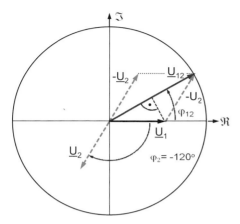

Bild 6.3 Spannungszeiger (ruhender Zeiger) und Differenzspannung

■ 6.3 Anschluss von Drehstrommotoren

Drehstrommotoren werden mit Drehspannung versorgt. Dies kann auf zwei Arten erfolgen:

Direkter Anschluss des Drehstrommotors an das Netz: In diesem Fall ist die Motordrehzahl bei konstanter Belastung nicht variabel. Sie wird durch die Netzfrequenz bestimmt.

Anschluss des Drehstrommotors an einen Umrichter: Ein Umrichter ist eine Leistungselektronik, die ein Drehspannungssystem variabler Spannung und Frequenz erzeugt. Die Wirkungsweise eines Umrichters wird in Kapitel 6.8 beschrieben. Wird der Motor an einen Umrichter angeschlossen, ist die Motordrehzahl variabel. Sie wird durch die Frequenz des Drehspannungssystems, das der Umrichter dem Motor bereitstellt, bestimmt.

Für Netzspannungen und Netzfrequenzen gelten regional unterschiedliche Werte (Tabelle 6.1).

Tabelle 6.1 Netzspannungen und Netzfrequenzen für ausgewählte Regionen

Netz-frequenz	Netzspannung				Beispiel-region
	Einphasig Wechselstrom		Dreiphasig Drehstrom		
f_S	U_S	$\hat{u}_S$	U_S	$\hat{u}_S$	
50 Hz	230 V	325 V	400 V	566 V	Europa
50 Hz	220 V	311 V	380 V	537 V	China
60 Hz	120 V	170 V	200 V-240 V, 480 V	283 V-339 V, 679 V	USA

Eine Drehstrommaschine kann an ein Drehspannungssystem mit den Leitern L1, L2 und L3 und dem Nullleiter N unterschiedlich angeschlossen werden. Die Schaltungsarten sind:

- Sternschaltung (Symbol: ⅄)
- Dreieckschaltung (Symbol: Δ)

In VDE 0293 ist die Farbkodierung der Kabellitzen festgelegt (Bild 6.4). Für Drehspannungssysteme werden die in Tabelle 6.2 gezeigten Farbkodierungen verwendet. Die häufig verwendete Leiterzuordnung ist zusätzlich angegeben.

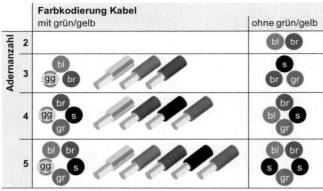

s: schwarz   bl: blau   br: braun   gr: grau   gy: grün/gelb   **Bild 6.4** Farbkodierung Kabel

	VDE 0293	Häufig
grün/gelb	Schutzleiter (Protective Earth)	PE
blau	Neutralleiter	N
braun	Beliebiger Leiter	L1
schwarz	Beliebiger Leiter	L2
grau	Beliebiger Leiter	L3

Tabelle 6.2 Farbkodierung bei Drehspannungssystemen und häufig anzutreffende Leiterzuordnung

Die Anschlusspunkte im Motor werden Klemmen genannt. In der IEC 60034-8 ist die Klemmenbezeichnung von Drehstrommotoren festgelegt (Tabelle 6.3). So bedeutet U1 Wicklungsanfang der U-Phase.

Klemmenbezeichnung IEC 60034-8	
Phase	U$\square$, V$\square$ oder W$\square$
Wicklungsanfang	$\square = 1$
Wicklungsende	$\square = 2$

Tabelle 6.3 Klemmenbezeichnung

Häufig werden Drehstrommotoren direkt ans Netz angeschlossen. Die Drehrichtung des Motors ist abhängig vom Anschluss der Leiter an die drei Motorwicklungen. Üblich ist, dass der in Tabelle 6.4 gezeigte Anschluss zu einem Rechtslauf des Motors gesehen auf die Motorwelle führt (Drehung im Uhrzeigersinn).

	Rechtslauf Im Uhrzeigersinn	Linkslauf Gegen den Uhrzeigersinn
L1	→ U1	→ V1
L2	→ V1	→ U1
L3	→ W1	→ W1

Tabelle 6.4 Drehrichtung Drehstrommotoren

Einen Linkslauf erreicht man durch Vertauschen von 2 Phasen, z. B. U1 und V1. Bei Motoren mit 2 Wellenenden oder Linearmotoren ist die anschlussabhängige Bewegungsrichtung den Herstellerangaben zu entnehmen.

■ 6.4 Sternschaltung

In Bild 6.5 ist der typische Anschluss eines Drehstrommotors in Sternschaltung dargestellt. Die Klemmen der drei Wicklungsstränge des Drehstrommotors befinden sich im sogenannten Klemmkasten. Der Nullleiter wird nicht angeschlossen. Einen Überblick der im Bild und im Weiteren verwendeten Formelzeichen für Spannungen und Ströme zeigt Tabelle 6.5. Die Spannungen der Versorgungsleiter (im Beispiel: L1, L2 und L3) werden Leiterspannungen genannt. Die Spannungen zwischen den Versorgungsleitern sind die Außenleiterspannungen. Als Strangspannungen werden die Spannungen, die an den einzelnen drei Wicklungssträngen abfallen, bezeichnet. Die Ströme in den Versorgungsleitern werden Leiterströme und die Ströme in den Leitern zum Motor werden Außenleiterströme genannt. Ströme durch die einzelnen Wicklungsstränge werden als Strangströme bezeichnet.

	Allgemein	Einzelne Phasen
Leiterspannung	$\underline{U}_\mathrm{L}$	$\underline{U}_\mathrm{L1}, \underline{U}_\mathrm{L2}, \underline{U}_\mathrm{L3}$
Außenleiterspannung	$\underline{U}_\mathrm{Al}$	$\underline{U}_{12}, \underline{U}_{23}, \underline{U}_{31}$
Strangspannung	$\underline{U}_\mathrm{St}$	$\underline{U}_1, \underline{U}_2, \underline{U}_3$
Leiterstrom	$\underline{I}_\mathrm{L}$	$\underline{I}_\mathrm{L1}, \underline{I}_\mathrm{L2}, \underline{I}_\mathrm{L3}$
Außenleiterstrom	$\underline{I}_\mathrm{Al}$	$\underline{I}_\mathrm{Al1}, \underline{I}_\mathrm{Al2}, \underline{I}_\mathrm{Al3}$
Strangstrom	$\underline{I}_\mathrm{St}$	$\underline{I}_1, \underline{I}_2, \underline{I}_3$

Tabelle 6.5 Formelzeichen Spannungen und Ströme

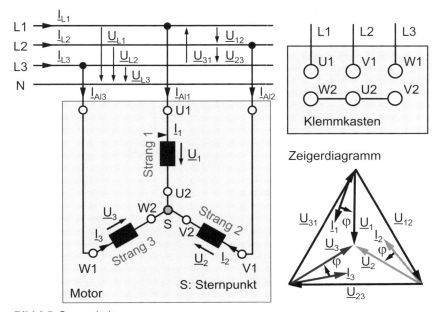

Bild 6.5 Sternschaltung

Die Maschenregel liefert:

$$\left.\begin{cases}\underline{U}_{12} + \underline{U}_2 - \underline{U}_1 = 0 \\ \underline{U}_{23} + \underline{U}_3 - \underline{U}_2 = 0 \\ \underline{U}_{31} + \underline{U}_1 - \underline{U}_3 = 0\end{cases}\right\} \rightarrow \left.\begin{cases}\underline{U}_{12} = \underline{U}_1 - \underline{U}_2 \\ \underline{U}_{23} = \underline{U}_2 - \underline{U}_3 \\ \underline{U}_{31} = \underline{U}_3 - \underline{U}_1\end{cases}\right\}$$ (6.9a)

$$\left.\begin{cases}\underline{U}_{12} + \underline{U}_{L2} - \underline{U}_{L1} = 0 \\ \underline{U}_{23} + \underline{U}_{L3} - \underline{U}_{L2} = 0 \\ \underline{U}_{31} + \underline{U}_{L1} - \underline{U}_{L3} = 0\end{cases}\right\} \rightarrow \left.\begin{cases}\underline{U}_{12} = \underline{U}_{L1} - \underline{U}_{L2} \\ \underline{U}_{23} = \underline{U}_{L2} - \underline{U}_{L3} \\ \underline{U}_{31} = \underline{U}_{L3} - \underline{U}_{L1}\end{cases}\right\}$$ (6.9b)

Der Zusammenhang zwischen den Spannungen ist:

$$\boxed{U_{Al} = \sqrt{3}\,U_L}$$ (6.10)

$$\boxed{U_{St} = \frac{1}{\sqrt{3}}\,U_{Al}}$$ (6.11a)

Bei einer Sternschaltung ist die Strangspannung niedriger als die Außenleiterspannung. Der Strangstrom ist identisch mit dem Außenleiterstrom.

$$\boxed{I_{St} = I_{Al}}$$ (6.11b)

In Bild 6.5 ist zusätzlich das Zeigerdiagramm für die einzelnen Spannungen und Ströme bei einer Sternschaltung dargestellt. Die Strangströme haben identische Phasenverschiebungen zu den Strangspannungen. Bild 6.6 zeigt den Anschluss eines Motors in Sternschaltung. Die drei an der Klemme W1 befestigten Verbindungslaschen sind vom Motorhersteller für die Verbindung einzelner Klemmen vorgesehen. Der Anschluss des Motors vereinfacht sich dadurch, da einzelne Kabelverbindungen entfallen. Bei einer Sternpunktschaltung sind nur 2 Verbindungslaschen (von V2 nach U2 und von U2 nach W2) erforderlich.

Es reicht aus, nur einen Strang zu betrachten, um auf das Gesamtverhalten schließen zu können. Die Wirkleistung aus den 3 Strängen errechnet sich zu:

$$P = 3P_{St} = 3U_{St}I_{St}\cos(\varphi) = 3\,\frac{1}{\sqrt{3}}\,U_{Al}I_{Al}\cos(\varphi)$$ (6.12)

P	Wirkleistung	*Active power*	W
P_{St}	Strangwirkleistung	*Active power phase*	W
U_{St}	Phasenspannung	*Phase voltage*	V
I_{St}	Phasenstrom	*Phase current*	A
U_{Al}	Außenleiterspannung	*Line-to-line voltage*	V
I_{Al}	Außenleiterstrom	*Line-to-line current*	A
φ	Phasenverschiebung	*Phase shift*	rad

Die Wirkleistung kann aus den Außenleitergrößen, welche immer zugänglich sind, berechnet werden.

$$\boxed{P = \sqrt{3}\,U_{Al}\,I_{Al}\cos(\varphi)}$$ (6.13)

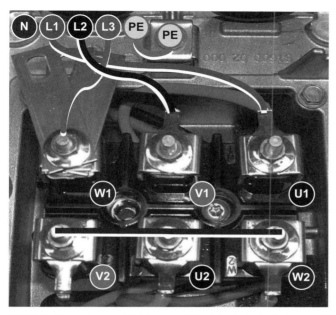

Bild 6.6 Klemmkasten (© Siemens AG, Antriebstechnik, Internet Bilddatenbank, 2012)

■ 6.5 Dreieckschaltung

Bei einer Dreieckschaltung (Bild 6.7) können die Zusammenhänge wie bei der Sternschaltung hergeleitet werden. Es soll nur das Ergebnis gezeigt werden. Die Strangspannung ist identisch mit der Außenleiterspannung und der Strangstrom ist niedriger als der Außenleiterstrom. Es werden alle 3 Verbindungslaschen benötigt.

$$\boxed{U_{St} = U_{Al}} \tag{6.14a}$$

$$\boxed{I_{St} = \frac{1}{\sqrt{3}} I_{Al}} \tag{6.14b}$$

■ 6.6 Vergleich Stern- und Dreieckschaltung

Eine Übersicht wichtiger Zusammenhänge bei Stern- und Dreieckschaltung zeigt Tabelle 6.6. Bei gleichen Außenleitergrößen sind die Leistungen unabhängig von der Schaltungsart.

 Bei gleicher Leiterspannung ist der Strangstrom bei Sternschaltung geringer als bei Dreieckschaltung ($I_{St,\lambda} = \frac{1}{\sqrt{3}} I_{St,\Delta}$). Die Wirkleistung reduziert sich entsprechend.

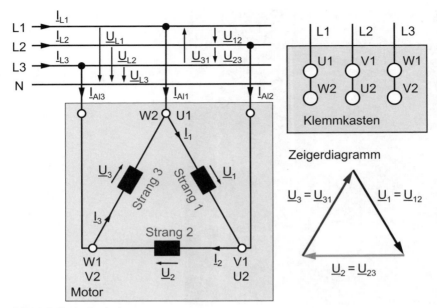

Bild 6.7 Dreieckschaltung

Tabelle 6.6 Vergleich Stern- und Dreieckschaltung

	Sternschaltung	Dreieckschaltung
Strangspannung U_{St}	$\dfrac{U_{Al}}{\sqrt{3}}$	U_{Al}
Strangstrom I_{St}	I_{Al}	$\dfrac{I_{Al}}{\sqrt{3}}$
Strangwirkleistung P_{St}	$U_{St} I_{St} \cos(\varphi)$	
	$\dfrac{1}{\sqrt{3}} U_{Al} I_{Al} \cos(\varphi)$	
Strangblindleistung Q_{St}	$U_{St} I_{St} \sin(\varphi)$	
	$\dfrac{1}{\sqrt{3}} U_{Al} I_{Al} \sin(\varphi)$	
Gesamtwirkleistung P	$3 U_{St} I_{St} \cos(\varphi)$	
	$\sqrt{3} U_{Al} I_{Al} \cos(\varphi)$	
Gesamtblindleistung Q	$3 U_{St} I_{St} \sin(\varphi)$	
	$\sqrt{3} U_{Al} I_{Al} \sin(\varphi)$	

■ 6.7 Magnetisches Drehfeld

Alle Drehstrommaschinen nutzen magnetische Drehfelder zur Drehmoment- oder Spannungserzeugung. Mittels eines 3-phasigen Systems lässt sich das Drehfeld auf einfache Weise erzeugen. Das Drehfeld entsteht dadurch, dass für jede Phase Spulen über dem Umfang des Stators äquidistant verteilt werden. Die drei Wicklungsstränge haben die gleiche Windungszahl und werden mit um 120° elektrisch zu einander phasenverschobenen Spannungen (Drehspannung) versorgt. Üblicherweise liegen die Spulen in Nuten des Statorblechpaketes. Pro Phase entstehen dadurch jeweils $2z_P$ Pole, wobei z_P die Polpaarzahl einer Phase ist. In Anlehnung an Gleichstrommotoren spricht man von einem $2z_P$-poligen Drehstrommotor.

 Nicht die Gesamtzahl der Pole des Stators eines Drehstrommotors ist die beschreibende Größe, sondern die Anzahl an Polen einer Phase.

Die Leiter für eine Stromrichtung einer Phase können über mehrere Nuten verteilt sein. Hat der Stator einer 4-poligen Maschine z. B. 24 Nuten und wird davon ausgegangen, dass in einer Nut nur Leiter einer Phase untergebracht sind, so werden zwei Nuten $(24/(3\cdot4))$ pro Phase und Stromrichtung belegt.

Für das einfachere Verständnis wird nun davon ausgegangen, dass alle Leiter einer Phase und Stromrichtung an einem Ort konzentriert sind, wie dies in Bild 6.8 für einen 2-poligen Drehstrommotor gezeigt ist.

Ganz allgemein sind die Wicklungsanfänge (U1, V1, W1), abhängig von der Polpaarzahl, um den Winkel:

$$\Delta\varphi_1 = \frac{2\pi}{3\,z_P} \tag{6.15a}$$

zueinander versetzt.

Der Versatz der Wicklungsausgänge (U2, V2, W2) zum jeweiligen Wicklungsanfang ist:

$$\Delta\varphi_{12} = \frac{\pi}{z_P} \tag{6.15b}$$

Einen Stator für eine 6-polige Maschine während der Fertigung zeigt Bild 6.9. Er hat mehrere Nuten für die Leiter einer Stromrichtung.

Entscheidend für das Maschinenverhalten ist die magnetische Flussdichte im Luftspalt. Durch konstruktive Maßnahmen auf der Stator- und Rotorseite wird pro Phase über den Umfang des Luftspaltes eine möglichst sinusförmige magnetische Flussdichte erzeugt.

Durch jede Wicklung des Stators fließt bei Drehstrommaschinen ein sinusförmiger Strom (Bild 6.10). Dadurch entstehen drei sich zeitlich ändernde Magnetfelder, die sich überlagern.

Zunächst soll das Magnetfeld nur einer Wicklung (eines Stranges) am Beispiel der in Bild 6.11 gezeigten vereinfachten Darstellung betrachtet werden. Der mit „U" gekennzeichnete Strang soll im ersten Schritt von einem konstanten Strom durchflossen werden. Vereinfacht soll von einem ideal sinusförmigen Verlauf der magnetischen Flussdichte im Luftspalt ausgegangen werden.

$$B_U(\gamma) = -\widehat{B}_{St} \sin(\gamma) \tag{6.16}$$

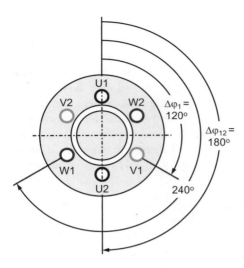

Bild 6.8 2-polige Drehfeldwicklung mit örtlich konzentrierten Wicklungen (vereinfachte Darstellung)

Bild 6.9 Stator einer 6-poligen Drehstrommaschine (© Siemens AG, Antriebstechnik, 2012)

B_U	Magnetische Flussdichte Strang U	*Magnetic flux density phase U*	T
γ	Luftspaltwinkel	*Air gap angle*	rad
$\widehat{B}_{St}$	Amplitude der magnetischen Flussdichte eines Strangs	*Amplitude magnetic flux density one phase*	T

Für $\gamma = 0$ und $\gamma = \pi$ ist die magnetische Flussdichte gleich null und wechselt ihr Vorzeichen. Das Vorzeichen der magnetischen Flussdichte gibt an, ob die magnetischen Feldlinien den Rotor verlassen oder in diesen eintreten. Verlassen die Feldlinien den Rotor, ist die magnetische Flussdichte definitionsgemäß positiv. Im Bereich $\pi < \gamma < 2\pi$ treten die Feldlinien aus dem Rotor aus, weshalb die magnetische Flussdichte in diesem Bereich positiv ist. Die magnetische Flussdichte erreicht bei $\gamma = 3\pi/2$ ihr positives Maximum. Bei $\gamma = \pi/2$ liegt das negative Maximum.

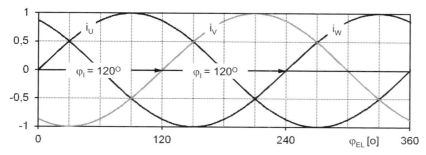

Bild 6.10 Drehstromsystem

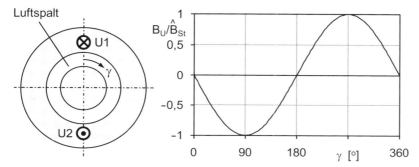

Bild 6.11 Konstanter Strom in einer Wicklung

Betrachtet man nun einen sinusförmigen Strom durch die Wicklung und geht von einem linearen Zusammenhang zwischen Strom und magnetischer Flussdichte aus, so ist die magnetische Flussdichte zusätzlich noch eine Funktion der Zeit (Bild 6.12). Der räumliche Verlauf der magnetischen Flussdichte bleibt unabhängig vom zeitlichen Verlauf des Stromes immer sinusförmig. In Abhängigkeit vom Strom ändert sich die Amplitude der magnetischen Flussdichte. Die Orte der Nulldurchgänge und der Betragsmaxima, die mit ❶ gekennzeichnet sind, bleiben konstant. Die maximale Amplitude der magnetischen Flussdichte ergibt sich bei maximalem Strangstrom. Der Nullphasenwinkel des Stromes wird zu null angenommen. Für die magnetische Flussdichte der U-Phase gilt:

$$B_U(\gamma, t) = -\widehat{B}_{St} \sin(\omega t) \sin(\gamma) = -\widehat{B}_{St} \sin\big(\varphi_{El}(t)\big) \sin(\gamma) \tag{6.17}$$

Für den Zeitpunkt $t_1 = 0$ ist die magnetische Flussdichte 0, da die Wicklung nicht bestromt wird (Strom i_U in Bild 6.10). Für $t_3 < \pi/(2\omega)$ ist sie maximal, da der maximale Strom durch die Wicklung fließt. Zum Zeitpunkt $t_2 < \pi/(6\omega)$ erreicht die magnetische Flussdichte im Maximum $\widehat{B}_{St}/2$.

Charakteristisch ist, dass sich nur die Amplitude, jedoch nicht die Orientierung des Maximums ändert. Zur Vereinfachung wird daher das magnetische Feld durch einen Zeiger (Vektor) dargestellt, der parallel zu den Feldlinien im Rotor ist und zum Maximum der magnetischen Flussdichte zeigt. Die Zeigerlänge ist proportional zur maximal erreichbaren magnetischen Flussdichte.

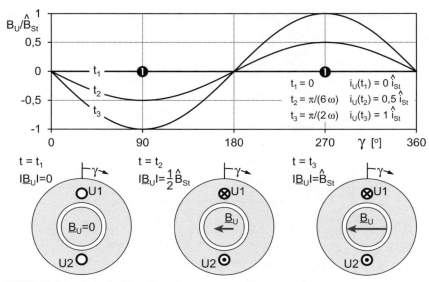

Bild 6.12 Magnetische Flussdichte im Luftspalt und Feldzeiger

Es sollen nun alle drei Wicklungen gemeinsam betrachtet werden. Der Ort des Maximums der magnetischen Flussdichte ist für jede Wicklung durch deren Platzierung im Stator festgelegt. Die winkel- und zeitabhängige Beschreibung der magnetischen Flussdichte im Luftspalt für alle drei Wicklungen lautet:

$$\left\{\begin{array}{l} B_U(\gamma, t) \\ B_V(\gamma, t) \\ B_W(\gamma, t) \end{array}\right\} = -\widehat{B}_{St} \left\{\begin{array}{l} \sin(\omega t)\sin(\gamma) \\ \sin(\omega t - \frac{2\pi}{3})\sin\left(\gamma - \frac{2\pi}{3}\right) \\ \sin(\omega t - \frac{4\pi}{3})\sin\left(\gamma - \frac{4\pi}{3}\right) \end{array}\right\} \tag{6.18}$$

Bild 6.13 zeigt die Verhältnisse der von den einzelnen Strängen erzeugten Flussdichten für die Zeitpunkte $t = t_1, t_2$ und t_3. Zusätzlich ist die jeweils resultierende Gesamtflussdichte angegeben. Die Gesamtflussdichte ist konstant, ändert aber ihre Orientierung. Es ergibt sich ein drehendes Magnetfeld. Für die einzelnen Stränge sind die Orte der Betragsmaxima der magnetischen Flussdichte mit ❶, ❷ und ❸ eingetragen.

In Bild 6.14 sind die Zusammenhänge als Feldzeiger dargestellt. Die Berechnung des Betrages (Amplitude) und der Phase (Richtung) des augenblicklichen Maximums der resultierenden Gesamtflussdichte kann durch Vektoraddition erfolgen.

$$\underline{B} = \underline{B}_U + \underline{B}_V + \underline{B}_W \tag{6.19}$$

Für $\varphi_{El} = 0°$ erhält man:

$$\widehat{B} = 2\cos\left(\frac{\pi}{6}\right)\frac{1}{2}\sqrt{3}\,\widehat{B}_{St} = 2\frac{1}{2}\sqrt{3}\,\widehat{B}_{St} = \frac{3}{2}\widehat{B}_{St} \tag{6.20}$$

Die resultierende magnetische Flussdichte ist das 1,5-Fache des Spitzenwertes eines Stranges. Für die magnetische Gesamtflussdichte ergibt sich damit:

$$\boxed{B(\gamma, t) = -\widehat{B}\cos(\gamma - \varphi_{El}(t)) = -\widehat{B}\cos(\gamma - \omega t)} \tag{6.21}$$

Da sich das Feld dreht, werden die Motoren als Drehfeldmotoren bezeichnet.

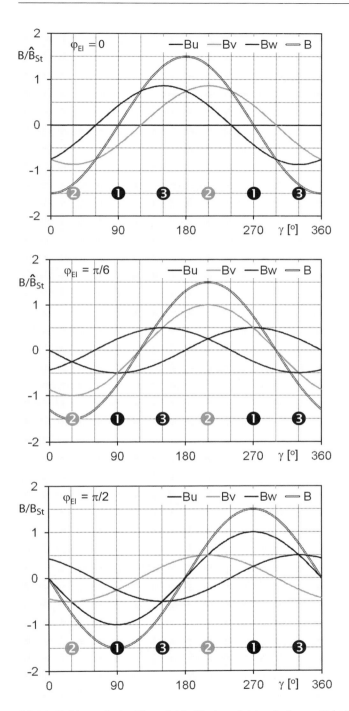

Bild 6.13 Magnetische Flussdichte für $\phi_{El} = 0$ (oben), $\phi_{El} = \pi/6$ (mittig) und $\phi_{El} = \pi/2$ (unten)

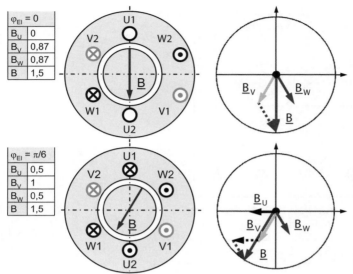

Bild 6.14 Magnetisches
Drehfeld mit Feldzeiger

■ 6.8 Umrichter

Soll die Drehzahl eines Drehstrommotors veränderbar sein, muss der Motor an ein Drehspannungssystem angeschlossen werden, bei dem die Amplitude und Frequenz der Spannung variiert werden können. Dazu werden Umrichter benutzt. Der Umrichter wird an alle drei Phasen oder an eine Phase des Netzes angeschlossen (Bild 6.15).

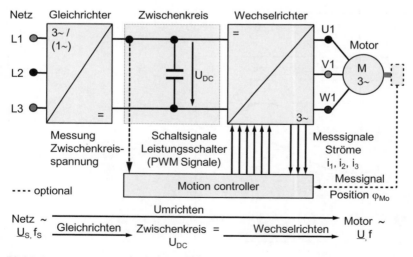

Bild 6.15 Umrichter für Drehstrommotoren

Im Umrichter werden die Drehspannungen (ggf. die Wechselspannung) zunächst gleichgerichtet und mit einem Kondensator geglättet. Aus der Gleichspannung wird im Wechselrichter ein Drehspannungssystem erzeugt, an das der Motor angeschlossen wird. Zwischen dem Gleichrichter und dem Wechselrichter liegt der Gleichspannungszwischenkreis bzw. Zwischenkreis. Durch geeignete Steuerung der Leistungsschalter im Wechselrichter wird aus der Gleichspannung des Zwischenkreises die gewünschte Drehspannung an den Motorklemmen vorgegeben.

Tabelle 6.7 zeigt einen Vergleich für die Spannung und die elektrische Frequenz an den Motorklemmen bei Netzbetrieb und Umrichterbetrieb. Für Motoren geringer Leistung (ungefähr bis 2 kW) ist eine 1-phasige Versorgung des Umrichters ausreichend und kostengünstig. Für Motoren höherer Leistung ist eine 3-phasige Versorgung zweckmäßig.

Tabelle 6.7 Vergleich Spannung und Frequenz an den Motorklemmen

	Spannung	Frequenz
Netzanschluss	$U = U_{AL}$	$f = f_S$
Umrichteranschluss	$0 \leq U \leq \frac{1}{\sqrt{2}} U_{DC}$	$0 \leq f \leq f_{max}$

U: Außenleiterspannung Motor, U_{AL}: Außenleiterspannung öffentliches Netz, U_{DC}: Zwischenkreisspannung, f: Frequenz Motor, f_s: Netzfrequenz, f_{max}: maximale Ausgangsfrequenz des Umrichters

Für einen einphasigen oder dreiphasigen Anschluss eines umrichterbetriebenen Drehstromantriebes an das europäische Netz zeigt Tabelle 6.8 die Spannungsverhältnisse.

Tabelle 6.8 Spannungen bei einphasigem oder dreiphasigem Anschluss an das europäische Netz

Netzanschluss Umrichter	Spannungsversorgung Umrichter	Gleichspannungs-zwischenkreis ①	Außenleiter-spannung
Einphasig 1 ~	$U_S = 230\,V$ $\hat{u}_S = \sqrt{2}\,U_S = 325\,V$	$U_{DC} = 325\,V$	$0 \leq U_{AL} \leq 230\,V$
Dreiphasig 3 ~	$U_S = 400\,V$ $\hat{u}_S = \sqrt{2}\,U_S = 566\,V$	$U_{DC} = 566\,V$	$0 \leq U_{AL} \leq 400\,V$

① Nach Gleichrichtung und Glättung mit Kondensator

In Tabelle 6.9 sind die Eigenschaften von Antrieben, die mit Umrichtern oder direkt am Netz betrieben werden, gegenübergestellt. Es gibt keine strenge Trennung zwischen unterschiedlichen Umrichterausführungen. Am unteren Ende der Leistungsskala stehen Ausführungen für Standardaufgaben. Bei diesen Geräten wird die Frequenz des Drehspannungssystems abhängig von der gewünschten Drehzahl gesteuert. Die Spannung wird nach einer vorgegebenen Spannungs-Frequenz-Kennlinie eingestellt. Weitere Informationen hierzu finden sich in den Abschnitten 8.7 und 8.8.

Einige der angebotenen Umrichter haben eine sehr hohe Funktionalität. Beispielsweise gibt es Geräte mit einfacher Drehzahlregelung. Aus der gemessenen Position wird die aktuelle Drehzahl der Motorwelle bestimmt. Durch den geregelten Betrieb wird die Abweichung zwischen programmierter Drehzahl und Istdrehzahl im Vergleich zum gesteuerten Betrieb verringert. Insbesondere bei starken Belastungsänderungen ist dies sehr vorteilhaft.

Es gibt Umrichterausführungen, die eine sogenannte „sensorlose Regelung" unterstützen. Anstatt die Istdrehzahl zu messen wird die Drehzahl, die für die Regelung benötigt wird, geschätzt. Diese Lösung ist „softwarebasiert". Es werden mathematische Modelle des Motors

Tabelle 6.9 Eigenschaften am Netz und am Umrichter betriebener Antriebe

	Netzbetrieb	Umrichterbetrieb		
		Standard-aufgaben	...	Servo-aufgaben
Elektronische Beein-flussung Motor	keine	Steuerung	Sensorlos	Regelung
		U/f-Kennlinie		Feldorientierte Regelung
Motorspannung	konstant	variabel		
Motorfrequenz	konstant	variabel		
Elektronikaufwand	keiner	klein		hoch
Positionsmessgerät	keines			erforderlich
Drehzahlgenauigkeit	lastabhängig	typisch: 1% – 5%	...	< 0,01%
Drehzahlstellbereich	1:1	< 1:100	...	> 1:10 000
Kosten Antrieb	niedrig	mittel	...	hoch

benutzt. Vorteilhaft ist, dass das Verfahren kostengünstig realisierbar ist, da kein Positions-messgerät, kein zusätzliches Kabel, keine zusätzlichen Stecker und keine Auswerteelektronik für das Messgerät benötigt werden. Nachteilig ist, dass im Vergleich zur Regelung mit Mess-gerät große oder sehr große Drehzahlabweichungen, insbesondere bei niedrigen Drehzahlen, auftreten können.

Für Antriebsaufgaben, bei denen die Istdrehzahl oder Istposition einer Bewegungsachse der programmierten Drehzahl oder Position mit sehr hoher Dynamik und geringer Abweichung folgen muss, gibt es Umrichter am oberen Ende der Leistungsskala. Sie werden häufig als „Ser-voumrichter" bezeichnet. Die Hardware der Geräte ist leistungsfähiger als bei anderen Um-richterausführungen, und die verwendeten Regelungs- und Steuerungsverfahren sind deut-lich komplexer. Im Gegensatz zu den bisher beschriebenen Verfahren wird das Drehmoment über den Motorstrom geregelt. Dadurch ergibt sich die hohe Dynamik.

■ 6.9 Energiemanagement bei umrichterbetriebenen Antrieben

Die Energieeffizienz von elektrischen Antrieben hat in den vergangenen Jahren auf Grund stei-gender Kosten für elektrische Energie und der notwendigen Reduzierung des CO_2-Ausstosses an Bedeutung gewonnen. Neben der Steigerung des Wirkungsgrades der Komponenten im Antriebsstrang können die Energiekosten und die Umweltbelastung zusätzlich durch andere Maßnahmen reduziert werden. Diese Maßnahmen werden unter dem Begriff „Energiema-nagement" zusammengefasst. Bei Bremsvorgängen ist der Motor im generatorischen Be-triebszustand. Mechanische Energie wird in elektrische Energie gewandelt. Die verschiedenen Möglichkeiten zur Weiterverarbeitung der bei einem Bremsvorgang erzeugten elektrischen

Tabelle 6.10 Elektrische Weiterverarbeitung der Bremsenergie

	Prinzip, Vor- und Nachteile
① **Energiespeicherung** im Kondensator des Zwischenkreises	Die zur Verfügung stehende elektrische Energie kann vollständig vom Kondensator aufgenommen werden. Die Zwischenkreisspannung steigt an. Es erfolgt keine Überschreitung der maximal zulässigen Kondensatorspannung. Diese Lösung ist, sofern es die Applikation erlaubt, die kostengünstigste und hat einen hohen Wirkungsgrad.
② **Energiewandlung** in Wärmeenergie in einem Widerstand	Wird beim Bremsen mehr Energie abgegeben als der Zwischenkreis aufnehmen kann, ist die einfachste Lösung mit gleichzeitig niedrigen Anschaffungskosten ein zuschaltbarer Bremswiderstand. Der Bremswiderstand wird abhängig von der Zwischenkreisspannung mittels eines Leistungsschalters zu- oder abgeschaltet. Da ein Teil der Bremsenergie in Wärmeenergie umgesetzt wird, wirkt sich dies negativ auf den Wirkungsgrad des Antriebes aus.
③ **Energieabgabe** Versorgungsnetz (Netzrückspeisung)	Im Gegensatz zur Möglichkeit ② wird die überschüssige Bremsenergie in das Versorgungsnetz geleitet. Steigt die Zwischenkreisspannung über einen festgelegten Wert, so wird die aktuell überschüssige Energie durch einen zusätzlichen Wechselrichter amplituden- und phasensynchron in das Netz gespeist. Dies verbessert den Wirkungsgrad des Antriebes. Die Anschaffungskosten für einen rückspeisefähigen Umrichter sind allerdings höher.
④ **Energieaustausch** zwischen Motoren	Bei mehr als einem Antrieb in einer Maschine und Bewegungsprofilen, bei denen ein Antrieb gebremst wird, während ein anderer Antrieb beschleunigt, kann bei einem gemeinsamen Zwischenkreis Energie vom bremsenden auf den beschleunigenden Antrieb übertragen werden. Der Gleichrichter und der Zwischenkreis sind nur einmal vorhanden. Aus dem gemeinsamen Zwischenkreis werden mehrere Wechselrichter mit den dazugehörigen Motoren versorgt. Diese Methode wird mit ①, ① und ② oder ① und ③ kombiniert.

Energie sind in Tabelle 6.10 und Bild 6.16 dargestellt. Die Energieabgabe an das Netz (Netzrückspeisung) im generatorischen Betriebszustand des Motors erfolgt durch einen antiparallel zum Gleichrichter geschalteten Wechselrichter. Der zusätzliche Wechselrichter arbeitet amplituden- und phasensynchron zum Netz.

Für einen energieeffizienten Antrieb sind folgende Punkte vorteilhaft:

- Keine Überdimensionierung des Antriebes
- Einsatz von Komponenten mit einem hohen Wirkungsgrad (insbesondere Motor und mechanische Übertragungselemente)
- Betrieb am Umrichter
- Keine Umsetzung der Bremsenergie in Wärme an einem Bremswiderstand

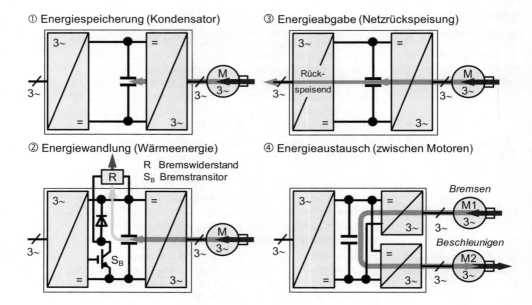

① Energiespeicherung (Kondensator)

③ Energieabgabe (Netzrückspeisung)

② Energiewandlung (Wärmeenergie)

R Bremswiderstand
S_B Bremstransitor

④ Energieaustausch (zwischen Motoren)

Bild 6.16 Leistungsfluss beim Bremsen

7 Synchronmotoren

■ 7.1 Einführung

Synchronmotoren werden hauptsächlich in Servoantrieben eingesetzt. Sie haben in den meisten Bereichen der Servoantriebstechnik Gleichstrommotoren abgelöst. Synchronmotoren werden typischerweise für Bemessungsdrehmomente von 0,5 Nm bis 150 Nm und für Bemessungsdrehzahlen von $1\,000\,\text{min}^{-1}$ bis $6\,000\,\text{min}^{-1}$ angeboten. Für spezielle Aufgaben, z. B. für Hauptspindelantriebe in Werkzeugmaschinen oder in Maschinen zur Kunststoffverarbeitung, gibt es auch Synchronmotoren mit Drehmomenten von einigen hundert Newtonmetern oder Drehzahlen bis ca. $40\,000\,\text{min}^{-1}$.

■ 7.2 Aufbau und Wirkungsweise

Der Stator eines Drehstrom-Synchronmotors ist als Drehstromwicklung aufgebaut. Elektrisch erregte Synchronmotoren benötigen Schleifringe zur Energieübertragung auf den Rotor und sind daher nicht wartungsfrei. Erfolgt die Erregung mit Dauermagneten auf dem Rotor, so ergibt sich ein wartungsfreier Motor (Bild 7.1). Auf Grund dieses Vorteils werden in Servoantrieben permanenterregte Synchronmotoren eingesetzt. Im Weiteren wird nur diese Bauform betrachtet.

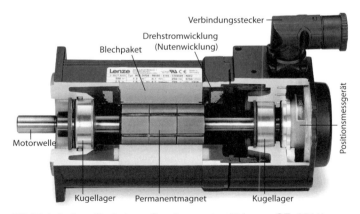

Bild 7.1 Aufbau Drehstrom-Synchronmotor (© Lenze SE, 2011)

Da der Rotor am Umfang abwechselnd Nord- und Südpole aufweist, wird er auch Polrad genannt. Der durch die Magnete im Luftspalt erzeugte radiale Flussdichtenverlauf ist im Gegensatz zum bürstenlosen Gleichstrommotor nicht rechteckförmig, sondern sinusförmig. Die Motordrehzahl ist abhängig von der Frequenz des Drehfeldes und der Polpaarzahl des Motors. Es gilt:

$$n_{\mathrm{Mo}} = \frac{f_{\mathrm{El}}}{z_{\mathrm{p}}} \tag{7.1}$$

n_{Mo}	Drehzahl Motor	Speed motor	1/s
f_{El}	Frequenz Drehspannungssystem	Frequency of AC system	Hz
z_{p}	Polpaarzahl	Number of pole pairs	

Der Zusammenhang zwischen der elektrischen und mechanischen Kreisfrequenz lautet:

$$\omega_{\mathrm{Mo}} = \frac{\omega_{\mathrm{El}}}{z_{\mathrm{p}}} \tag{7.2}$$

Das Drehstromsystem und die Drehstromwicklung für einen 2-poligen Motor zeigt Bild 7.2. Der Verlauf der radialen magnetischen Flussdichten der einzelnen Wicklungen (B_{U}, B_{V}, B_{W}) und die daraus resultierende Gesamtflussdichte B_{S} im Luftspalt ist für den elektrischen Winkel $\varphi_{\mathrm{El}} = 0$ und $\varphi_{\mathrm{El}} = 3\pi/2$ dargestellt.

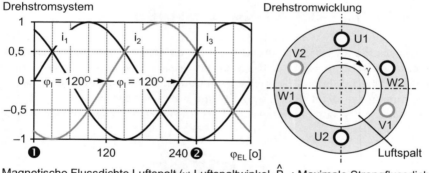

Magnetische Flussdichte Luftspalt (γ: Luftspaltwinkel, $\hat{B}_{\mathrm{St}}$: Maximale Strangflussdichte)

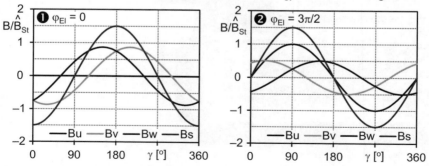

Bild 7.2 Drehstromsystem, Drehstromwicklung und radiale magnetische Flussdichten im Luftspalt

Die Drehmomenterzeugung des Synchronmotors soll zunächst am Modell eines 2-poligen permanenterregten Drehstrom-Synchronmotors erläutert werden (Bild 7.3). Jede Wicklung hat dabei nur einen Leiter. Im Gegensatz zur realen Anordnung des Synchronmotors wird der Rotor fixiert und der Stator drehbar gelagert. Die reale Bewegung der Motorwelle hat daher ein umgekehrtes Vorzeichen wie das, das die Richtungsvektoren der Kräfte an den Leitern anzeigen (actio=reactio).

Im Modell werden vier verschiedene Bestromungen des drehbaren Stators und die daraus resultierenden Kräfte auf die einzelnen Leiter der drei Phasen betrachtet. Die Orientierung des magnetischen Flusses des Rotors (Φ_R) und des resultierenden Flusses der drei Phasen des Stators (Φ_S) ist separat dargestellt. Der Winkel zwischen dem Magnetfeld des Rotors (Erregerfeld) und dem Magnetfeld des Stators ist der Magnetfeldwinkel (β).

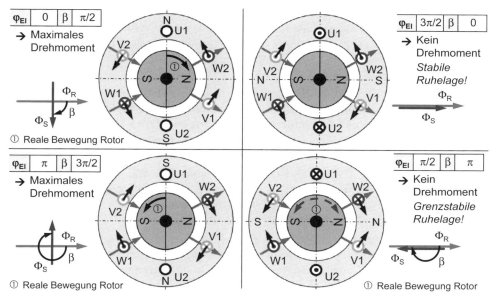

Bild 7.3 Modell zur Drehmomenterzeugung beim Drehstrom-Synchronmotor

Das maximale Drehmoment wird erreicht, wenn das Magnetfeld des Stators senkrecht zum Magnetfeld des Rotors steht. Bei $\varphi_{El} = 0$ ist die Drehrichtung der Motorwelle beim realen Motor (Stator fixiert) im Uhrzeigersinn, und bei $\varphi_{El} = \pi$ dreht die Welle gegen den Uhrzeigersinn. Für $\varphi_{El} = 3\pi/2$ entsteht kein Drehmoment. Beide Magnetfelder zeigen in die gleiche Richtung und die Motorwelle befindet sich in einer stabilen Ruhelage (vgl. Vorzugsposition beim Schrittmotor). Hingegen ist die Ruhelage für $\varphi_{El} = \pi/2$ grenzstabil. Die Magnetfelder sind entgegengesetzt gerichtet, was dazu führt, dass eine kleine Auslenkung aus dieser Position zu einer Drehung der Motorwelle im oder gegen den Uhrzeigersinn führt.

 Eine falsche Kommutierung eines Synchronmotors beim Einschalten führt zu einer unkontrollierten und unter Umständen gefährlichen Bewegung. Bei einem 2-poligen Motor kommt es zu einer schnellen Winkelbewegung von bis zu 180° (siehe Fall grenzstabile Ruhelage in Bild 7.3).

Ein Anschluss der Drehstromwicklung des Stators an das Versorgungsnetz führt dazu, dass das Statordrehfeld sich unmittelbar mit der Netzfrequenz dreht. Die Pole des stillstehenden Rotors werden vom entgegengesetzten Pol des Statormagnetfeldes angezogen. Bezogen auf den Einschaltzeitpunkt ist das Statormagnetfeld bereits nach einer halben Periodendauer des Drehspannungssystems umgepolt. Der zunächst angezogene Rotorpol wird dann abgestoßen. Auf Grund seiner Massenträgheit ist der Rotor nicht in der Lage, der Drehfeldfrequenz zu folgen. Ein kontinuierlich in eine Drehrichtung gerichtetes Drehmoment ergibt sich erst, wenn der Rotor ungefähr die Drehzahl erreicht, die durch das magnetische Drehfeld des Stators vorgegeben ist. Ein Synchronmotor läuft daher nicht von selbst an, sondern benötigt ein Anlaufverfahren, das eine Synchronisierung des Rotors mit dem Stator ermöglicht. Das Drehmomentmaximum wird bei einem Winkel zwischen den beiden Magnetfeldern von $\beta = \pi/2$ oder $\beta = -\pi/2$ erreicht. Bei Belastung des Motors bleibt das synchrone Verhalten zwischen Rotor und Stator zunächst bestehen. Wird der Motor mit mehr als dem maximal zulässigen Drehmoment belastet, so nimmt die Motordrehzahl ab. Der Motor „kippt", und der Rotor läuft dann nicht mehr synchron zum Drehfeld des Stators.

Daraus ergibt sich die Anweisung, wie der Motor gesteuert werden muss. Aufgabe des Motion Controller ist es, das Magnetfeld des Stators senkrecht zum Magnetfeld des Rotors einzustellen. Dies wird durch eine feldorientierte Regelung erreicht, die im Kapitel 10 einführend beschrieben wird. Stehen die beiden Magnetfelder senkrecht zueinander, wird das Rotormagnetfeld durch das Statormagnetfeld weder gestärkt noch geschwächt.

Das Motordrehmoment wird über die Stromstärke gesteuert. Für eine optimale Bestromung (Kommutierung) von Synchronmotoren, d. h. maximale Ausnutzung des Stroms bzgl. des Drehmoments, ist ein Positionsmessgerät erforderlich, das einen Winkelbezug zwischen dem Magnetfeld des Rotors und dem Magnetfeld des Stators liefert.

Synchronmotoren können mit Einschränkungen in den Regelungseigenschaften auch ohne Positionsmessgerät betrieben werden. Die dafür eingesetzten Verfahren werden unter dem Begriff „sensorlose Regelung" oder „sensorless control" bzw. (SLC) zusammengefasst. Derartige Systeme werden im Weiteren nicht behandelt.

■ 7.3   Elektrisches Ersatzschaltbild

Das elektrische Ersatzschaltbild des Drehstrom-Synchronmotors für einen Wicklungsstrang zeigt Bild 7.4. Die Spannungsgleichung lautet:

$$\underline{U}_{St} - \underline{U}_i - \underline{U}_R - \underline{U}_L = 0 \tag{7.3}$$

U_{St}	Strangspannung	*Phase voltage*	V
U_i	Induzierte Spannung	*Induced voltage*	V
U_R	Spannungsabfall Widerstand	*Voltage drop resistance*	V
U_L	Spannungsabfall Induktivität	*Voltage drop inductance*	V

Der Spannungsabfall am Widerstand ist:

$$\underline{U}_R = R_{St}\, I_{St} \tag{7.4a}$$

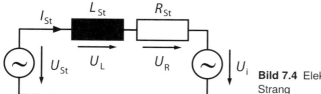

Bild 7.4 Elektrisches Ersatzschaltbild für einen Strang

Bei sinusförmigem Stromverlauf gilt für den induktiven Spannungsabfall:

$$U_L = j\omega_{El} L_{St} I_{St} = j z_P \omega_{Mo} L_{St} I_{St} \tag{7.4b}$$

R_{St}	Strangwiderstand	*Phase resistance*	Ω
I_{St}	Strangstrom	*Phase current*	A
L_{St}	Stranginduktivität	*Phase inductance*	H

Für den Fall, dass das Stotormagnetfeld senkrecht zum Rotormagnetfeld steht, zeigt Bild 7.5 die vektorielle Darstellung (Zeigerdiagramm). Der induktive Spannungsabfall steht senkrecht zum Spannungsabfall am Strangwiderstand. Damit gilt:

$$\underline{U}_{St} = c_U n_{Mo} + R_{St} I_{St} + j z_P 2\pi n_{Mo} L_{St} I_{St} \tag{7.5}$$

c_U	Spannungskonstante (bezogen auf Strang)	*Voltage constant (related to phase)*	Vs

Die Strangspannung errechnet sich damit zu:

$$U_{St} = \sqrt{(c_U n_{Mo} + R_{St} I_{St})^2 + (z_P 2\pi n_{Mo} L_{St} I_{St})^2} \tag{7.6}$$

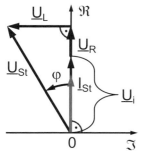

Bild 7.5 Zeigerdiagramm

Die von der Leistungselektronik erforderliche Spannung steigt bei höherer Drehzahl sowohl auf Grund des höheren induzierten als auch des höheren induktiven Spannungsabfalls. Gleichzeitig erhöht sich die Phasenverschiebung. Erreicht die Strangspannung die maximal zur Verfügung stehende Spannung des Umrichters, kann die Motordrehzahl nicht weiter erhöht werden (Spannungsgrenze).

■ 7.4   Spannungsinduktion und Drehmomenterzeugung

Die magnetische Flussdichte, die von den Rotormagneten auf einen Leiter des Stator wirkt, ist abhängig von der Winkelposition der Motorwelle und der Polpaarzahl. Wird davon ausgegangen, dass die Rotormagnete einen sinusförmigen radialen Flussdichteverlauf im Luftspalt erzeugen, gilt:

$$B_R(\varphi_{Mo}) = \widehat{B}_R \sin(z_P \varphi_{Mo}) \tag{7.7}$$

B_R	Magnetische Flussdichte Rotor	*Magnetic flux density rotor*	H
$\widehat{B}_R$	Maximale magnetische Flussdichte Rotor (Amplitude)	*Maximal magnetic flux density rotor (amplitude)*	H

Für einen 4-poligen Motor zeigt Bild 7.6 den Verlauf der radialen magnetischen Flussdichte am mit ① gekennzeichneten Leiter (U1) in einer Umdrehung der Motorwelle.

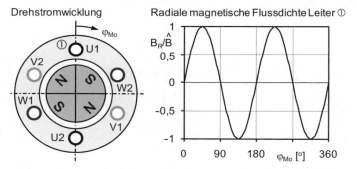

Bild 7.6 Radiale magnetische Flussdichte an einem Leiter (4-poliger Motor)

Dreht sich der Motor mit konstanter Drehzahl, folgt:

$$B_R(t) = \widehat{B}_R \sin(z_P \omega_{Mo} t) = \widehat{B}_R \sin(z_P 2\pi n_{Mo} t) \tag{7.8}$$

Die von den Rotormagneten induzierte Spannung in einem Leiter des Stators ist:

$$u_{i,1}(t) = B_R(t) l\, v \tag{7.9a}$$

$$u_{i,1}(t) = \widehat{B}_R \sin(z_P 2\pi n_{Mo} t) l\, v \tag{7.9b}$$

Für einen Strang ergibt sich unter idealisierten Bedingungen (alle Leiter örtlich konzentriert) abhängig von der Windungszahl N die induzierte Spannung zu:

$$u_i(t) = \underbrace{2}_{\text{2 Leiter/Schleife}} \widehat{B}_R N \sin(z_P 2\pi n_{Mo} t) l\, v \tag{7.10}$$

Die induzierte Spannung wird auch als Polradspannung bezeichnet. Sie ist eine fiktive Hilfsgröße, welche an die induzierte Spannung des Gleichstrommotors angelehnt ist. Eine Messung der Spannung am Polrad selbst ist nicht möglich, da dort keine Spannung erzeugt wird. Wird der Motor angetrieben und kein Verbraucher an den dann im generatorischen Betriebszustand befindlichen Motor angeschlossen, kann die induzierte Spannung an den Motorklemmen gemessen werden.

Bei Drehstrommaschinen ist wie bei Gleichstrommaschinen die Polteilung die Länge eines Poles auf dem Kreisumfang ($\tau_\mathrm{P} = \pi d / (2 z_\mathrm{P})$). Die Geschwindigkeit errechnet sich wie folgt:

$$v = \frac{x_\mathrm{U}}{t_\mathrm{U}} = \frac{\pi d}{t_\mathrm{U}} = \frac{2\tau_\mathrm{P} z_\mathrm{P}}{1/n_\mathrm{Mo}} = 2\tau_\mathrm{P} z_\mathrm{P} n_\mathrm{Mo} \tag{7.11}$$

v	Umfangsgeschwindigkeit	*Circumferential speed*	1/s
x_U	Umfang Luftspalt	*Circumference air gap*	m
t_U	Zeit für eine Umdrehung	*Time for one revolution*	s
τ_P	Polteilung	*Pole grating*	m
z_P	Polpaarzahl	*Number of pole pairs*	

Daraus folgt für den Scheitelwert der induzierten Spannung:

$$\hat{u}_\mathrm{i} = 2\,\hat{B}_\mathrm{R}\,N\,l\,2\,\tau_\mathrm{P} z_\mathrm{P}\,n_\mathrm{Mo} \tag{7.12}$$

Der magnetische Fluss eines Rotorpols errechnet sich aus der mittleren magnetischen Flussdichte zu:

$$\Phi_\mathrm{R} = \overline{B}_\mathrm{R}\,l\,\tau_\mathrm{P} \tag{7.13}$$

Φ_R	Magnetischer Fluss Rotorpol	*Magnetic flux rotor pole*	Wb
$\overline{B}_\mathrm{R}$	Mittlere magnetische Flussdichte Rotor	*Averaged magnetic flux density rotor*	T
A_P	Polfläche	*Pole area*	m²

Bei dem angenommenen sinusförmigen Verlauf der magnetischen Flussdichte errechnet sich die mittlere magnetische Flussdichte zu:

$$\overline{B}_\mathrm{R} = \hat{B}_\mathrm{R}\,\frac{z_\mathrm{P}}{\pi} \int_0^{\frac{\pi}{z_\mathrm{P}}} \sin(z_\mathrm{P}\varphi_\mathrm{Mo})\,\mathrm{d}\varphi_\mathrm{Mo} \tag{7.14a}$$

$$\overline{B}_\mathrm{R} = -\hat{B}_\mathrm{R}\,\frac{1}{\pi}\,\cos(z_\mathrm{P}\varphi_\mathrm{Mo})\,\Big|_0^{\frac{\pi}{z_\mathrm{P}}} = \frac{2}{\pi}\,\hat{B}_\mathrm{R} \tag{7.14b}$$

Der Zusammenhang zwischen magnetischem Fluss und magnetischer Flussdichte lautet:

$$\Phi_\mathrm{R} = \frac{2}{\pi}\,\hat{B}_\mathrm{R}\,l\,\tau_\mathrm{P} \rightarrow \hat{B}_\mathrm{R} = \frac{\pi}{2\,l\,\tau_\mathrm{P}}\,\Phi_\mathrm{R} \tag{7.15}$$

Der Effektivwert der induzierten Spannung ist damit:

$$U_\mathrm{i} = \frac{\hat{u}_\mathrm{i}}{\sqrt{2}} = \sqrt{2}\,\pi\,N\,z_\mathrm{P}\,n_\mathrm{Mo}\,\Phi_\mathrm{R} \tag{7.16a}$$

$$U_\mathrm{i} = 4{,}44\,N\,z_\mathrm{P}\,n_\mathrm{Mo}\,\Phi_\mathrm{R} \tag{7.16b}$$

Die Gleichung für die induzierte Spannung hat einen ähnlichen Aufbau wie beim Gleichstrommotor.

$$\boxed{U_\mathrm{i} = k_\mathrm{u}\, n_\mathrm{Mo}\, \Phi_\mathrm{R}} \tag{7.17}$$

k_u Konstante für induzierte Spannung   *Constant for induced voltage*

Bei konstanten Fluss gilt:

$$\boxed{U_\mathrm{i} = c_\mathrm{u}\, n_\mathrm{Mo}}\;;\quad \Phi_\mathrm{R} = \text{konst.};\quad c_\mathrm{U} = 4{,}44\, N\, z_\mathrm{P}\, \Phi_\mathrm{R} \tag{7.18}$$

c_U Spannungskonstante (bezogen auf Strang)   *Voltage constant (related to phase)*   Vs

Das Drehmoment kann aus dem Zeigerdiagramm hergeleitet werden [1]. Der Zeiger der induzierten Spannung eilt dem Rotorfluss um 90° vor ($u_\mathrm{i} \sim \mathrm{d}\Phi R/\mathrm{d}t$). Legt man an einen Strang eine Wechselspannung an, so ergibt sich das in Bild 7.7 gezeigte Zeigerdiagramm.

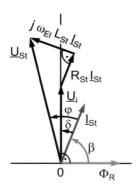

Bild 7.7 Zeigerdiagramm Drehmomenterzeugung

Beim permanenterregten Synchronmotor gibt es im Rotor keine elektrischen Leistungsverluste. Vernachlässigt man motorinterne Drehmomentverluste, so ist die Motorleistung identisch mit der im Luftspalt übertragenen Leistung aller drei Phasen. Es gilt damit:

$$P_\mathrm{Mo} = 3\, U_\mathrm{i} I_\mathrm{St}\, \cos(\underbrace{90° - \beta}_{\delta}) \tag{7.19a}$$

$$\underbrace{M_\mathrm{Mo}\, 2\pi n_\mathrm{Mo}}_{\text{mechanische Leistung}} = \underbrace{3 U_\mathrm{i} I_\mathrm{St}\, \sin(\beta)}_{\text{elektrische Leistung Luftspalt}} \tag{7.19b}$$

β Magnetfeldwinkel   *Magnetic field angle*   rad

Für das Motordrehmoment folgt:

$$M_\mathrm{Mo} = \frac{3}{2\pi n_\mathrm{Mo}}\, U_\mathrm{i} I_\mathrm{St}\, \sin(\beta) = \frac{3}{2\pi n_\mathrm{Mo}}\, \sqrt{2}\pi\, N\, z_\mathrm{P}\, n_\mathrm{Mo}\, \Phi_\mathrm{R} I_\mathrm{St}\, \sin(\beta) \tag{7.20a}$$

$$M_\mathrm{Mo} = k_\mathrm{T} \Phi_\mathrm{R} I_\mathrm{St}\, \sin(\beta);\quad k_\mathrm{T} = \frac{3}{\sqrt{2}}\, N\, z_\mathrm{P} \tag{7.20b}$$

k_T Konstante für Drehmoment   *Constant for torque*   Nm/(VsA)

Das Motordrehmoment ist unabhängig von der Drehzahl und hängt bei konstantem Fluss lediglich vom Magnetfeldwinkel und vom Strangstrom ab (Bild 7.8). Für $\beta = 0°$ wird kein Drehmoment erzeugt (❶). Dies ist eine stabile Ruhelage. Eine grenzstabile Ruhelage ergibt sich für $\beta = 180°$ (❸). Wie bereits eingangs anschaulich dargestellt, wird das Motordrehmoment für $\beta = 90°$ bzw. $\beta = -90°$ ($270°$) betragsmäßig maximal (❷).

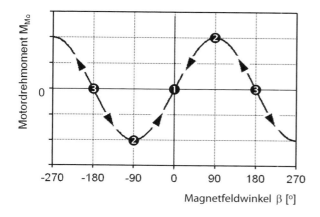

Bild 7.8 Motordrehmoment in Abhängigkeit vom Magnetfeldwinkel (❶ Stabile Ruhelage, ❷ Maximales Motordrehmoment, ❸ Grenzstabile Ruhelage)

Für das Motordrehmoment gilt in diesem Fall:

$$\boxed{M_{\text{Mo}} = k_{\text{T}} \Phi_{\text{R}} I_{\text{St}}}; \quad \beta = 90° \tag{7.21}$$

Bei konstanten Fluss gilt

$$\boxed{M_{\text{Mo}} = c_{\text{T}} I_{\text{St}}}; \quad \beta = 90° \quad \text{und } \Phi_{\text{R}} = \text{konst.}; c_{\text{T}} = \frac{3}{\sqrt{2}} N z_{\text{P}} \Phi_{\text{R}} \tag{7.22}$$

c_{T} Drehmomentkonstante (bezogen auf Strang) *Torque constant (related to phase)* Nm/A

Auch diese Gleichungen haben einen ähnlichen Aufbau wie beim Gleichstrommotor.

■ 7.5 Drehmoment-Drehzahl-Diagramm

Bei Drehstrom-Synchronmotoren mit feldorientierter Regelung werden die Strangströme geregelt (Stromregelung). Informationen zum Thema feldorientierte Regelung finden sich im Kapitel 10. Die Stellgröße des Stromreglers ist die Strangspannung. Der Zusammenhang zwischen Motorstrom und Motordrehmoment ist abhängig vom Motortyp und insbesondere bei höheren Strömen auf Grund von Sättigungseffekten mehr oder weniger linear. Üblich ist eine Angabe der Drehmomentkonstante als Quotient des im Dauerbetrieb (S1) zulässigen Stillstandsdrehmoments zum dazugehörigen Stillstandsstrom bei definierter Übertemperatur.

$$c_{\text{T}} = \frac{M_0}{I_0} \tag{7.23}$$

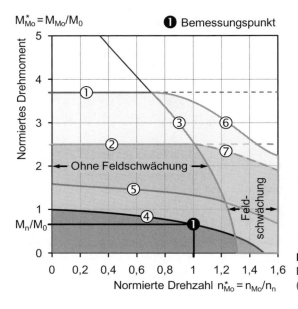

$M_{Mo}^* = M_{Mo}/M_0$ ● Bemessungspunkt

Bild 7.9 Drehmoment-Drehzahl-Diagramm Drehstrom-Synchronmotor (idealisiert)

M_0	Stillstandsdrehmoment (S1)	*Torque at stand still (S1)*	Nm
I_0	Stillstandsstrom (S1)	*Current at stand still (S1)*	A

Die wichtigsten Betriebsbereiche eines permaneterregten Synchronmotors für den Einsatz in Servoantrieben sind in Bild 7.9 idealisiert dargestellt. In Tabelle 7.1 ist die Bedeutung der wichtigsten Grenzlinien aufgeführt.

①	Stromgrenze Motor
②	Stromgrenze Leistungselektronik
③	Spannungsgrenze ohne Feldschwächung in Kombination mit Leistungselektronik
④	Drehmomentgrenzkurven für Betriebsart S1 (Dauerbetrieb) bei maximaler Übertemperatur
⑤	Drehmomentgrenzkurven für Betriebsart S3 bei definierter Einschaltdauer
⑥	Drehmomentgrenzkurve mit Feldschwächung für Motor
⑦	Drehmomentgrenzkurve mit Feldschwächung für Motor in Kombination mit Leistungselektronik

Tabelle 7.1 Bedeutung der Grenzlinien

Werden zunächst thermische Beschränkungen und Nichtlinearitäten zwischen Strom und Motordrehmoment nicht betrachtet, ist das Motordrehmoment unabhängig von der Drehzahl. Für den Motor gibt es einen maximalen Strom, der nicht überschritten werden darf. Eine Überschreitung dieser Strom- und damit auch Drehmomentgrenze des Motors kann z. B. zu einer Entmagnetisierung der Permanentmagnete führen und damit den Motor dauerhaft schädigen. Im Drehmoment-Drehzahl-Diagramm entspricht dies der Grenzlinie ①.

Das Bauvolumen und die Kosten von Leistungselektroniken hängen im Wesentlichen vom Strom, der maximal zur Verfügung gestellt werden muss, ab. Bei der Auswahl einer Leistungselektronik für den Motor werden diese Zusammenhänge berücksichtigt. Aus thermischen Gründen kann der Motor mit seinem maximal zulässigen Strom nur sehr kurze Zeit betrieben werden. Dieser Bereich ist daher für die meisten Anwendungen nicht nutzbar. Die Leistungselektronik, mit der der Motor betrieben wird, ist deshalb üblicherweise für einen deutlich geringeren Strom dimensioniert (Grenzlinie ②). Diese Begrenzung wird als Stromgrenze der Leistungselektronik bezeichnet. Die Sollwertvorgabe einer überlagerten Steuerung ist so zu parametrieren, dass die Stromgrenze in regulären Betriebszuständen des Antriebes nicht überschritten wird. Dadurch gewährleistet man ein lineares Verhalten des Antriebes.

Eine weitere Begrenzung stellt die in den Statorwicklungen durch die Rotorbewegung induzierte Spannung dar, welche sich mit steigender Drehzahl erhöht. Ebenso steigt der Spannungsabfall an der Induktivität linear mit höherer Drehzahl. Erreicht bei konstantem Drehmoment (konstanter Strangstrom) die Strangspannung die maximale Spannung, die von der Leistungselektronik (Wechselrichter) zur Verfügung steht, ist die maximal mögliche Drehzahl (Grenzlinie ③, Spannungsgrenze) erreicht. Diese Begrenzung wird durch die maximal zur Verfügung stehende Zwischenkreisspannung der Leistungselektronik festgelegt.

Die Grenzlinie ④ begrenzt den zulässigen Bereich für den Dauerbetrieb (S1-Betrieb). Der Bemessungspunkt des Motors ist mit ❶ gekennzeichnet. Insbesondere auf Grund der im Stator entstehenden Verluste, können nicht alle Drehmomente im Dauerbetrieb zur Verfügung gestellt werden. In vielen praktischen Anwendungen ist das auch nicht nötig, weshalb abhängig vom Belastungsprofil im Diagramm weitere Grenzkurven eingetragen werden. Im Diagramm ist exemplarisch nur eine Grenzkurve dargestellt (⑤).

Das Erregerfeld, das durch die Permanentmagnete auf dem Rotor erzeugt wird, kann durch das vom Stator erzeugte Magnetfeld geschwächt werden. Dies ist möglich, wenn das Rotormagnetfeld nicht senkrecht zum Statormagnetfeld steht (Magnetfeldwinkel $\beta \neq \pm 90°$). Weitere Informationen zum Feldschwächbetrieb finden sich im Abschnitt 10.8 unter dem Thema feldorientierte Regelung. Bei Betrieb mit Feldschwächung reduziert sich bei vorgegebenem Strom das zur Verfügung stehende Motordrehmoment. Das maximale Motordrehmoment mit Feldschwächung für den Motor zeigt Grenzlinie ⑥. In Kombination Motor mit der Leistungselektronik ist das maximale Motordrehmoment durch die Grenzlinie ⑦ beschrieben.

Ein Beispiel für ein Drehmoment-Drehzahl-Diagramm eines permanenterregten Drehstrom-Synchronmotors für Servoanwendungen, in Kombination mit einer vom Hersteller vorgesehenen Leistungselektronik, zeigt Bild 7.10.

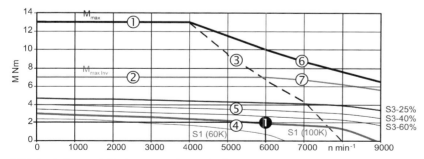

Bild 7.10 Beispiel Drehmoment-Drehzahl-Diagramm Drehstrom-Synchronmotor (© Siemens AG, Motortyp:1FT7042-_AK7, 2012)

Durch die Leistungselektronik wird die Stromgrenze und die Spannungsgrenze festgelegt. Die Grenzlinien sind mit dem in Tabelle 7.1 aufgeführten Nummerierungen gekennzeichnet. Für den Dauerbetrieb gibt es bei diesem Diagramm zwei Kurven, die sich durch die maximale Übertemperatur unterscheiden (60 K und 100 K). Bei der Betriebsart S3 sind drei unterschiedliche Einschaltdauern angegeben (25 %, 40 % und 60 %).

Weitere Diagramme für den identischen Motor bei Betrieb mit anderen Leistungselektroniken sind im Anhang zu finden. Durch höhere Zwischenkreisspannungen wird der Drehzahlbereich erweitert (Verschiebung der Spannungsgrenze).

■ 7.6 Leistungsschild

Ein Beispiel für das Leistungsschild eines Drehstrom-Synchronmotors zeigt Bild 7.11. Die Bedeutung einiger Informationen sind in Tabelle 7.2 angegeben.

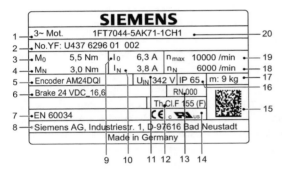

Bild 7.11 Beispiel Leistungsschild permanenterregter Drehstrom-Synchronmotor (© Siemens AG, Motortyp: 1FT7, 2012)

1	Drehstrommotor	
3	Stillstanddrehmoment M_0	Nm
4	Bemessungsdrehmoment M_n	Nm
5	Bezeichnung Positionsmessgerät	
6	Daten eingebaute Bremse	
7	Zu Grunde liegende Norm	
9	Stillstandsstrom I_0	A
10	Bemessungsstrom I_n	A
11	Induzierte Spannung bei Bemessungsdrehzahl U_{In}	V
12	Wärmeklasse	
14	Erfüllte Vorschriften	
16	Schutzart	
18	Bemessungsdrehzahl n_n	min^{-1}
19	Maximal zulässige Drehzahl n_{max}	min^{-1}
20	Motorbezeichnung	

Tabelle 7.2 Auszug Informationen aus dem in Bild 7.11 gezeigten Leistungsschild

■ 7.7   Komponenten eines Servoantriebes

Die Integration mehrerer Servomotoren in ein mehrachsiges Antriebssystem zeigt beispielhaft
Bild 7.12.

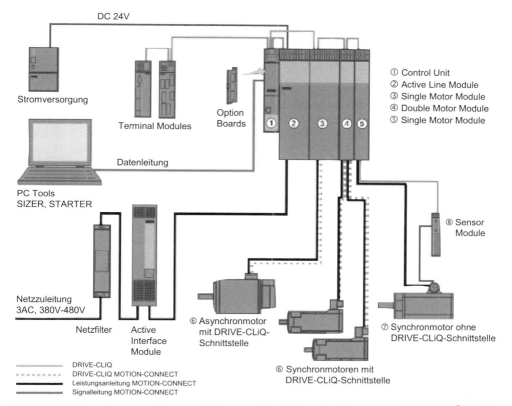

Bild 7.12 Komponenten von Servoantrieben am Beispiel des Antriebssystems SINAMICS® von Siemens (© Siemens AG, 2012)

Die wichtigsten Komponenten sind:

Motion Controller: Meist wird die Regelung und Steuerung von Drehstrom-Synchronmotoren
und Drehstrom-Asynchronmotoren unterstützt (①). Der Motion Controller kommuniziert
mit übergeordneten Steuerungen, z. B. zur Erzeugung von koordinierten Bewegungsprofilen für die einzelnen Achsen. Diese Kommunikation erfordert echtzeitfähige Protokolle. So
muss bei Abtastfrequenzen von 8 kHz alle 125 µs ein neuer Positionssollwert mit einer zeitlichen Abweichung von kleiner 1 µs übertragen werden. Häufig werden für diese Aufgabe
ETHERNET-basierte Lösungen, welche auf die speziellen Anforderungen von Servoantrieben angepasst wurden, eingesetzt. Dazu zählen z. B. PROFINET®, EtherCat®, EtherNet/IP®
und DRIVE-CLiQ®.

Leistungselektronik: Ist die Gleichrichtung und die Wechselrichtung für Drehstrommotoren
in einer Einheit untergebracht, wird diese Umrichter genannt. Für mehrere örtlich nahe
beieinander angeordnete Achsen ist es zweckmäßig, beide Funktionen zu trennen. Für alle

Achsen gibt es einen gemeinsamen Gleichrichter und Gleichspannungszwischenkreis (②). Abhängig von der Leistungsklasse der anzusteuernden Motoren kann es vom Bauvolumen und den Kosten her vorteilhaft sein, die Wechselrichtung für mehrere Motoren in einem Gehäuse zu integrieren. Es ist eine einachsige (③ und ⑤) und zweiachsige (④) Ausführung eines Wechselrichters gezeigt. Die Kommunikation zwischen den leistungselektronischen Komponenten und dem Motion Controller erfolgt im gezeigten Beispiel über DRIVE-CLiQ®.

Motor: Bei den gezeigten Motoren ⑥ ist im Motor ein Positionsmessgerät integriert, das mit dem Wechselrichter über eine serielle Schnittstelle kommuniziert. Zur Umsetzung unterschiedlicher Schnittstellen zu Positionsmessgeräten gibt es wie am Motor ⑦ gezeigt spezielle Elektroniken(⑧).

Software: Zur Unterstützung der Auslegung, der Inbetriebnahme und des Service eines Antriebes bieten Antriebshersteller auf ihre Produkte abgestimmte Software an (im Beispiel SIZER® und STARTER®). Die Software ist üblicherweise auf handelsüblichen PCs ablauffähig und kommuniziert häufig auch unabhängig von der überlagerten Steuerung mit dem Motion Controller für die Motoren.

■ 7.8 2-phasige Motoren

Bei vom Bauvolumen vergleichsweise kleinen Motoren und zur Vereinfachung der Leistungselektronik sind 2-phasige Synchronmotoren vorteilhaft. Das Prinzip der Wicklungsanordnung und den Spannungsverlauf an den beiden Wicklungssträngen zeigt Bild 7.13 für einen 2-poligen Motor. Wie beim Drehstrom-Synchronmotor ergibt sich ein umlaufendes Magnetfeld. Die Amplitude der aus den beiden Einzelsträngen sich ergebenden radialen magnetischen Flussdichte im Luftspalt ist identisch mit der maximalen magnetischen Flussdichte eines Stranges.

$$\widehat{B} = \widehat{B}_{\text{St}} \tag{7.24}$$

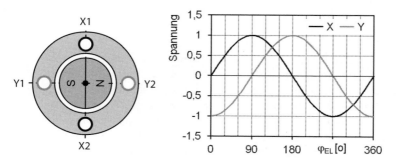

Bild 7.13 Prinzip 2-phasiger Synchronmotor (2-polig)

8 Asynchronmotoren

■ 8.1 Einführung

Der Drehstrom-Asynchronmotor ist der am häufigsten verwendete Elektromotor in Industrie-antriebem. Er ist im Vergleich zum Gleichstrommotor wesentlich einfacher aufgebaut, deutlich robuster und wartungsfrei. Die grundlegende Erfindung, die zur Verbreitung von Asynchron-maschinen führte, war der Effekt, dass mit Drehspannung und geeigneter Anordnung von drei Wicklungssträngen ein Drehfeld entsteht. Der erste Drehstrom-Asynchronmotor wurde im Jahr 1889 gebaut. Zunächst war die Motordrehzahl direkt mit der Frequenz des öffent-lichen Versorgungsnetzes gekoppelt. Die Verbreitung drehzahlvariabler Antriebe mit Asyn-chronmotoren wurde durch zwei grundlegende Entwicklungen im Bereich der Elektronik ermöglicht:

- Mikroprozessoren
  Mit Signalelektroniken auf Mikroprozessorbasis können aufwendige Regelungs- bzw. Steue-rungsverfahren in Echtzeit zu vertretbaren Kosten realisiert werden.

- Leistungselektroniken auf Halbleiterbasis
  Durch kostengünstige Leistungselektroniken auf Halbleiterbasis ist eine verlustarme Steue-rung der Motorströme möglich.

Asynchronmotoren werden für einen breiten Leistungsbereich angeboten. Die größte Verbrei-tung haben Motoren im kW-Bereich.

■ 8.2 Aufbau und Wirkungsweise

Der Stator eines Drehstrom-Asynchronmotors ist als Drehstromwicklung aufgebaut. Werden die Wicklungen an ein Drehspannungssystem angeschlossen, so ergibt sich ein magnetisches Drehfeld. Abhängig von der Polpaarzahl des Motors und der Frequenz des Drehspannungssys-tems, mit dem der Motor gespeist wird, ergibt sich die Frequenz des umlaufenden Feldes. Sie wird als Synchrondrehzahl bezeichnet und errechnet sich zu:

$$n_S = \frac{f}{z_P}$$

(8.1)

n_S	Synchrondrehzahl	Synchronous speed	1/s
f	Frequenz Drehspannungssystem	Frequency of AC system	Hz
z_P	Polpaarzahl	Number of pole pairs	

In Tabelle 8.1 sind die Synchrondrehzahlen eines Motors, der direkt an das Netz angeschlossen wird (Netzbetrieb), für gebräuchliche Netzfrequenzen angegeben.

Tabelle 8.1 Synchrondrehzahlen bei Netzfrequenz 50 Hz und 60 Hz

Polpaarzahl z_p	Synchrondrehzahl bei 50 Hz	Synchrondrehzahl bei 60 Hz
1	$3\,000\,\text{min}^{-1}$	$3\,600\,\text{min}^{-1}$
2	$1\,500\,\text{min}^{-1}$	$1\,800\,\text{min}^{-1}$
3	$1\,000\,\text{min}^{-1}$	$1\,200\,\text{min}^{-1}$

Beim Rotor (Läufer) unterscheidet man bei Asynchronmotoren zwei Ausführungen:

- Schleifringläufer
- Käfigläufer bzw. Kurzschlussläufer

Die Schaltzeichen für beide Ausführungen sind Bild 8.1 zu entnehmen.

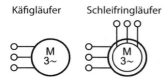

Bild 8.1 Schaltzeichen von Drehstrom-Asynchronmotoren

Beim Schleifringläufer ist in das Blechpaket des Rotors eine 3-strängige Wicklung eingelegt. Die Wicklungsanfänge sind an drei Schleifringen nach außen geführt. Die Wicklungsenden sind miteinander verbunden. Bei Asynchronmotoren mit Käfigläufer hat der Rotor einen rotationssymmetrischen Käfig aus elektrisch leitendem Material, der in ein Blechpaket eingebettet ist (Bild 8.2). Zur besseren Übersicht sind im Bild nicht alle Bleche dargestellt. Die elektrischen Verbindungen zwischen den beiden Rotorenden lassen einen axialen Stromfluss zu. Alle axialen Verbindungen sind an den Enden elektrisch kurzgeschlossen. Vorteilhaft ist, dass der Rotor im Gegensatz zum Schleifringläufer nicht von außen bestromt werden muss und daher auch keine verschleißenden mechanischen Kontaktstellen benötigt. Drehstrom-Asynchronmotoren mit Käfigläufer sind wartungsfrei und daher die üblicherweise eingesetzte Bauform. Im Weiteren wird nur diese Bauform betrachtet.

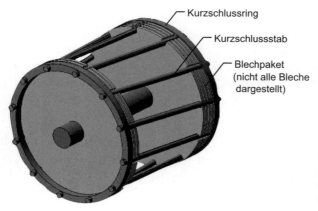

Kurzschlussring

Kurzschlussstab

Blechpaket
(nicht alle Bleche
dargestellt)

Bild 8.2 Prinzipieller Aufbau des Rotors eines Käfigläufers (Verbesserung der Übersichtlichkeit durch Darstellung weniger Bleche)

Der Käfig kann durch einzelne Stäbe, welche in die Läufernut eingebracht und durch Kurz-schlussringe an den Enden miteinander verbunden sind (Bild 8.2), oder durch Druckguss er-zeugt werden. Beim Druckguss wird flüssiges Material unter Druck in das Blechpaket gegossen (Bild 8.3). Als Material für den Käfig wird meist Aluminium oder Kupfer verwendet. Wegen der besseren elektrischen Leitfähigkeit von Kupfer im Vergleich zu Aluminium sind Asynchron-motoren mit „Kupferrotor" energieeffizienter. Der Materialpreis von Kupfer ist höher als von Aluminium, weshalb Motoren mit „Kupferrotoren" teurer sind. Die Mehrkosten bei der An-schaffung werden häufig sehr schnell durch die niedrigeren Energiekosten kompensiert.

Aluminiumdruckguss   Kupferdruckguss

Bild 8.3 In Druckguss hergestellte Rotoren für Käfigläufer (© Siemens AG, Antriebstechnik, Internet Bilddatenbank, 2012)

Zur Reduzierung der Drehmomentwelligkeit und damit Verbesserung des Gleichlaufverhal-tens werden die Rotornuten teilweise geschrägt ausgeführt. Den Aufbau eines typischen Drehstrom-Asynchronmotors zeigt Bild 8.4.

Bild 8.4 Drehstrom-Asynchronmotor mit Kupferrotor (© Siemens AG, Antriebstech-nik, Internet Bilddatenbank, 2012)

Wird der Motor an ein Drehspannungssystem angeschlossen, so läuft das Drehfeld über den zunächst noch stehenden Rotor und induziert in den Rotorstäben eine Spannung. Deshalb werden Asynchronmotoren auch als Induktionsmotoren bezeichnet. Da die Rotorstäbe kurz-geschlossen sind, entstehen in diesen umlaufende Ströme. Durch das umlaufende Magnetfeld des Stators wirken auf die stromdurchflossenen Rotorstäbe Tangentialkräfte. Hierdurch ergibt sich ein Drehmoment, das den Rotor in Bewegung versetzt. Nach der Lenz'schen Regel bewegt sich der Rotor in der gleichen Richtung wie das Drehfeld des Stators, um die Drehzahldifferenz zwischen Stator und Rotor zu verringern. Dadurch wird die vom Stator im Rotor verursachte Induktion verringert. Die Drehzahldifferenz zwischen der Synchrondrehzahl und der Drehzahl des Rotors (Motordrehzahl) ist:

$$\Delta n = n_\mathrm{S} - n_\mathrm{Mo} \tag{8.2}$$

Sind beide Drehzahlen identisch, wird die im Rotor induzierte Spannung gleich null. In den Rotorstäben fließt kein Strom, und es wird kein Motordrehmoment erzeugt. Die Synchrondrehzahl wird daher vom Rotor des Asynchronmotors nicht erreicht, da der Motor zumindest mit dem eigenen Reibdrehmoment belastet wird. Der Rotor läuft asynchron zum Drehfeld des Stators, wovon die Motorbezeichnung abgeleitet ist. Der relative Unterschied zwischen der Drehzahl des umlaufenden Feldes und der des Rotors bzw. der Motorwelle wird als Schlupf bezeichnet:

$$s = \frac{\Delta n}{n_\mathrm{S}} = \frac{n_\mathrm{S} - n_\mathrm{Mo}}{n_\mathrm{S}} \tag{8.3}$$

s	Schlupf	*Slip*

Im Leerlauf ist der Schlupf gering, bei Belastung nimmt er zu.

■ 8.3 Spannungsinduktion und Drehmomenterzeugung

Die elektromagnetischen Zusammenhänge, die bei einer Asynchronmaschine zur Erzeugung eines Drehmomentes führen, sind komplex. Es soll hier nur eine vereinfachte Betrachtung durchgeführt werden [3]. Wie bereits hergeleitet, wird durch die Drehstromwicklung des Stators im Luftspalt zwischen Stator und Rotor eine sinusförmige magnetische Flussdichte erzeugt. Für einen 2-poligen Motor gilt:

$$B(\gamma, t) = -\widehat{B} \cos\left(\gamma - \varphi_\mathrm{El}(t)\right) \tag{8.4}$$

Die magnetische Flussdichte induziert in den Leiterschleifen des Rotors einen ortsabhängigen Strom. Die Stromverteilung über dem Umfang bezeichnet man als Strombelag. Er hat einen sinusförmigen Verlauf und eine Phasenverschiebung zur magnetischen Flussdichte. Der Index 2 steht für Rotorgrößen, während Statorgrößen mit dem Index 1 gekennzeichnet werden.

$$i_2(\gamma, t) = -\hat{i}_2 \sin(\gamma - \varphi_\mathrm{El}(t) - \varphi_2) \tag{8.5}$$

i_2	Rotorstrom	*Rotor current*	A
φ_2	Phasenverschiebung	*Phase shift*	rad

Das ortsabhängige Drehmoment errechnet sich für einen Leiter der Länge l mit einem Radius r vom Drehpunkt aus der Lorentzkraft. Der zeitliche Bezug ist dabei nicht von Interesse und kann daher null gesetzt werden.

$$M(\gamma) = F_{\text{Lo}}(\gamma)r = i_2(\gamma)lB(\gamma)r \tag{8.6}$$

Um das Gesamtdrehmoment zu erhalten, muss über den Umfang integriert werden.

$$M_{\text{Mo}} = lr \int_0^{2\pi} \{i_2(\gamma) B(\gamma)\} \, d\gamma = lr \int_0^{2\pi} \{\hat{i}_2 \sin(\gamma - \varphi_{\text{El}}(t) - \varphi_2)\, \hat{B} \cos(\gamma)\} \, d\gamma \tag{8.7}$$

Nach einigen Umrechnungen erhält man unter Berücksichtigung des Effektivstromes und Umrechnung der magnetischen Flussdichte in einen Fluss das Motordrehmoment zu:

$$\boxed{M_{\text{Mo}} = k_{\text{Mo}} I_2 \Phi \sin(\varphi_2)} \tag{8.8}$$

k_{Mo}	Motorkonstante	*Motor constant*	Nm/(A Wb)
Φ	Magnetischer Fluss	*Magnetic flux*	Wb

Das Motordrehmoment hängt vom Fluss zwischen Stator und Rotor, dem Rotorstrom, und der räumlichen Lage zwischen Flussdichte und Strombelag im Luftspalt, ab.

 Beim Strom I_2 handelt es sich um den Strom in den Kurzschlussstäben des Rotors. Im Gegensatz zum Synchronmotor gibt es keinen unmittelbaren Zusammenhang zwischen dem Außenleiterstrom und dem Drehmoment.

■ 8.4 Motorkennlinie und Motorkenngrößen

Wird der Motor an der für ihn vorgesehenen Spannung (Bemessungsspannung) und Frequenz (Bemessungsfrequenz) eingeschaltet, so wird das Hochlaufverhalten durch das Drehmoment-Drehzahl-Diagramm (Bild 8.5) beschrieben. Das Anzugsdrehmoment ist das Drehmoment, das der Motor bei festgebremstem Läufer minimal liefert. Der Anzugsstrom ist der dazugehörige Strom. Das Kippdrehmoment ist das maximale Drehmoment, das der Motor bereitstellt. Es stellt sich bei der Kippdrehzahl und beim Kippschlupf ein. Das Satteldrehmoment ist das niedrigste Drehmoment, das der Motor zwischen Stillstand und Kippdrehzahl liefert. Ein Sattelpunkt ist nicht bei jedem Motor vorhanden. Einen Überblick zu den angegebenen charakteristischen Größen liefert Tabelle 8.2.

Die Motordrehzahl erhöht sich so lange, bis das Lastdrehmoment und das Motordrehmoment identisch sind (stabiler Arbeitspunkt). Der Motor kann einen stabilen Arbeitspunkt nur dann erreichen, wenn das Lastdrehmoment kleiner ist als das Anfahr- und das Satteldrehmoment. Der Arbeitsbereich des Motors liegt im rechten steilen Bereich der Kennlinie mit mehr oder weniger linearem Abfall des Motordrehmomentes bei steigender Drehzahl. Hat der Motor eine Drehzahl erreicht, die rechts der Kippdrehzahl liegt, so kann er maximal bis zum Kippdrehmoment belastet werden. Steigt die Belastung über das Kippdrehmoment, bleibt der Motor

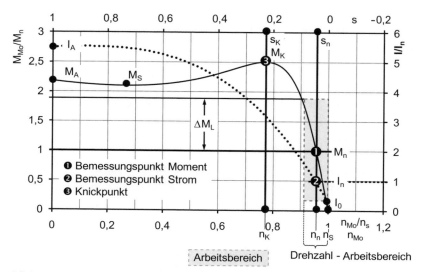

Bild 8.5 Drehmoment- und Strom-Kennlinie für Motorbetrieb

M_n	Bemessungsdrehmoment	*Rated torque*	Nm
I_n	Bemessungsstrom	*Rated current*	A
n_n	Bemessungsdrehzahl	*Rated speed*	1/s
s_n	Bemessungsschlupf	*Rated slip*	
M_A	Anzugsdrehmoment	*Starting torque*	Nm
I_A	Anzugsstrom	*Starting current*	A
M_K	Kippdrehmoment	*Tilting torque*	Nm
n_K	Kippdrehzahl	*Tilting speed*	1/s
s_K	Kippschlupf	*Tilting slip*	
M_S	Satteldrehmoment	*Pull-up torque*	Nm
I_0	Leerlaufstrom	*No load current*	A

Tabelle 8.2 Charakteristische Größen Drehstrom-Asynchronmotor

mehr oder weniger schlagartig stehen, weshalb der Arbeitsbereich einen Sicherheitsabstand zu diesem Kennlinienpunkt aufweist.

Ein Teil der dem Stator zugeführten elektrischen Leistung wird berührungslos auf den Rotor übertragen (Induktion). Da bei der Leistungsübertragung der Luftspalt überwunden werden muss, ist der Leerlaufstrom vergleichsweise hoch. Er beträgt typischerweise 25 % bis 60 % des Nennstroms.

Die Kloß'sche Gleichung gibt eine vereinfachte, aber allgemein gültige Beziehung für das Motordrehmoment in Abhängigkeit vom Schlupf einer Asynchronmaschine an. Das Motordrehmoment wird dabei auf das Kippdrehmoment bezogen.

$$\frac{M_{Mo}}{M_K} = \frac{2}{\frac{s}{s_K} + \frac{s_K}{s}}$$

(8.9)

Eine Herleitung hierzu findet sich in [1]. Die Drehmoment-Kennlinie (Bild 8.6) ist symmetrisch zu $s = 0$ bzw. $n_{Mo} = n_S$. Es können die folgenden zwei Grenzbereiche unterschieden werden:

- Für $s \ll s_K$ vereinfacht sich die Gleichung zu:

$$\frac{M_{Mo}}{M_K} = \frac{2s}{s_K} = \frac{2}{s_K} \frac{n_S - n_{Mo}}{n_S} = \frac{2}{s_K}\left(1 - \frac{M_{Mo}}{M_K}\right) \quad \text{oder} \quad n_{Mo} = \left(1 - \frac{s_K}{2} \frac{M_{Mo}}{M_K}\right) n_S \qquad (8.10)$$

Es ergibt sich ein linearer Zusammenhang zwischen Motordrehmoment und Motordreh-zahl. Mit höherer Belastung des Motors nimmt die Drehzahl linear ab. In diesem Dreh-zahlbereich verhält sich der Motor wie ein fremderregter oder nebenschlusserregter Gleich-strommotor.

- Für $s \ll s_K$ vereinfacht sich die Gleichung zu:

$$\frac{M_{Mo}}{M_K} = \frac{2s_K}{s} = 2s_K \frac{n_S}{n_S - n_{Mo}} = 2s_K \frac{1}{1 - \frac{n_{Mo}}{n_S}} \qquad (8.11)$$

Das Motordrehmoment hat beim Anlauf einen hyperbelförmigen Verlauf.

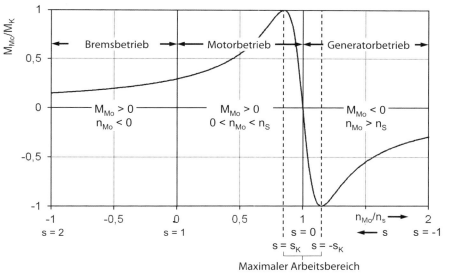

Bild 8.6 Drehmoment-Drehzahl-Kennlinie nach Kloß'scher Gleichung

Die Betriebszustände einer Asynchronmaschine unterteilen sich in die in Tabelle 8.3 darge-stellten Bereiche.

Im Bereich $s > 1$ nimmt die Maschine sowohl elektrische als auch mechanische Leistung auf und arbeitet damit als Bremse. Der Bereich nennt man Gegenstrombremsbereich. Im Motor entstehen hohe Wärmeverluste.

Drehstrom-Asynchronmotoren sind für eine bestimmte Spannung und Frequenz dimensio-niert bzw. bemessen. Wird die Spannung unterschritten, ist der Motor untermagnetisiert und er gibt nicht das erforderliche Drehmoment ab. Bei Überschreitung der Spannung ist der Mo-tor übermagnetisiert und erwärmt sich stark. In beiden Fällen wird der Motor thermisch über-

Tabelle 8.3 Betriebszustände einer Asynchronmaschine

Schlupf	Motordrehzahl	Betriebszustand	Leistungsfluss
$s < 0$	$n_{Mo} > n_s$	Generatorbetrieb	Aufnahme mechanischer Leistung an der Motorwelle und Abgabe elektrischer Leistung an das Netz
$s = 0$	$n_{Mo} = n_s$	Synchronlauf	
$0 < s < 1$	$0 < n_{Mo} < n_s$	Motorbetrieb	Aufnahme elektrischer Leistung aus dem Netz und Abgabe mechanischer Leistung an der Motorwelle
$s = 1$	$n_{Mo} = 0$	Stillstand	
$s > 1$	$n_{Mo} < 0$	Bremsbetrieb	Aufnahme mechanischer Leistung an der Motorwelle und elektrischer Leistung aus dem Netz

Tabelle 8.4 Wichtige Kenndaten

Bemessungsleistung	P_n
Bemessungsdrehzahl	n_n
Bemessungsfrequenz	f_n
Bemessungsspannung Dreieck	$U_{n\Delta}$
Bemessungsspannung Stern	$U_{n\lambda}$
Bemessungsstrom Dreieck	$I_{n\Delta}$
Bemessungsstrom Stern	$I_{n\lambda}$
Leistungsfaktor	$\lambda = \cos(\varphi)$
Anzugsstrom/Nennstrom	I_A / I_n
Anzugsdrehmoment/Nenndrehmoment	M_A / M_n
Kippdrehmoment/Nenndrehmoment	M_K / M_n
Effizienzklasse	IE

lastet. Für den Bemessungspunkt werden in den Produktinformationen unter anderem folgende Daten angegeben (Tabelle 8.4). Die Bemessungsdrehzahl liegt ca. 3% bis 10% unterhalb der Synchrondrehzahl.

Die wichtigsten Kenndaten sind auf dem Leistungsschild des Motors angegeben. Ein Beispiel für einen Drehstrom-Asynchronmotor zeigt Bild 8.7. Daraus lassen sich bei Anschluss des Motors in Dreieckschaltung an ein 50-Hz-Netz die in Tabelle 8.5 angegebenen Informationen ableiten.

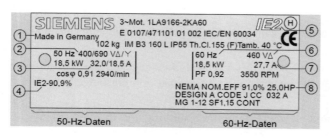

Bild 8.7 Beispiel Leistungsschild Drehstrom-Asynchronmotor (© Siemens AG, Antriebstechnik, Internet Bilddatenbank, 2012)

Bemessungsleistung	P_n	18,5 kW
Bemessungsdrehzahl	n_n	2940 min^{-1}
Bemessungsdrehmoment	M_n	60 Nm
Polpaarzahl	z_P	1
Bemessungsspannung	$U_{n\Delta}$	400 V
Bemessungsstrom	$I_{n\Delta}$	32 A
Leistungsfaktor ①	$\cos(\varphi)$	0,91
Wirkungsgrad ①	η_n	>90,9%
Schutzart	IP	55
Bauform	IM	B3 160L
Wärmeklasse ②		F
Effizienzklasse	IE	2

① im Bemessungspunkt, ② bei max. Umgebungstemperatur 40°C

Tabelle 8.5 Informationen aus Beispiel für Leistungsschild

Die Bemessungsdaten für Spannung und Strom sind abhängig davon, ob die Motorwicklungen in Dreieck oder Stern geschaltet werden. Alle anderen Bemessungsdaten sind davon unabhängig. Da im Bemessungspunkt an den Strängen die gleiche Spannung anliegen soll, gilt:

$$U_{n,\lambda} = \sqrt{3}\, U_{n\Delta} \tag{8.12}$$

Die Bemessungsspannungen und die Bemessungsfrequenz orientieren sich meist am europäischen Verbundsystem (230 V Δ / 400 V λ, 50 Hz oder 400 V Δ / 690 V λ, 50 Hz). Insbesondere für den US-amerikanischen Markt sind 480 V Δ oder 480 V λ bei 60 Hz notwendig. Die aus dem Netz aufgenommene Wirkleistung des Motors errechnet sich, wie bereits hergeleitet, aus den Außenleitergrößen zu:

$$P_{Mo,El} = \sqrt{3}\, U_{Al} I_{Al} \cos(\varphi) \tag{8.13}$$

Den Verlauf wichtiger Größen eines Drehstrom-Asynchronmotors zeigt Bild 8.8.

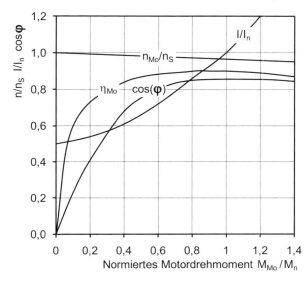

Bild 8.8 Kenngrößenverlauf Drehstrom-Asynchronmotor (exemplarisch)

Die Drehzahl ändert sich im Arbeitsbereich nur geringfügig. Der Wirkungsgrad ist bei Teillast bis ca. 3/4 des Bemessungsdrehmomentes noch gut. Bei geringer Belastung der Maschine fallen der Wirkungsgrad und Leistungsfaktor rasch ab.

■ 8.5 Normmotoren

Speziell die sogenannten „Normmotoren", „IEC-Normmotoren" oder „NEMA-Motoren" sind universell einsetzbare Motoren für Industrieanwendungen. Sie werden in abgestuften Baugrößen, Bauformen und Leistungsdaten, die in Normen definiert sind, von vielen Herstellern angeboten. Dies gewährleistet eine schnelle Austauschbarkeit bei Stillstand einer Produktionseinrichtung auf Grund eines Motorfehlers. Ein weiterer Vorteil ist, dass sich viele Antriebsaufgaben mit „standardisierten" Komponenten lösen lassen. Die wichtigsten Kenngrößen sind die Bemessungsleistung und die Achshöhe (Baugröße). Einen Auszug für oberflächengekühlte Drehstrom-Asynchronmotoren mit Käfigläufer zeigt Tabelle 8.6.

Tabelle 8.6 Standardisierte Drehstrom-Asynchronmotoren nach DIN EN 50347, Oberflächengekühlte Motoren mit Käfigläufer (Auszug)

Baugröße	Wellenenden-durchmesser	Bemessungs-leistung 2-polig	Bemessungs-leistung 4-polig	Bemessungs-leistung 6-polig
63M	11 mm	0,18 oder 0,25 kW	0,12 oder 0,18 kW	—
71M	14 mm	0,37 oder 0,55 kW	0,25 oder 0,37 kW	—
80M	19 mm	0,75 oder 1,1 kW	0,55 oder 0,75 kW	0,37 oder 0,55 kW
90S	24 mm	1,5 kW	1,1 kW	0,75 kW

■ 8.6 Anlaufstrombegrenzung

Beim Einschalten eines Asynchronmotors am Netz ist die Differenz zwischen der Drehzahl des umlaufenden Magnetfeldes des Stators und der Drehzahl der Motorwelle maximal ($n_{Mo} = 0$). In den Rotorstäben wird die höchst mögliche Spannung induziert. Der Strom durch die Rotorstäbe (I_2) wird maximal. Dadurch fließt beim Anlauf eines Drehstrom-Asynchronmotors kurzzeitig ein hoher Strom (Anzugsstrom I_A), welcher typischerweise das 4- bis 8-fache des Nennstroms erreicht. Bei höheren Motorleistungen ist ein direktes Einschalten am Netz nicht zulässig. Um zu hohe Einbrüche der Netzspannung zu vermeiden, legt das jeweilige Energieversorgungsunternehmen (EVU) in seinen technischen Anschlussbedingungen (TAB) fest, unter welchen Bedingungen Motoren ans Netz angeschlossen werden dürfen.

Ein sehr einfaches Verfahren zur Begrenzung des Stroms beim Motoranlauf ist die früher häufig benutzte Stern-Dreieck-Schaltung. Ist der Motor angelaufen, sind die Motorwicklungen in Dreieck geschaltet. Die Netzspannung ist identisch mit der Bemessungsspannung bei Dreieckschaltung. Während des Anlaufs wird der Motor für kurze Zeit an diesem Netz in Stern geschaltet. Damit liegt während dieser Zeit an den Motorwicklungen eine niedrige Spannung an (z. B. 230 V bei einem 400-V-Netz). Der Anlaufstrom erniedrigt sich. Allerdings ist das Anlaufdrehmoment dadurch auf 1/3 reduziert. Beim Umschalten kommt es zu elektrischen Schaltspitzen und zu mechanischen Stößen. Einen Vergleich der wichtigsten Größen zwischen Stern- und Dreieckschaltung eines Motors an identischer Netzspannung zeigt Tabelle 8.7.

Tabelle 8.7 Vergleich zwischen Stern- und Dreieckschaltung (identische Netzspannung)

	$\curlywedge/\triangle$
Strangspannung	$1/\sqrt{3}$
Strangstrom	$1/\sqrt{3}$
Außenleiterstrom	$1/3$
Strangleistung	$1/3$
Drehmoment	$1/3$

Zur Anlaufstrombegrenzung werden heute meist elektronische Geräte (Bild 8.9), die zwischen das Netz und den Motor geschaltet sind, eingesetzt. Sie werden als Sanftanlaufgeräte, Sanftstarter, Motorstarter oder „Softstarter" bezeichnet.

Bild 8.9 Sanftanlaufgerät (© Siemens AG, Antriebstechnik, Internet Bilddatenbank, 2012)

Sie reduzieren beim Motoranlauf mittels Phasenanschnittsteuerung von Thyristoren (Bild 8.10) die effektive Spannung, mit welcher der Motor versorgt wird, erhöhen sie rampenförmig von einer einstellbaren Startspannung bis auf die Netzspannung. Um Verluste zu minimieren, wird bei Erreichen der Netzspannung durch im Sanftanlaufgerät integrierte Kontakte die Elektronik zum Sanftanlauf überbrückt. Der sanfte Anlauf des Motors reduziert auch den mechanischen Verschleiß und die Anregung von mechanischen Eigenschwingungen. Im Vergleich zum Stern-Dreieck-Anlauf werden statt sechs Leistungsleitungen zum Motor nur drei benötigt. Manche Geräte unterstützen auch den sanften Auslauf.

Einen Vergleich des Anlaufverhaltens bei Anschluss des Motors ans Netz mit dem bei Betrieb des Motors mit Sanftanlaufgerät zeigt Bild 8.11. Sowohl Strom- als auch Drehmomentspitzen können mittels eines Sanftanlaufgerätes verhindert werden.

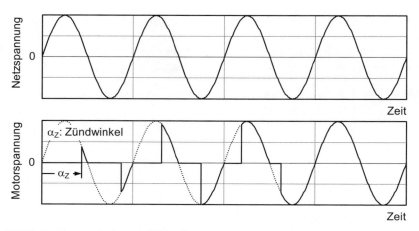

Bild 8.10 Netzspannung und Spannung an der Motorklemme

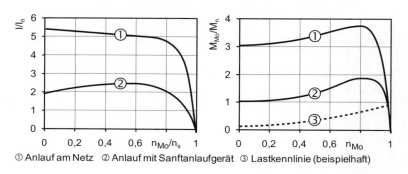

① Anlauf am Netz   ② Anlauf mit Sanftanlaufgerät   ③ Lastkennlinie (beispielhaft)

Bild 8.11 Vergleich Anlaufverhalten

Bei kleinen Spannungen reduziert sich das Motordrehmoment von Asynchronmotoren sehr stark. Um unnötige Leistungs- und Zeitverluste zu vermeiden, sollte die Startspannung daher so gewählt werden, dass der Motor sich bereits ab Beginn des Anlaufvorganges dreht (Spannungsanhebung).

■ 8.7   Drehzahlvariable Antriebe

Soll mit einem Drehstrom-Asynchronmotor ein drehzahlvariabler Antrieb realisiert werden, so kann die Drehzahl entweder gesteuert oder geregelt werden. Die Möglichkeiten zur Drehzahlbeeinflussung lassen sich zum Teil aus der bereits bekannten Gleichung ableiten.

$$n_{Mo} = (1-s)\,n_S = (1-s)\,\frac{f}{z_p} \tag{8.14}$$

Es sind:

Änderung der Polpaarzahl: Polumschaltbare Wicklung oder getrennte Wicklungen unterschiedlicher Polzahl

Vergrößerung des Schlupfes: Reduzierung der Spannung

Änderung der Frequenz: Versorgung des Motors mit einer vom Netz unabhängigen Frequenz

Zur Änderung der Polpaarzahl gibt es sogenannte polumschaltbare Motoren. Da sie nur wenige Festdrehzahlen erlauben, sind sie heute nur noch wenig verbreitet.

Bei einer Verringerung der Spannung ändert sich der Kippschlupf nicht (Bild 8.12). Bei konstanter Frequenz nimmt das Kippdrehmoment quadratisch ab. Dadurch reduziert sich das zur Verfügung stehende Motordrehmoment deutlich. Das Verfahren der Spannungsabsenkung eignet sich daher nur für Antriebsaufgaben, bei denen das Lastdrehmoment auch quadratisch mit der Drehzahl absinkt, wie dies z. B. bei Lüftern oder Pumpen der Fall ist.

Eine Verringerung der Frequenz führt zur Erniedrigung der Drehzahl und Erhöhung des Drehmomentes. Der umgekehrte Fall tritt bei einer Frequenzerhöhung ein (Bild 8.12). Wird das Spannungs-Frequenz-Verhältnis

$$\chi_{\mathrm{Uf}} = \frac{U}{f} \qquad (8.15)$$

χ_{Uf} Spannungs-Frequenz-Verhältnis *Voltage-frequency-ratio*

konstant gehalten, bleibt das Kippdrehmoment und die Kennlinien-Steigung in weiten Frequenzbereichen konstant (Bild 8.12). Es ist das am weitesten verbreitete Verfahren zur Drehzahlsteuerung und wird als U/f-Steuerung bezeichnet. Frequenzumrichter basieren auf diesem Steuerungsverfahren.

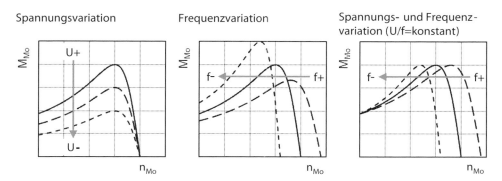

Bild 8.12 Drehzahlbeeinflussung über Spannung und Frequenz

 Bei niedrigen Frequenzen nimmt das Kippdrehmoment ab, da dann der elektrische Widerstand des Stators eine nicht mehr vernachlässigbare Rolle spielt. Es sind dann zusätzliche belastungsabhängige Maßnahmen erforderlich, damit der Motor die vorgegebene Drehzahl einhält.

■ 8.8   Frequenzumrichter

Frequenzumrichter sind Elektroniken, mit denen die Amplitude und die Frequenz des Drehspannungssystems, an das der Drehstrommotor angeschlossen ist, in weiten Bereichen variiert werden kann. Ein Betrieb des Motors am Frequenzumrichter besitzt im Vergleich zum Netzdirektanschluss folgende Vorteile:

- Wichtige Antriebsparameter, wie Drehzahl, Startdrehmoment etc. können flexibel und komfortabel eingestellt und jederzeit verändert werden.
- Höhere Drehzahlen als die Synchrondrehzahl sind möglich
- Reduktion des Anlaufstromes (Sanftanlauf) und damit auch Vermeidung von Stößen, wodurch der Verschleiß reduziert wird
- Energieeinsparung. Der Antrieb läuft nur mit der aktuell erforderlichen Drehzahl und wird mit einer Spannung versorgt, die für die aktuelle Drehmomentbelastung ausreichend ist.

Bild 8.13 zeigt einen Frequenzumrichter mit dazugehörigem Einfachbediengerät.

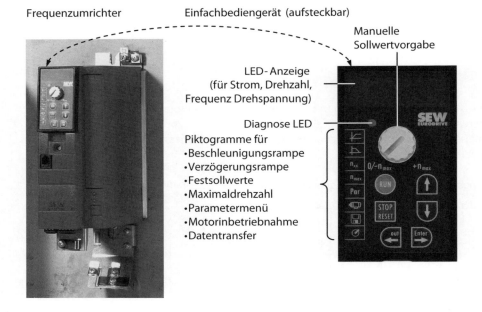

Bild 8.13 Frequenzumrichter (© SEW-Eurodrive GmbH & Co KG, MOVITRAC B, 2012)

Frequenzumrichter ermöglichen die Programmierung unterschiedlicher Spannungs-Frequenz-Kennlinien (Bild 8.14). Die einfachste Kennlinie ist die Spannung von null beginnend linear mit der Frequenz zu erhöhen (Kennlinie ❶). Die Frequenz, bei der die Kennlinie die maximal vom Zwischenkreis zur Verfügung stehende Spannung erreicht wird Eckfrequenz genannt (f_{Eck}). Damit der Motor auch bei niedrigen Frequenzen ausreichend Drehmoment liefert, erfolgt eine Spannungsanhebung (Kennlinie ❷).

Zur Berücksichtigung unterschiedlicher drehzahlabhängiger Drehmomentbelastungen gibt es sogenannte Lastkennlinien (Beispiel: Kennlinie ❸). Mit ihnen kann eine Anpassung an die jeweilige Antriebsaufgabe erfolgen und Energie eingespart werden. Allerdings ist zu beachten, dass das vom Motor bei der jeweiligen Drehzahl (Frequenz) erzeugbare Motordrehmoment größer ist als das Lastdrehmoment. Ansonsten kann es zum plötzlichen Stillstand des Motors kommen.

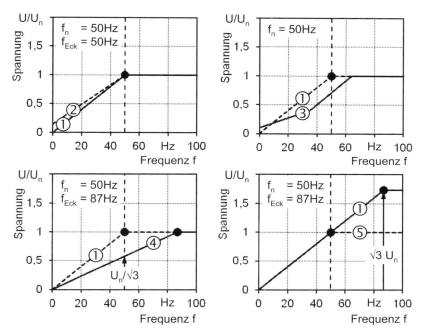

Bild 8.14 U/f-Steuerung; ① Eckfrequenz 50 Hz, ② Eckfrequenz 50 Hz mit Anhebung Startspannung, ③ Lastkennlinie, ④ Eckfrequenz 87 Hz, ⑤ Eckfrequenz 87 Hz mit erhöhter Versorgungsspannung

Eine spezielle Kennlinie ist die sogenannte „87 Hz-Kennlinie". Ohne Feldschwächung kann die Motordrehzahl auf das $\sqrt{2}$-fache der Nenndrehzahl gesteigert werden (Kennlinie ❹). Das Drehmoment reduziert sich allerdings bei niedrigeren Drehzahlen im Vergleich zur „50-Hz-Kennlinie".

Ist ein Motor beispielsweise auf 50 Hz und 230 V/400 V bemessen und kann der Frequenzumrichter 400 V für das Drehspannungssystem zur Verfügung stellen, so kann der Motor bei Verwendung der Kennlinie ❺ bei Dreieckschaltung bis zu einer Drehfrequenz von 87 Hz das Bemessungsdrehmoment (Nenndrehmoment) zur Verfügung stellen. Voraussetzung ist, dass die Isolation des Motors diese erhöhte Spannung zulässt. Dies entspricht einer Leistungssteigerung von ca. 74 % (87 Hz/50 Hz).

Mit Frequenzumrichtern können höhere Drehzahlen als die Nenndrehzahl auch ohne höhere Spannungsversorgung erreicht werden (Bild 8.15). In diesem Fall nehmen das Erregerfeld und das Drehmoment des Motors bei Drehzahlen über der Nenndrehzahl ab. Die Motorleistung bleibt ungefähr konstant und entspricht etwa der Bemessungsleistung, d. h. das zur Verfügung stehende Drehmoment reduziert sich umgekehrt proportional mit der Drehzahl. Oberhalb der Eckfrequenz befindet sich der Motor im Bereich der Feldschwächung.

 Das maximal zur Verfügung stehende Drehmoment sinkt zunächst umgekehrt proportional zur Drehzahl. Gleichzeitig nimmt allerdings das Kippdrehmoment quadratisch ab [1].

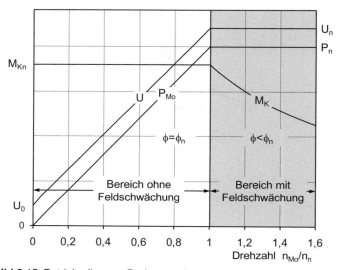

Bild 8.15 Betriebsdiagram Drehstrom-Asynchronmotoren am Frequenzumrichter

Zum Anschluss eines Frequenzumrichters an das Netz, zur Kommunikation mit einer überlagerten Steuerung und zur Inbetriebnahme gibt es eine Vielzahl von Komponenten. Ein Beispiel zeigt Bild 8.16.

■ 8.9   Zentrale und dezentrale Antriebstechnik

Ist der Frequenzumrichter bzw. sind die Frequenzumrichter im Schaltschrank eingebaut, so wird diese Anordnung zentrale Antriebstechnik genannt (Bild 8.17). Jeder Motor wird über ein Leistungskabel vom jeweiligen Frequenzumrichter versorgt. Bilden Motor bzw. Getriebemotor eine Einheit mit dem Frequenzumrichter, so ergibt sich eine dezentrale Antriebstechnik. Der Frequenzumrichter muss im Vergleich zum Schaltschrankeinbau für diese Anordnung in der Regel eine höhere Schutzart aufweisen. Die Vorteile eines dezentralen Aufbaus (Bild 8.17) sind:

- Reduzierung der Montage- und Inbetriebnahmezeit
- Minimierung von Leitungen
- Modularer und übersichtlicher Maschinenaufbau

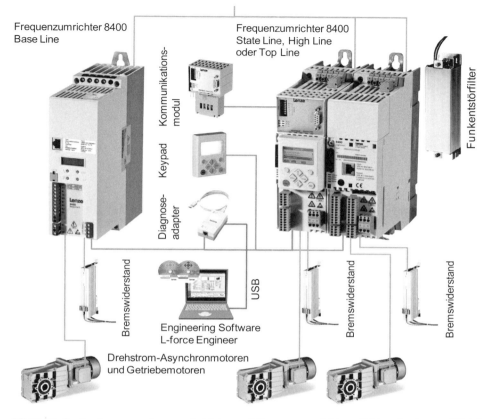

Bild 8.16 Systemkomponenten von Antrieben mit Frequenzumrichtern (Bildquelle: Lenze SE, L-force Inverter Drives 8400, 2012)

Zentrale Antriebstechnik

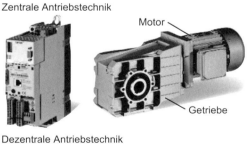

Dezentrale Antriebstechnik

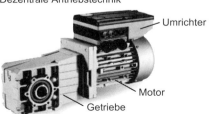

Bild 8.17 Zentrale und dezentrale Antriebstechnik (© Lenze SE, 2012)

■ 8.10   Feldorientierte Regelung

Ähnlich wie bei Drehstrom-Synchronmotoren kann auch für Drehstrom-Asynchronmotoren eine feldorientierte Regelung realisiert werden. Die feldorientierte Regelung ermöglicht ebenso einen Feldschwächbetrieb. Informationen hierzu finden sich in [7], [8].

■ 9.1 Einführung

In Bild 9.1 ist ein vereinfachtes Blockdiagramm eines Servoantriebes dargestellt. Insbesondere der Stromregelkreis und die Leistungselektronik sind nicht berücksichtigt. Die Bedeutung der verwendeten Formelzeichen zeigt Tabelle 9.1.

Der Positionsregler benötigt den Positionsistwert, um die Abweichung zum Positionssollwert zu bestimmen und anschließend die Abweichung zu minimieren. Die Aufgabe von Positionsmessgeräten ist die Erfassung des Positionsistwertes. Meist wird der gemessene Positionswert zusätzlich zur Berechnung des Drehzahlistwertes oder des Geschwindigkeitsistwertes und zur Steuerung der Ströme in die Motorwicklungen (Kommutierung) genutzt. Bezüglich Bauvolumen und Kosten ist diese Lösung vorteilhaft und wird daher herstellerunabhängig verwendet.

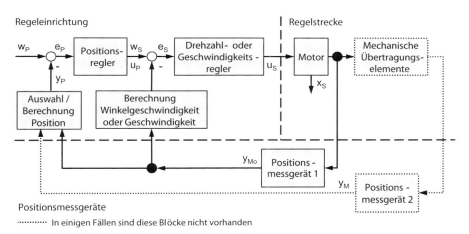

Bild 9.1 Positionsmessgeräte in Servoantrieben

Tabelle 9.1 Formelzeichen

	Regelgröße x	Sollwert w	Messgröße y	Stellgröße u	Regelab-weichung e
Position oder Winkel-position	x_P	w_P	y_P	u_P	e_P
Geschwindigkeit oder Winkelgeschwindigkeit	x_S	$w_S = u_P$		u_S	e_S

x_M Istposition anzutreibende Masse, x_{Mo} Istposition Motor, y_M Gemessene Position anzutreibende Masse, y_{Mo} Gemessene Position Motor

Zum weitaus größten Anteil werden Servoantriebe mit rotatorischen Motoren betrieben. Diese Motoren haben üblicherweise ein bereits vom Motorhersteller in den Motor eingebautes Positionsmessgerät.

Zur Steigerung der Maschinengenauigkeit kann zusätzlich ein weiteres Positionsmessgerät an der anzutreibenden Masse angebracht werden (gepunktete Linie im Bild). In diesem Fall wird der gemessene Positionswert des Motors meist nicht für die Positionsregelung benutzt, sondern nur zur Ermittlung des Drehzahllistwertes und zur Steuerung der Motorströme. Abhängig vom Antriebsprinzip zeigt Tabelle 9.2 gängige Konfigurationen der Weiterverarbeitung der Messwerte aus der Positionsmessung. In speziellen Fällen werden beide Positionsmessungen zur Bildung des Istwertes für den Positionsregler verwendet. Erfolgt die Positionsmessung an der anzutreibenden Masse, wird dies häufig als direkte Messung bezeichnet. Im Gegensatz dazu wird eine alleinige Messung der Position an der Motorwelle indirekte Messung genannt.

Tabelle 9.2 Messwertverarbeitung Positionsmessung

	Elektromechanischer Antrieb Indirekte Messung	Elektromechanischer Antrieb Direkte Messung	Direktantrieb
Positionsmessung	$y_P = y_{Mo}$ ①	$y_P = y_M$	$y_P = y_{Mo} = y_M$
Berechnung Geschwindigkeit oder Winkelgeschwindigkeit	y_{Mo}	y_{Mo}	$y_{Mo} = y_M$

① in speziellen Fällen $y_P = f(y_M, y_{Mo})$

Durch das zweite Positionsmessgerät möglichst nahe am Wirkpunkt des zu steuernden Prozesses können Abweichungen der dem Motor nachgeschalteten mechanischen Übertragungselemente von der Sollposition erkannt und minimiert werden. Ursachen für Positionsfehler an der zu bewegenden Masse bei einer indirekten Messung sind z. B.:

- Nichtlinearitäten in den mechanischen Übertragungselementen (wie Reibung, Umkehrspiel, Spindelsteigungsfehler bei Gewindetrieben etc.)
- Thermisch bedingte Längenänderungen (Bild 9.2)

$\longleftarrow l_0 \longrightarrow$ $|\Delta l_{Th}| \longleftarrow$ **Bild 9.2** Thermische Längenänderungen

Thermisch bedingte Längenänderungen berechnen sich zu:

$$\Delta l_{Th} = \alpha_{Th} \, \Delta T \, l_0 \tag{9.1}$$

Δl_{Th}	Thermische Längenänderung	*Thermal length change*	m
α_{Th}	Thermischer Längenausdehnungskoeffizient	*Coefficient of thermal expansion (CTE)*	K^{-1}
ΔT	Temperaturänderung	*Temperature change*	K
l_0	Ausgangslänge	*Initial length*	m

Thermische Längenausdehnungskoeffizienten verschiedener Materialien zeigt Tabelle 9.3.

Stahl	Aluminium	Glas	Silizium
11	23	9	4

Tabelle 9.3 Thermische Längenausdehnungskoeffizienten $\alpha_{\mathrm{Th}}[10^{-6}\mathrm{K}^{-1}]$ (typische Werte)

Bei einem Gewindetrieb gibt es in der Gewindemutter Leistungsverluste, die zu einer Erwärmung der Gewindespindel führen. Erfolgt die Positionsmessung an der Motorwelle, und ist der Gewindetrieb aus Stahl, ergibt sich bei einem Meter Länge und einer Temperaturerhöhung von 20 K bereits ein Fehler von ca. 200 µm.

Der Anbau eines zweiten Messgerätes an eine Bewegungsachse ist auch eine wirtschaftliche Frage. Werden die Anforderungen an die Maschinengenauigkeit nur durch ein zweites Messgerät ermöglicht, ist die Frage leicht zu beantworten. Ansonsten müssen Kosteneinsparungen durch höhere Maschinenproduktivität (Erzeugnisse/Zeiteinheit), weniger Ausschuss etc., die Mehrkosten für das zweite Messgerät zumindest kompensieren

Bei elektrischen Direktantrieben kann die Verbindung zwischen Motor und anzutreibender Masse meist als starr angesehen werden. Ein Positionsmessgerät ist dann ausreichend. Jedoch sind die Anforderungen an das Messgerät bei Direktantrieben im Vergleich zu den bisher beschriebenen Konfigurationen am höchsten. Insbesondere muss das Messgerät eine hohe Eigenfrequenz in Messrichtung aufweisen.

Idealerweise hat das Positionsmessgerät keinen Messfehler. Die Messgröße für die Position ist dann identisch mit dem Positionsistwert ($y_{\mathrm{P}} = x_{\mathrm{P}}$). Reale Messgeräte haben allerdings mehr oder weniger große Abweichungen von der zu messenden Größe. Der Positionsistwert und die gemessene Position sind nicht identisch ($y_{\mathrm{P}} \neq x_{\mathrm{P}}$).

■ 9.2 Drehzahl- und Geschwindigkeitsberechnung

Die Steuerung und Regelung von Servoantrieben erfolgt heute vollständig digital. Daher muss der Istwert für die Drehzahl oder die Geschwindigkeit als digitale Größe bereitgesellt werden. Dies erfolgt in der Regeleinrichtung (Bild 9.1), z. B. durch zeitdiskrete Differentiation zweier aufeinanderfolgender digitaler Positionswerte.

$$y_{\mathrm{SC}}(k) = \frac{y_{\mathrm{P}}(k) - y_{\mathrm{P}}(k-1)}{T_{\mathrm{S}}} \tag{9.2}$$

k	Abtastschritt	Sample point	
$y_{\mathrm{SC}}(k)$	Berechnete Winkelgeschwindigkeit oder Geschwindigkeit zum aktuellen Abtastzeitpunkt	Calculated actual speed or velocity at actual sample point	rad/s, m/s
$y_{\mathrm{P}}(k)$	Gemessene Position zum aktuellen Abtastzeitpunkt	Measured position at current sample point	rad, m
$y_{\mathrm{P}}(k-1)$	Gemessene Position zum vorangegangenen Abtastzeitpunkt	Measured position at previous sample point	rad, m
T_{S}	Abtastzeit	Sample time	s

■ 9.3 Messsignale

Zur Positionsbestimmung erzeugen die am meisten verbreiteten Positionsmessgeräte in Servoantrieben analoge, mehr oder weniger sinusförmige elektrische Messsignale. Der Signalwert ist abhängig von der Position oder Winkelposition. Die Länge bzw. der Winkel einer Sinusschwingung wird Signalperiode genannt. Um eine Richtungserkennung der Bewegung zu ermöglichen, werden üblicherweise zwei um 90° phasenverschobene Signale, wie in Bild 9.3 gezeigt, gebildet. Die Amplituden sind aus Gründen der Einfachheit zu eins angenommen.

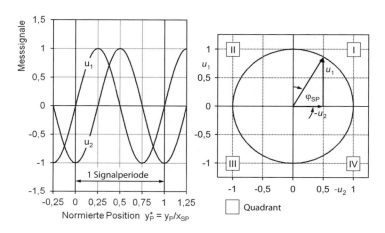

Bild 9.3 Messsignale

Idealerweise gilt für die Signale:

$$u_1 = \sin\left(2\pi\,\frac{y_P}{x_{SP}}\right) = \sin\left(\varphi_{SP}\right) \tag{9.3a}$$

$$u_2 = -\cos\left(2\pi\,\frac{y_P}{x_{SP}}\right) = -\cos\left(\varphi_{SP}\right) \tag{9.3b}$$

u_1	Messsignal 1	*Measuring signal 1*	
u_2	Messsignal 2	*Measuring signal 2*	
x_{SP}	Signalperiode	*Signal period*	m, rad
φ_{SP}	Phasenwinkel der Abtastsignale (elektrischer Winkel)	*Phase angle of scanning signals (electrical angle)*	rad

Zweckmäßigerweise werden die Signale auf eine Signalperiode normiert.

$$y_P^* = \frac{y_P}{x_{SP}} \tag{9.4}$$

y_P^*	Normierte Position	*Normalized position*

Trägt man beide Signale übereinander auf, ergibt sich ein Kreis. Innerhalb einer Signalperiode steht eine absolute Positionsinformation zur Verfügung, die sich aus der elektrischen Winkellage der beiden Signalwerte berechnen lässt. Es gilt:

$$\frac{u_1}{-u_2} = \tan(\varphi_{SP}) \tag{9.5}$$

$$\varphi_{SP} = 2\pi \frac{y_P}{x_{SP}} = \arctan 2(u_1, -u_2) \tag{9.6}$$

$$y_P^* = \frac{y_P}{x_{SP}} = \frac{1}{2\pi} \arctan 2(u_1, -u_2) \tag{9.7}$$

Die arctan2-Funktion liefert im Gegensatz zur arctan-Funktion einen eindeutigen Winkel in allen vier Quadranten und auch für $u_2 = 0$. Für alle Werte von u_1 und u_2 kann damit die Position in einer Signalperiode berechnet werden. Der Wertebereich ist:

$$-\pi < \arctan 2(u_1, -u_2) \leq \pi \tag{9.8}$$

Um den gesamten Verfahrbereich einer Maschinenachse abdecken zu können, müssen meist mehrere Signalperioden ausgewertet werden, welche in Messrichtung hintereinander angeordnet sind. Das Signal, das dabei entsteht, bezeichnet man als Inkrementalsignal. Durch elektronisches Zählen der Signalperioden kann eine relative Position ermittelt werden.

■ 9.4 Unterscheidungsmerkmale

Die wichtigsten Unterscheidungsmerkmale von Positionsmessgeräten zeigt Tabelle 9.4. Ein mehrere Antriebseigenschaften beeinflussendes Unterscheidungsmerkmal ist das dem Messgerät zu Grunde liegende Messprinzip. Bei ca. 90 % der weltweit produzierten Servoantriebe erfolgt die Positionsmessung mittels photoelektrischer Messgeräte. In Servomotoren werden hauptsächlich photoelektrische Messgeräte und zum Teil induktive Messgeräte eingebaut. Positionsmessgeräte, die separat an die anzutreibende Masse angebaut werden, nutzen überwiegend photoelektrische und vereinzelt magnetische oder induktive Messprinzipien. Kapazitive Messgeräte sind wenig verbreitet. Die Wirkungsweise der wichtigsten Prinzipien wird später bei den einzelnen Messgeräten erläutert.

Tabelle 9.4 Unterscheidungsmerkmale Positionsmessgeräte

Messprinzip	Photoelektrisch, magnetisch, induktiv oder kapazitiv
Messverfahren	Absolut oder inkremental
Bauart	Eigengeführt oder fremdgeführt bzw. mit oder ohne Eigenlagerung
Schutzart	Offen oder gekapselt
Ankopplung ①	Elastisch oder starr
Unterscheidbare Umdrehungen ②	Eine (Singleturn) oder mehrere (Multiturn)
Elektrische Schnittstelle	Analog oder digital
① an das zu messende Maschinenelement, ② nur bei absoluten Geräten zur Winkelmessung	

Zur Steuerung und Regelung von Prozessen ist es häufig erforderlich, die Position eines Punktes einer Einrichtung oder Maschine in einem oder mehreren Freiheitsgraden zu kennen.

Um die Position des Punktes zu bestimmen, wird üblicherweise die Istposition der einzelnen Bewegungsachsen (Servoantriebe) benutzt. Bei Maschinenkinematiken, bei denen Bewegungen gekoppelt sind, wie z. B. bei 5-achsigen Robotern oder Werkzeugmaschinen, müssen die Einzelpositionen der Bewegungsachsen (Maschinenkoordinatensystem) in Raumkoordinaten (Raumkoordinatensystem) am TCP (Tool Center Point) umgerechnet werden. Hierzu werden Transformationsalgorithmen, die in der Steuerung ausgeführt werden, benutzt.

$$
\begin{bmatrix} x_x \\ x_y \\ x_z \\ x_\varphi \\ x_\theta \end{bmatrix} = T \begin{bmatrix} x_1 \\ x_2 \\ x_3 \\ x_4 \\ x_5 \end{bmatrix}
\tag{9.9}
$$

x_x, x_y, x_z	Raumkoordinaten kartesisch	*Spatial coordinates cartesian*
x_φ, x_θ	Raumkoordinaten Orientierung	*Spatial coordinates orientation*
T	Transformationsmatrix	*Transformation matrix*
$x_1, \ldots, x_5$	Maschinenkoordinaten	*Machine coordinates*

Zur eindeutigen Definition der Position in einer Maschine wird ein Nullpunkt (Maschinennullpunkt) festgelegt. Das Positionsmessgerät muss einen eindeutigen Bezug zum Maschinennullpunkt im gesamten Bewegungsbereich ermöglichen. Das Messverfahren gibt an, ob nach dem Einschalten der Spannungsversorgung des Messgerätes eine Bewegung der Maschinenachse erforderlich ist, um diesen Positionsbezug zu erhalten. Bei absoluten Messgeräten ist keine Bewegung erforderlich. Jede einzelne Signalperiode des Inkrementalsignals innerhalb des Messbereiches ist codiert und dadurch eindeutig gekennzeichnet (Bild 9.4, oben).

Inkrementale Messgeräte liefern nach dem Einschalten zunächst nur eine Positionsinformation relativ zur Position beim Einschalten. Sie haben daher meist eine Referenzmarke an einem definierten und der Steuerungseinrichtung bekannten Punkt des Messbereiches. Um einen eindeutigen Positionsbezug in der Maschine zu erhalten, muss die Referenzmarke nach dem Einschalten der Spannungsversorgung einmalig mittels einer sogenannten Referenzpunktfahrt überfahren werden. Zur Minimierung des Verfahrweges bei der Referenzpunktfahrt gibt es auch inkrementale Messgeräte mit abstandscodierten Referenzmarken (Bild 9.4, unten). Dabei sind mehrere Referenzmarken mit definiert unterschiedlichem Abstand im gesamten Messbereich verteilt angeordnet. Durch Zählen der Inkremente zwischen zwei benachbarten Referenzmarken kann mittels eines in der Steuerung ablaufenden Algorithmus nach einem sehr kurzen Verfahrweg ein eindeutiger Positionsbezug hergestellt werden.

Das Referenzieren kann auch durch unabhängig vom Messgerät erzeugte Signale erfolgen. Im Wesentlichen gibt es hierzu folgende Verfahren:

- Schaltsignale von separaten berührenden oder berührungslosen Schaltern
- Fahren gegen einen von der Position in der Maschine bekannten mechanischen Anschlag und Erzeugung eines Schaltsignals bei Überschreitung eines vordefinierten Kraftpegels.

Auf Grund vieler Nachteile sind diese Verfahren wenig verbreitet.

Absolute Messgeräte sind aus folgenden Gründen immer vorteilhaft:

- Die Referenzpunktfahrt entfällt.

- Nach Ausfall der Spannungsversorgung während eines Produktionsprozesses ist beim Wiederanlauf einer Maschine mit komplexer Maschinenkinematik die Gefahr von Kollisionen einzelner Maschinenelemente oder von Beschädigungen teurer Betriebsmittel minimiert.

- Wird der Positionsbezug in jedem Abtastzyklus des Motion Controllers vollständig neu bestimmt, können Fehlfunktionen des Messgerätes schneller erkannt werden. Plausibilitätsprüfungen sind in sehr kurzen Zeitabständen von kleiner als 1 ms möglich. Der zwischen zwei Prüfungen zurückgelegte Weg ist sehr klein. So erfolgt bei einer Verfahrgeschwindigkeit von 1 m/s, und einer zyklischen Prüfung im Zeitraster von 1 ms eine Bewegung von nur 1 mm. Die Sicherheit für die Bediener und die Maschine erhöht sich.

- Synchromotoren können unmittelbar nach dem Einschalten optimal bestromt werden.

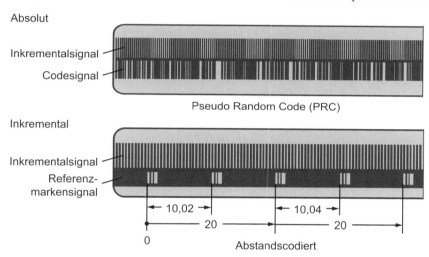

Bild 9.4 Messverfahren am Beispiel von photoelektrischen Messgeräten (© Dr. Johannes Heidenhain GmbH, 2012)

Inkrementale Messgeräte werden daher nur dann eingesetzt, wenn für die Messaufgabe kein absolutes Messgerät zur Verfügung steht oder das absolute Messgerät wesentlich teurer ist als die inkrementale Ausführung.

Die Bauart gibt Auskunft darüber, wie aufwendig die Montage des Messgerätes ist. Eigengeführte Messgeräte bzw. Messgeräte mit Eigenlagerung haben eine eigene Führung bzw. Lagerung. Geometrische Abweichungen zwischen dem zu messenden Maschinenelement und dem Messgerät, wie z. B. Fluchtungsfehler, werden durch eine vom Hersteller in das Messgerät eingebaute oder eine separat angebaute Kupplung ausgeglichen. Dadurch sind vergleichsweise große Montagetoleranzen zulässig, und die Montage ist einfach. Fremdgeführte Messgeräte bzw. Messgeräte ohne Eigenlagerung nutzen die Führung bzw. Lagerung der Maschine. Sie können nur eingesetzt werden, wenn die Maschinenlagerung bzw. die Maschinenführung genau genug ist, um die mechanischen Toleranzen, die für die Funktion des Messgerätes erforderlich sind, einzuhalten. Die größten Vorteile dieser Messgeräte sind hohe Messgenauigkeit und kompakte Bauweise. Bei der Montage ist allerdings eine vergleichsweise genaue mechanische Justage der beiden zueinander beweglichen Teile des Messgerätes erforderlich.

Die Schutzart gibt erste Aufschlüsse über die Umgebungsbedingungen, in denen das Messgerät betrieben werden kann. Gekapselte Geräte erlauben den Einsatz in stark verschmutzten

Umgebungen, wie sie z. B. in Werkzeugmaschinen durch Kühl-Schmiermittel und Späne auftreten. Wird das Messgerät in sauberen Umgebungen betrieben, z. B. in Reinräumen bei der Fertigung von Halbleitern, so können offene Geräte verwendet werden.

Einen wesentlichen Einfluss auf das statische und dynamische Verhalten eines Servoantriebes hat die Art der mechanischen Ankopplung des Messgerätes an das zu messende Maschinenteil. Wird z. B. zum Ausgleich von Anbautoleranzen oder bei thermisch bedingten Längen- und Winkeländerungen eine in das Messgerät eingebaute oder eine separat an das Messgerät angebaute Kupplung eingesetzt, so ist die Ankopplung mehr oder weniger elastisch. Damit diese Elastizität das dynamische Verhalten des Antriebs nicht begrenzt, ist die Eigenfrequenz des Kupplungssystems ausreichend hoch zu dimensionieren. Für hochdynamische Antriebe, wie z. B. Direktantriebe, sind Eigenfrequenzen im Bereich von 2 kHz anzustreben.

Beispiele für Bauarten, Schutzarten und Ankopplungen zeigen die folgenden Bilder. Bild 9.5 zeigt ein gekapseltes eigengeführtes Längenmessgerät für verschmutzte Umgebungsbedingungen mit elastischer Ankopplung. Es wird unter anderem in numerisch gesteuerte Werkzeugmaschinen eingebaut. Das Aufbauprinzip des Gerätes ist in Bild 9.6 dargestellt. In Abschnitt 9.6 wird auf das Funktionsprinzip eingegangen.

Bild 9.5 Gekapseltes Längenmessgerät (© Dr. Johannes Heidenhain GmbH, Baureihen LS und LC, 2012)

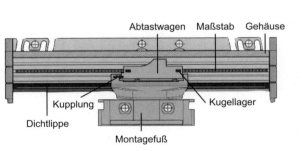

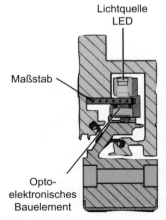

Bild 9.6 Aufbauprinzip gekapseltes Längenmessgerät (© Dr. Johannes Heidenhain GmbH, 2012), links: Längsschnitt, rechts: Querschnitt

Die in Bild 9.7 gezeigten offenen Winkelmessgeräte besitzen keine eigene Lagerung und können nur in sauberen Umgebungen eingesetzt werden. Am Beispiel eines Rundtisches ist der Einbau eines offenen Winkelmessgerätes dargestellt (Bild 9.8).

Axiale Abtastung
Teilungsträger aus Stahl

Radiale Abtastung
Teilungsträger aus Glas

Bild 9.7 Offene Winkelmessgeräte ohne Eigenlagerung (© Dr. Johannes Heidenhain GmbH, Baureihen ERA und ERP, 2012)

Abtastkopf   Teilungstrommel   Rundtisch

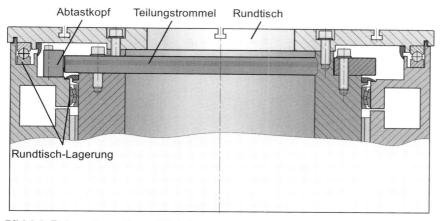

Rundtisch-Lagerung

Bild 9.8 Einbau eines offenen Winkelmessgerätes in einen Rundtisch (© Dr. Johannes Heidenhain GmbH, 2012)

Wird eine lineare Bewegung mit einem rotatorischen Motor gesteuert, so sind fast immer mehrere Motorumdrehungen erforderlich, um den gesamten Verfahrweg der Achse abzudecken. Erfolgt die Positionsmessung lediglich an der Motorwelle (indirekte Messung), so kann die Position im Verfahrbereich nach dem Einschalten der Spannungsversorgung ohne Bewegung der Motorwelle nur dann bestimmt werden, wenn zu jeder Motorumdrehung ein eindeutiger Bezug zur linearen Position hergestellt werden kann. Bei absoluten Geräten zur Winkelmessung unterscheidet man daher

- Singleturn
  Die gemessene Winkelposition ist nur in einer Umdrehung absolut

- Multiturn
  Die gemessene Winkelposition ist in vielen Umdrehungen absolut

Bei der Unterscheidung von Umdrehungen sind im Wesentlichen zwei Prinzipien verbreitet:

Mehrstufige Untersetzungsgetriebe (meist 3-stufig): In das Messgerät ist ein Getriebe integriert (Bild 9.9), das die Umdrehung der zu messenden Welle in mehreren Stufen ins Langsame übersetzt. Üblicherweise haben alle Getriebestufen das gleiche Übersetzungsverhältnis.

In jeder Stufe werden die Umdrehungen entsprechend dem Übersetzungsverhältnis absolut gemessen. Gebräuchliche Stufungen sind 16 : 1. Damit können mit drei Getriebestufen 4096 Umdrehungen (16 · 16 · 16) unterschieden werden. Beim im Bild gezeigten Gerätebeispiel wird für die absolute Positionsmessung in einer Umdrehung der zu messenden Welle ① ein photoelektrisches Messprinzip verwendet. Das Zahnrad auf dieser Welle dient der mechanischen Ankopplung der Multiturn-Getriebeeinheit (Antriebszahnrad ④). Auf den Abtriebswellen jeder Getriebestufe (⑤, ⑥ und ⑦) ist ein Magnet platziert. Mittels eines magnetischen Messprinzips kann die Position der Abtriebswellen jeweils absolut 16 Winkelpositionen zugeordnet werden.

Batteriegestützter Umdrehungszähler: Einzelne Umdrehungen werden detektiert und elektronisch gezählt. Die Spannungsversorgung des Zählers wird, sofern das Messgerät mit der Hauptspannung versorgt wird, von dieser gespeist. Ansonsten wird der Zähler von einer Batterie (Hilfsspannung) oder einer anderen messgeräteinternen Energiequelle versorgt. Diese Systeme sind nicht immer wartungsfrei, und ein einmaliger Zählfehler führt dauerhaft zu einem Positionsfehler.

Singleturn   Multiturn-Getriebeeinheit

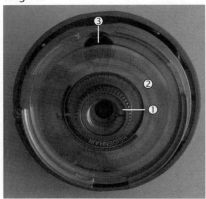 

① Welle, an der die Winkelposition zu messen ist – Wellenverzahnung zur mechanischen Ankopplung der Multiturn-Getriebeeinheit (Antriebsseite)
② Gitterstruktur auf Trägerkörper aus Glas (Teilscheibe) zur absoluten Positionsmessung (mit Pseudo-Random-Code, PRC)
③ Beleuchtungseinheit (unterhalb der Teilscheibe)
④ Antriebswelle Getriebe – mechanische Ankopplung zum Singleturn-Teil
⑤ Abtriebswelle der ersten Getriebestufe (16 : 1)
⑥ Abtriebswelle der zweiten Getriebestufe (256 : 1)
⑦ Abtriebswelle der dritten Getriebestufe (4096 : 1)
Bild 9.9 Mutiturn-Messgrät

Das Thema elektrische Schnittstelle wird separat im Abschnitt „Signalauswertung und Übertragung der Positionsinformation" behandelt.

■ 9.5   Einheiten bei der Winkelmessung

Bei Geräten zur Messung der Winkelposition erfolgen Winkelangaben häufig in Winkelminuten, Winkelsekunden oder Radiant. Die Umrechnung der Einheiten ist in Tabelle 9.5 angegeben.

Tabelle 9.5 Umrechnung Winkeleinheiten

	1 Grad
Winkelminuten	60'
Winkelsekunden	3600"
Radiant	0,0175 rad

■ 9.6   Photoelektrische Messgeräte

Bei Messgeräten mit photoelektrischem Messprinzip unterscheidet man zwei Verfahren:

- Abbildendes Verfahren

- Interferentielles Verfahren

Das abbildende Verfahren (Bild 9.10) arbeitet mit schattenoptischer Signalerzeugung. Zwei Strichgitter, die jeweils auf einem Trägermaterial aufgebracht sind (Maßstab und Abtastplatte), werden relativ zueinander bewegt. Das Trägermaterial der Abtastplatte ist lichtdurchlässig. Der Maßstab hat entweder ein lichtdurchlässiges Trägermaterial, auf dem lichtundurchlässige Strukturen angebracht sind (im Bild dargestellt), oder er besteht aus einem lichtundurchlässigen Trägermaterial mit reflektierenden Strukturen.

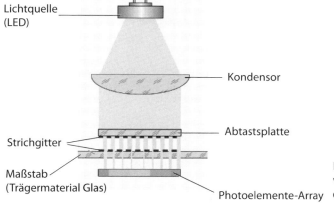

Lichtquelle (LED)

Kondensor

Abtastplatte

Strichgitter

Maßstab (Trägermaterial Glas)

Photoelemente-Array

Bild 9.10 Abbildendes Messverfahren (© Dr. Johannes Heidenhain GmbH, 2012)

Fällt paralleles Licht durch ein Strichgitter, werden in einem bestimmten Abstand Hell/Dunkel-Felder abgebildet. In dieser Ebene befindet sich das zweite Strichgitter. Bei einer Relativbewegung der beiden Gitter zueinander wird das durchfallende Licht moduliert. Stehen Lücken der beiden Gitter übereinander, fällt Licht durch, befinden sich die Striche über den Lücken, herrscht Schatten. Photoempfindliche Bauelemente wandeln die positionsabhängigen Lichtintensitäten in elektrische Signale um. Je kleiner die Periode der Gitterstruktur, umso geringer sind die zulässigen Abstandstoleranzen zwischen Abtastplatte und Maßstab.

Das interferentielle Verfahren (Bild 9.11) nutzt zur Erzeugung von Messsignalen die Beugung und die Interferenz des Lichts an feinen Gittern. Hierfür sind dreidimensionale Gitterstrukturen, sogenannte Stufengitter, erforderlich. Auf einer ebenen, reflektierenden Oberfläche sind reflektierende Striche mit typischerweise ca. 0,2 μm Höhe aufgebracht. Davor befindet sich als Abtastplatte ein lichtdurchlässiges Gitter mit der gleichen Periode wie beim Maßstab. Fällt eine ebene Lichtwelle auf die Abtastplatte, wird sie durch Beugung in drei Teilwellen der 1., 0. und −1. Ordnung mit annähernd gleicher Lichtintensität aufgespalten. Sie werden auf dem Maßstab so gebeugt, dass der Großteil der Lichtintensität in der reflektierten 1. und −1. Beugungsordnung steckt. Diese Teilwellen treffen am Gitter der Abtastplatte wieder aufeinander, werden erneut gebeugt und interferieren. Dabei entstehen im Wesentlichen drei Wellenzüge, welche die Abtastplatte unter verschiedenen Winkeln verlassen. Photosensitive Elemente wandeln die Lichtintensitäten in elektrische Signale um. Bei einer Relativbewegung zwischen Maßstab und Abtastplatte erfahren die gebeugten Wellenfronten eine Phasenverschiebung. Die Bewegung um eine Gitterperiode verschiebt die Wellenfront der 1. Beugungsordnung um eine Wellenlänge nach Plus, die Wellenfront der −1. Beugungsordnung um eine Wellenlänge nach Minus. Da die beiden Wellenfronten beim Austritt aus dem Stufengitter miteinander interferieren, verschieben sich die Signale zueinander um zwei Gitterperioden. Man erhält zwei Signalperioden bei einer Relativbewegung um eine Gitterperiode. Es gibt auch Geräte, bei denen mit anderem optischen Aufbau vier Signalperioden entstehen. Interferentielle Messgeräte arbeiten mit Teilungsperioden zwischen 8 μm und 0,512 μm. Nach Verschaltung der Messsignale ergeben sich Signalperioden zwischen 4 μm und 0,128 μm.

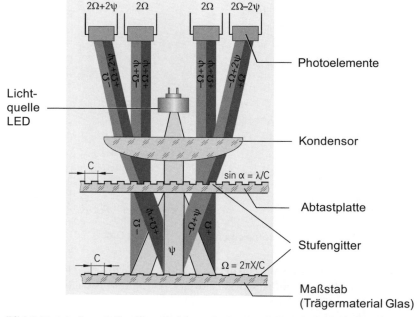

Bild 9.11 Interferentielles Messverfahren (© Dr. Johannes Heidenhain GmbH, 2012)

■ 9.7 Magnetische Messgeräte

Positionsmessgeräte mit magnetischen Messprinzipien werden nach den physikalischen Effekten, die genutzt werden, unterschieden. Beispiele sind:

▪ Magnetoresistiv

▪ Hall

Bild 9.12 und Bild 9.13 zeigen Messgeräte mit diesen Prinzipien.

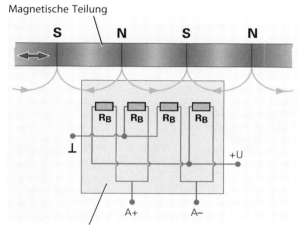

Bild 9.12 Magnetoresistive Messgeräte (© Dr. Johannes Heidenhain GmbH, 2012)

Magnetoresistive Geräte nutzen Widerstandsänderungen in veränderlichen Magnetfeldern. Werden Hallelemente in ein Magnetfeld gebracht, so sammeln sich positive und negative Ladungen auf jeweils unterschiedlichen Seiten des Hallelementes. Bei dem im Bild gezeigten Gerät werden mehrere Hallelemente (X1, X2, Y1 und Y2) in einen hochintegrierten Schaltkreis eingebaut. Ein Magnet wird über dem Schaltkreis zentrisch auf der zu messenden Welle platziert. Das in einer Umdrehung sich sinusförmig ändernde Magnetfeld wird durch die Hallelemente detektiert. Die im Schaltkreis integrierte Auswerteelektronik ermittelt daraus die Winkelposition.

Magnetoresistive Messgeräte liefern durchmesserabhängig typischerweise 256 bis 4 096 sinusförmige Signalperioden/Umdrehung. Das im Bild gezeigte Gerät, welches den Halleffekt nutzt baut sehr klein, erzeugt jedoch nur 1 Sinus- und Cosinus-Signal/Umdrehung. Abhängig von der Messaufgabe ist das eine oder das andere Messgerät besser geeignet.

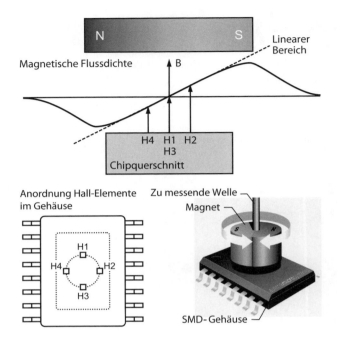

Bild 9.13 Halleffekt-basierte Messgeräte (© ams AG, 2012)

■ 9.8 Induktive Messgeräte

Die älteste Anwendung des induktiven Messprinzips in Servoantrieben ist der Resolver (Bild 9.14). Er wird auch heute noch in Servomotoren eingebaut, bei denen keine hohen Anforderungen an Genauigkeit und Drehzahlkonstanz gestellt werden.

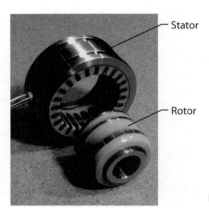

Bild 9.14 Resolver (© LTN Servotechnik GmbH, 2012)

Ein wartungsfreier Resolver benötigt zur Messung der Winkelposition mehrere Wicklungen (Bild 9.15). Um schleifende Kontakte zu vermeiden, wird der Rotor mittels eines Übertragers (Trafo) mit Wechselstrom einer konstanten Frequenz versorgt (Anregungssignal). Der Rotor erzeugt ein magnetisches Wechselfeld (Erregerfeld). Abhängig von der Winkelposition des Rotors ändert sich die Orientierung des magnetischen Feldes. Im Stator befinden sich zwei identische Wicklungen, die über dem Umfang äquidistant verteilt sind.

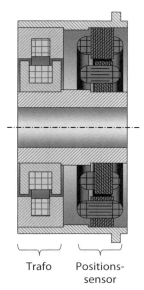

Trafo   Positions-
        sensor

Bild 9.15 Aufbau eines Resolvers (© LTN Servotechnik GmbH, 2012)

Am Ausgang der Wicklungen erhält man zwei um 90° elektrisch phasenverschobene Spannungen, deren Frequenz mit der Frequenz des Anregungssignals übereinstimmt (Bild 9.16). Bei einem Resolver mit Polpaarzahl eins sind die beiden Wicklungen um 90° mechanisch zueinander versetzt. Die Amplitude der beiden Messsignale ist abhängig von der Winkelposition des Rotors (Orientierung des Erregerfeldes).

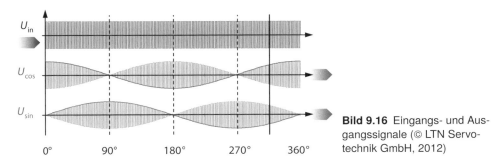

Bild 9.16 Eingangs- und Ausgangssignale (© LTN Servotechnik GmbH, 2012)

Nach einer Demodulation ergeben sich ein Sinus- und ein Cosinus-Signal pro Umdrehung. Diese beiden Signale werden wie eingangs beschrieben unterteilt. Der Resolver kann statt der hier gezeigten Ausführung auch mit Polpaarzahlen größer eins ausgeführt werden. Diese Resolver sind genauer, haben aber den Nachteil, dass sie nicht mehr absolut in einer Umdrehung sind. Typischerweise haben Servoantriebe mit Resolvern 1 024 bis 4 096 Positionsmessschritte/Umdrehung. Resolver lassen Arbeitstemperaturen bis 155 °C und Vibrationen bis 50 m/s^2 zu.

Bei dem in Bild 9.17 gezeigten induktiven Messgerät wird wie bei einem Resolver eine Trägerfrequenz erzeugt und die beiden Messsignale amplitudenmoduliert. Die Trägerfrequenz ist deutlich höher als bei Resolvern. Dadurch wird das dynamische Verhalten verbessert. Die Geräte haben typischerweise 32 oder 16 sinusförmige Messsignale/Umdrehung. Diese Signale werden ca. 16 000-fach unterteilt, wodurch sich eine Positionsauflösung von gut 500 000 Messschritten/Umdrehung ergibt. Der Positionswert ist immer absolut, und es gibt Ausführungen mit 4 096 unterscheibaren Umdrehungen (Multiturn-Geräte). Sowohl die Erzeugung der Trägerfrequenz als auch die gesamte Positionsauswertung erfolgt im Gerät.

Bild 9.17 Induktives Messgerät (© Dr. Johannes Heidenhain GmbH, Baureihe ECI/ EQI, 2012)

■ 9.9 Signalauswertung und Übertragung der Positionsinformation

Die Übertragung der Signale des Messgerätes zur überlagerten Elektronik, in der Regel dem Motion Controller, erfolgt entweder analog oder digital. Bei der digitalen Signalübertragung gibt es zwei Ausführungen:

- Rechtecksignale für eine Zählerauswertung
- Serielle Schnittstelle

Die einfachste Methode zur Auswertung der beiden um 90° phasenverschobenen sinusförmigen Messsignale ist, auf deren Nulldurchgänge zu triggern und daraus rechteckförmige Signale zu erzeugen. Diese digitalisierten Signale werden an den Motion Controller übertragen und dort in einem Zähler ausgewertet. Dadurch lassen sich Positionsschritte mit 1/4 der Signalperiode erzeugen (Bild 9.18).

Bei dieser Art der Auswertung ist die erreichbare Positionsauflösung vergleichsweise gering. So können mit einem Messgerät zur Erfassung der Winkelposition, das 2 048 Signalperioden/Umdrehung besitzt, maximal 8 192 Messschritte/Umdrehung erzeugt werden. Dies entspricht einer Positionsauflösung von nur ca. 0,044°. Eine digitale Drehzahlregelung ist damit nur unbefriedigend zu realisieren. Geräte, die auf dem beschriebenen Auswerteverfahren basieren, werden für sehr einfache und kostengünstige Applikationen eingesetzt.

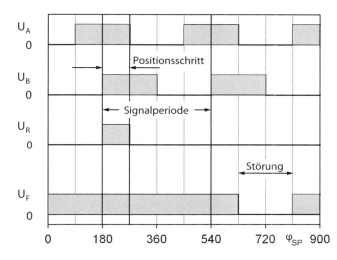

Bild 9.18 Digitalisierte Ausgangsignale (U_A, U_B: Inkrementalsignal; U_R: Referenzmarkensignal; U_F: Störsignal)

Eine Lösung zur Erhöhung der Positionsauflösung ohne hohe Mehrkosten ist, die sinusförmigen Messsignale, welche wie bereits beschrieben in einer Signalperiode absolut sind, elektronisch in feinere Schritte zu unterteilen. Dies kann entweder im Messgerät oder außerhalb erfolgen. Zur Unterteilung bzw. Interpolation der Messsignale wurden unterschiedliche Ausweteverfahren entwickelt, auf die hier nicht eingegangen wird. Die Anzahl an Messschritten pro Signalperiode, welche im Motion Controller zur Verfügung stehen, wird als Unterteilungsfaktor bezeichnet. Er errechnet sich aus dem Interpolationsfaktor bei der üblicherweise angewandten 4-fach-Auswertung in einem Zählerbaustein wie folgt:

$$c_{ES} = 4\, c_{EI} \tag{9.10}$$

c_{ES}	Unterteilungsfaktor Messgerät	*Subdivision factor measuring device*
c_{EI}	Interpolationsfaktor Messgerät	*Interpolation factor measuring device*

Für hochdynamische Servoantriebe werden heute fast ausschließlich digitale Unterteilungselektroniken eingesetzt. Die Messsignale werden mit A/D-Wandlern digitalisiert und dann unterteilt. Typische Unterteilungsfaktoren liegen zwischen 256-fach und 16 384-fach. Vor allem die deutlich höhere Drehzahlauflösung auf Grund der stark gesteigerten Positionsauflösung ermöglichte die Verbreitung von Servoantrieben mit digitaler Drehzahlregelung. Ein photoelektrisches Positionsmessgerät mit typischerweise 2 048 Signalperioden/Umdrehung liefert dadurch bis zu 33 Millionen Positionsschritte/Umdrehung (11 bit + 14 bit = 25 bit). Bei der elektronischen Unterteilung der Signale wird allerdings von idealen nullsymmetrischen Signalen exakt gleicher Amplitude und einer Phasenverschiebung von exakt 90° ausgegangen. Die Signale weisen jedoch mehr oder weniger große Abweichungen von diesem Idealzustand auf, wodurch einer beliebig hohen Unterteilung Grenzen gesetzt sind. Aus der Kombination von Signalabweichungen und elektronischer Unterteilung ergeben sich Positionsmessfehler in einer Signalperiode.

Die Übertragung von Rechtecksignalen, welche im Motion Controller gezählt werden, setzt eine Interpolation im Messgerät voraus. Diese Art der Schnittstelle führt allerdings zu sehr hohen

Übertragungsfrequenzen, welche nicht wirtschaftlich über größere Kabellängen übertragbar sind. Besitzt das Messgerät z. B. 2.048 Signalperioden/Umdrehung und werden die Signale nur 10-fach interpoliert, so ergibt sich bei einer Drehzahl von $12\,000\,\text{min}^{-1}$ bereits eine Übertragungsfrequenz von ca. 4 Mz. Um diese Problematik zu vermeiden, gibt es grundsätzlich zwei praktikable Lösungen:

Übertragung der analogen Messsignale: Die sinusförmigen analogen Messsignale werden zum Motion Controller übertragen, dort digitalisiert und anschließend unterteilt. Als Übertragungspegel sind fast ausschließlich 1-V-Spitze-Spitze-Signalpegel eingeführt. Oft wird daher von der 1Vss-Schnittstelle gesprochen.

Positionswertübertragung mittels serieller Schnittstelle: Die analogen Messsignale werden im Messgerät digitalisiert, anschließend unterteilt und der ermittelte digitale Positionswert mittels einer seriellen Schnittstelle übertragen.

Wichtige Vor- und Nachteile der Schnittstellen zeigt Tabelle 9.6.

Tabelle 9.6 Vor- und Nachteile der Schnittstellen

	Sinusförmige Signale (~ 1 Vss)	Rechtecksignale	Seriell
Übertragungsart	analog	digital	
Echtzeitfähigkeit	ideal	abhängig von Unterteilungselektronik	abhängig von Unterteilungselektronik und Übertragungszeit
Leitungsanzahl Inkremental	8 – 10		≤ 6
Leitungsanzahl Absolut	10 – 12	–	≤ 6

Mittlerweile setzen sich zunehmend Positionsmessgeräte mit schnellen seriellen Schnittstellen durch. Durch Minimierung der Übertragungszeit des gemessenen Positionswertes ergeben sich in fast allen Anwendungen keine Nachteile für die erreichbare Bandbreite des Servoantriebes.

■ 9.10 Messgenauigkeit

Messgeräte besitzen mehr oder weniger große Messfehler. Bei Positionsmessgeräten wird der Messfehler im Wesentlichen von folgenden Eigenschaften beeinflusst:

- Abhängig vom Messprinzip von der Güte der Gitterstruktur, Magnetstruktur, Wicklung etc.
- Güte der Abtastung
- Güte der Signalverarbeitungselektronik
- Führungs- bzw. Lagerabweichungen zwischen den beiden relativ zueinander beweglichen Teilen des Messgerätes
- Rundlauffehler (bei Winkelmessung)

Der Positionsmessfehler ist definiert zu:

$$\Delta y_P = x_P - y_P \qquad\qquad (9.11)$$

Δy_P	Positionsmessfehler	*Position measuring error*	m, rad
x_P	Istposition	*Actual position*	m, rad
y_P	Gemessene Position	*Measured position*	m, rad

Die Messfehler eines Gerätes und damit dessen Messgenauigkeit werden im Messprotokoll dokumentiert. Teilweise werden einzelne Fehleranteile separat aufgeführt. Beispielhaft ist ein Messprotokoll eines Gerätes zur Winkelmessung in Bild 9.19 dargestellt.

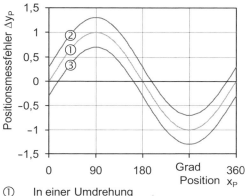

①   In einer Umdrehung
②③ Grenzkurven des gesamten Messfehlers   **Bild 9.19** Messprotokoll

Die Grenzen des Gesamtfehlers der Messung zeigen die Begrenzungslinien ② und ③. Der Gesamtfehler setzt sich aus zwei Anteilen zusammen:

- Langperiodischer Messfehler (Linie ①)

- Messfehler in einer Signalperiode

Langperiodische Abweichungen werden z. B. für einem Meter der Messlänge oder eine Umdrehung angegeben.

Die elektronische Unterteilung der Messsignale in einer Signalperiode führt zu zusätzlichen Messfehlern. Die übliche arctan-Berechnung geht von idealen Messsignalen, und idealer Unterteilungselektronik, aus. Die Messsignale besitzen jedoch Signalabweichungen, wie:

- Unterschiedliche Signalamplituden der beiden Signale

- Nullpunktabweichung beider Signale

- Abweichung der Phasenverschiebung von 90°

- Signaloberwellen

In Bild 9.20 oben sind die ersten drei genannten Abweichungen überzeichnet dargestellt. Den daraus resultierenden Positionsmessfehler bei der Unterteilung zeigt Bild 9.20 unten. Dieser Anteil am gesamten Messfehler schwankt um den langperiodischen Messfehler mit hoher Frequenz.

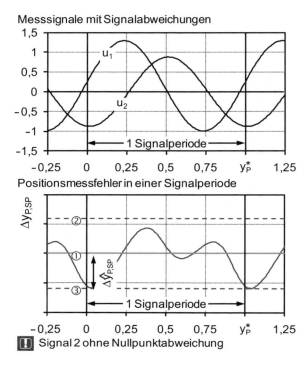

Bild 9.20 Messsignale mit Signalabweichungen und Positionsmessfehler in einer Signalperiode

Im Messprotokoll werden daher zweckmäßigerweise nur die Betragsmaxima (Linien ② und ③) dargestellt. Sie werden vorzeichenrichtig auf den langperiodischen Messfehler aufaddiert. Der maximale Messfehler in einer Signalperiode wird zur qualitativen Beurteilung von Positionsmessgeräten auf eine Signalperiode bezogen und Signalqualität genannt.

$$\chi_{SP} = \pm \frac{|\Delta \hat{y}_{P,SP}|}{x_{SP}} \tag{9.12}$$

χ_{SP}	Signalqualität	Signal quality	
$\Delta \hat{y}_{P,SP}$	Positionsmessfehler in einer Signalperiode	Position measuring error in one signal period	m, rad

Neben dem Einfluss auf die Messgenauigkeit wirken sich die Messfehler in einer Signalperiode zusätzlich auf das dynamische Verhalten des Antriebes aus. Das Gleichlaufverhalten wird bei hochdynamischen Antrieben hiervon maßgeblich beeinflusst. Abhängig von der Drehzahl werden mechanische Schwingungen, insbesondere von schwach gedämpften Maschinenelementen, angeregt.

Positionsmessgeräte besitzen bei vertretbaren Toleranzen zwischen Abtastplatte und Maßstab abhängig vom Messprinzip unterschiedliche Signalperioden bzw. Signalperioden/Umdrehung. Daher ist auch der Positionsmessfehler in einer Signalperiode mehr oder weniger groß (Tabelle 9.7). Dies erklärt, warum bei hohen Anforderungen an die Antriebsdynamik photoelektrische Messgeräte eingesetzt werden.

Tabelle 9.7 Vergleich von Messprinzipien bei Signalqualität von $\pm 0,5\,\%$

	Signalperiode typisch	Positionsmessfehler in einer Signalperiode ①
Photoelektrisch	200 µm bis 0,128 µm	± 1 µm bis $\pm 0,001$ µm
Magnetisch	2 mm bis 200 µm	± 10 µm bis ± 1 µm
Induktiv	20 mm bis 2 mm	± 100 µm bis ± 10 µm
① Bei Signalqualität von $\pm 0,5\,\%$		

10 Servoantriebe

■ 10.1 Einführung

Servoantriebe können zur Steuerung und Regelung unterschiedlichster Prozesse eingesetzt werden. Meist werden folgende Regelgrößen unterstützt:

- Position
- Drehzahl bzw. Geschwindigkeit
- Drehmoment bzw. Kraft

Damit sind folgende Betriebsmodi zu unterscheiden:

- Positionsgeregelter Betrieb
- Drehzahlgeregelter bzw. geschwindigkeitsgeregelter Betrieb
- Drehmomentgeregelter bzw. kraftgeregelter Betrieb

Entweder wird der Betriebsmodus einmalig bei der Inbetriebnahme festgelegt oder es erfolgt eine vom Zustand des zu steuernden Prozesses abhängige Umschaltung zwischen den Betriebsmodi (Ablöseregelung). Prozessbeispiele, die eine Umschaltung erfordern, sind:

- Fügeaufgaben bei der automatischen Montage (Positionsregelung ↔ Kraftregelung)
- Kunststoffspritzguss (Geschwindigkeitsregelung ↔ Kraftregelung)

Bei positionsgeregeltem Betrieb muss die Position an der anzutreibenden Masse statisch und dynamisch möglichst genau mit der programmierten Position übereinstimmen. Der zu steuernde Prozess definiert die erforderliche Positionsgenauigkeit der Maschine. Die statische und dynamische Positionsgenauigkeit wird durch mehrere Faktoren beeinflusst. Dazu zählen die:

- Geometrische Genauigkeit der Maschine
- Eigenschaften mechanischer Übertragungselemente im Antriebsstrang
- Thermischen Verformungen der Maschine
- Eigenschaften der Maschinensteuerung
- Eigenschaften der Regelung der Antriebe
- Eigenschaften der Messgeräte

In diesem Kapitel werden nur Regelungseigenschaften der Antriebe betrachtet. Die Differenz aus Sollposition und gemessener Position wird im Weiteren als Positionsfehler bezeichnet.

$$e_P = w_P - y_P \tag{10.1}$$

e_P	Positionsfehler	*Position error*	m, rad
w_P	Sollposition	*Reference position*	m, rad
y_P	Gemessene Position	*Measured position*	m, rad

Es ist zu beachten, dass bei dieser Verwendung des Begriffs Positionsfehler nur ein Fehleranteil aus dem gesamten Positionsfehler, der die Maschinengenauigkeit definiert, beschrieben wird. Sofern nicht anders angegeben ist die gemessene Position identisch mit der Istposition, d. h. es wird angenommen, dass das Positionsmessgerät keinen Messfehler besitzt. Dann gilt:

$$e_P = w_P - x_P\,; \quad y_P = x_P \tag{10.2}$$

x_P | Istposition | *Actual value position* | m, rad

■ 10.2 Anforderungen und Kenngrößen

Für Servoantriebe gibt es eine Vielzahl von Anforderungen an das statische und dynamische Verhalten. Zur vergleichenden Beurteilung gibt es Kenngrößen, die teilweise aus der Regelungstechnik bekannt sind. Insbesondere folgende Fragestellungen sind von Interesse:

- Wie beeinflusst eine Veränderung der Sollgeschwindigkeit die Istgeschwindigkeit und die Istposition der anzutreibenden Masse? Dieser Zusammenhang wird „Führungsverhalten" genannt.
- Wie beeinflusst eine Veränderung der Lastkraft die Istgeschwindigkeit und die Istposition der anzutreibenden Masse? Dieser Zusammenhang wird „Störverhalten" genannt.
- Wie folgt die Istposition der Sollposition bei einer Bewegung mit konstanter Geschwindigkeit? Diese charakteristische Kenngröße wird in der Antriebstechnik häufig „Schleppabstand" oder „Schleppfehler" genannt. Regelungstechnisch entspricht dies dem Regelfehler bei konstanter Geschwindigkeit.
- Wie schnell erfolgt ein Positioniervorgang, und welches Verhalten tritt dabei auf? Dies wird im Oberbegriff „Positionierverhalten" zusammengefasst.
- Wie konstant ist die Geschwindigkeit einer Bewegung? Der verwendete Begriff für diese Eigenschaft ist „Geschwindigkeitskonstanz"

Für unterschiedliche Antriebskonfigurationen werden zur Beschreibung des Führungsverhaltens und des Störverhaltens im Weiteren die in den Tabellen 10.1 und 10.2 aufgeführten Abkürzungen verwendet. Beispielhaft wird dabei ein Regelkreis für die Geschwindigkeit oder Winkelgeschwindigkeit bzw. Drehzahl betrachtet.

Tabelle 10.1 Dynamische Beurteilung von Servoantrieben – Übertragungsverhalten

Bewegung Eingangsseite → Ausgangsseite	Führungsverhalten $G_W(s)$	Störverhalten $G_L(s)$
linear → linear	$w_S \rightarrow v_M$	$F_L \rightarrow v_M$
rotatorisch → linear	$w_S \rightarrow v_M$	$F_L \rightarrow v_M$
rotatorisch → rotatorisch	$w_S \rightarrow \omega_M$ $\rightarrow n_M$	$M_L \rightarrow \omega_M$ $\rightarrow n_M$

Das dazugehörige Blockschaltbild mit Übertragungsfunktionen zeigt Bild 10.1.

Zur Ermittlung bzw. Beurteilung des dynamischen Verhaltens eines Antriebs mit linearen Systemeigenschaften sind zwei Anregungssignale am jeweiligen Eingang ausreichend (Bild 10.2 und Bild 10.3).

Tabelle 10.2 Dynamische Beurteilung von Servoantrieben – Formelzeichen

$G_W(s)$	Führungsübertragungsfunktion	*Reference transfer function*	
$G_L(s)$	Störübertragungsfunktion	*Disturbance transfer function*	
w_s	Solldrehzahl oder Sollgeschwindigkeit	*Reference speed or velocity*	1/s, m/s
v_M	Istgeschwindigkeit anzutreibende Masse	*Actual velocity mass to be moved*	m/s
ω_M	Istwinkelgeschwindigkeit anzutreibende Masse	*Actual angular speed mass to be moved*	rad/s
n_M	Istdrehzahl anzutreibende Masse	*Actual speed mass to be moved*	1/s
F_L	Lastkraft	*Load force*	N
M_L	Lastdrehmoment	*Load torque*	Nm
x_M	Istposition anzutreibende Masse	*Actual position mass to be moved*	m
φ_M	Istwinkelposition anzutreibende Masse	*Actual angular position mass to be moved*	rad

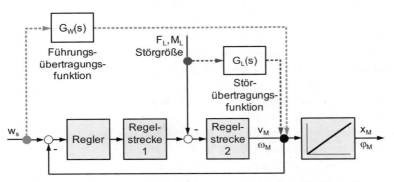

------- Kein Signalpfad, nur zur Darstellung der Ein- und Ausgangsgröße der jeweiligen Übertragungsfunktion!

Bild 10.1 Zusammenhänge bei der dynamischen Beschreibung Beispiel: Regelkreis für die Geschwindigkeit oder Winkelgeschwindigkeit bzw. Drehzahl

- Sprunganregung

$$u(t) = \begin{cases} 0; & t < 0 \\ \hat{u}; & t \geq 0 \end{cases} \tag{10.3}$$

- Sinusförmige Anregung

$$u(t) = \hat{u}\,\sin(\omega t) \tag{10.4}$$

Das Ausgangssignal (x) reagiert auf das Eingangssignal (u) fast immer zeitverzögert. Bei sinusförmiger Anregung ergibt sich bei linearen Systemen eine Phasenverschiebung (φ_S) des Ausgangssignals zum Eingangssignal.

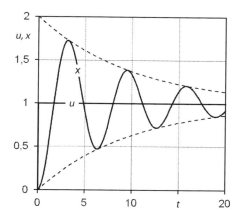

Bild 10.2 Sprunganregung

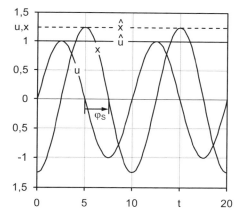

Bild 10.3 Sinusförmige Anregung

Die wichtigsten Kenngrößen bei der Beurteilung einer Sprungantwort und deren Definition zeigt Bild 10.4 und Tabelle 10.3. Die Kenngrößen sind entsprechend auf das „Positionierverhalten" übertragbar.

Eine wichtige Kenngröße zur dynamischen Beurteilung eines positionsgeregelten Antriebs ist der sogenannte „K_V-Wert". Er ist der Quotient aus Geschwindigkeit und Positionsfehler bei konstanter Sollgeschwindigkeit im stationären Zustand. Entsprechendes gilt für die Winkelgeschwindigkeit bei rotatorischen Bewegungsachsen. Regelungstechnisch gesehen ist dieser Wert bei einer klassischen Kaskadenregelung, wie sie später noch vertiefend behandelt wird, identisch mit der Proportionalverstärkung des Positionsreglers.

$$K_V = \frac{v}{e_P}\bigg|_{v=\text{const.}} \quad \text{oder} \quad K_V = \frac{\omega}{e_P}\bigg|_{\omega=\text{const.}} \tag{10.5}$$

K_V	Geschwindigkeitsverstärkung	„K_V-value"	1/s
v	Geschwindigkeit	*Velocity*	m/s
ω	Winkelgeschwindigkeit	*Angular Speed*	rad/s
e_P	Positionsfehler im stationären Zustand	*Position error in steady state*	rad, m

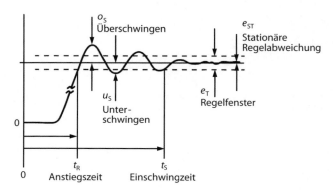

Bild 10.4 Wichtigste Kenngrößen einer Sprungantwort

Tabelle 10.3 Wichtigste Kenngrößen einer Sprungantwort

Regelfenster Response tolerance	e_T	Das Regelfenster ist der geforderte Toleranzbereich, den der Istwert im stationären Zustand nicht verlassen soll. Der oberste und unterste zulässige Grenzwert ist durch die Antriebsaufgabe definiert.
Überschwingen Overshoot	o_S	Das Überschwingen ist der maximale Fehler der Regelgröße, bezogen auf deren Wert im stationären Zustand, nach erstmaligem Überschreiten des Regelfensters.
Unterschwingen Undershoot	u_S	Das Unterschwingen ist der maximale Fehler der Regelgröße, bezogen auf deren Wert im stationären Zustand, nach erstmaligem Unterschreiten des Regelfensters.
Anstiegszeit Rise time	t_R	Die Anstiegszeit ist die Zeit, die benötigt wird, bis der Istwert erstmalig das Regelfenster erreicht.
Einschwingzeit Settling time	t_S	Die Einschwingzeit ist die Zeit, die benötigt wird, bis der Istwert das Regelfenster nicht mehr verlässt.
Stationäre Regelabweichung Control error in steady state	e_{St}	Die stationäre Regelabweichung ist die Regelabweichung im stationären Zustand.

Der K_V-Wert ist die Kenngröße, die angibt, mit welchem Abstand der Positionsistwert dem Positionssollwert bei konstanter Geschwindigkeit folgt. Um den Abstand gering zu halten, sind möglichst hohe Werte anzustreben. Hohe Werte sind insbesondere bei Bahnbewegungen, bei denen zwei oder mehr Servoantriebe an der Bewegungserzeugung beteiligt sind, unumgänglich, um eine hohe Bahngenauigkeit sicherzustellen.

Die Geschwindigkeitsschwankung einer Bewegungsachse ist das Maximum des Geschwindigkeitsfehlers bei konstantem Geschwindigkeitssollwert nach abgeschlossenem Übergangsvorgang von einer auf eine andere Sollgeschwindigkeit. Dies gilt entsprechend für eine rotatorische Bewegungsachse (Bild 10.5).

$$\boxed{v_R = \max(e_S\,|_{\text{stationär}})} \quad \text{oder} \quad \boxed{n_R = \frac{1}{2\pi}\max(e_S\,|_{\text{stationär}})} \tag{10.6a}$$

v_R	Geschwindigkeitsschwankung	*Velocity ripple*	m/s
e_S	Regelabweichung Winkelgeschwindigkeit oder Geschwindigkeit	*Control error angular speed or velocity*	rad/s, m/s
n_R	Drehzahlschwankung	*Speed ripple*	1/s

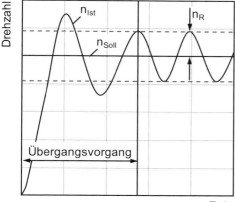

Bild 10.5 Drehzahlschwankung (überzeichnet dargestellt)

Es ist hilfreich, den Wert bezogen auf die Sollgeschwindigkeit bzw. Solldrehzahl anzugeben.

$$v_R^* = \frac{v_R}{w_S} \quad \text{oder} \quad n_R^* = 2\pi \, \frac{n_R}{w_S} \tag{10.6b}$$

w_S	Solldrehzahl oder Sollwinkelgeschwindigkeit	*Reference angular speed or velocity*	rad, m
v_R^*	Relative Geschwindigkeitsschwankung	*Relative velocity ripple*	%
n_R^*	Relative Drehzahlschwankung	*Relative speed ripple*	%

■ 10.3 Kaskadierte Regelung

Bei positionsgeregelten Servoantrieben wird üblicherweise die in Bild 10.6 dargestellte Regelungsstruktur eingesetzt. Die Bedeutung der verwendeten Formelzeichen zeigt Tabelle 10.4. Der innerste Regelkreis ist der Stromregelkreis. Dem Stromregelkreis überlagert ist der Regelkreis für die Geschwindigkeit oder Winkelgeschwindigkeit. Diesem wiederum überlagert ist der Positionsregelkreis. Eine derartige ineinander verschachtelte Regelungsstruktur wird kaskadierte Regelung genannt.

Die Regler und verwendeten Reglertypen sind:

- Positionsregler (P-Regler, sehr selten PI-Regler)

- Drehzahl- oder Geschwindigkeitsregler (PI-Regler)

- Stromregler (PI-Regler)

Zu einem späteren Zeitpunkt wird erläutert, warum meist kein Integralanteil beim Positionsregler benutzt wird. Anstatt des sperrigen Begriffs Winkelgeschwindigkeitsregelkreis wird üblicherweise der Begriff Drehzahlregelkreis verwendet.

Bei drehzahlgeregelten Servoantrieben entfällt der Positionsregler. Bei drehmomentgeregelten Servoantrieben entfällt zusätzlich auch noch der Drehzahlregler.

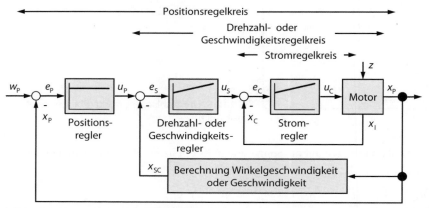

Bild 10.6 Kaskadierte zeitkontinuierliche Regelung mit proportionalem Positionsregler (Vereinfachung: Leistungselektronik, mechanische Übertragungselemente und Messgeräte haben ein ideales Verhalten)

Tabelle 10.4 Formelzeichen

	Istwert x	Sollwert w	Stellgröße u	Regelfehler e
Position oder Winkelposition	x_P	w_P	u_P	e_P
Geschwindigkeit oder Winkel-geschwindigkeit	x_S	$w_S = u_P$	u_S	e_S
Strom	x_C	$w_C = u_C$	u_C	e_C

Die Regler in elektrischen Antrieben sind fast immer digital ausgeführt, d. h. die Regelkreise sind nur zu den Abtastzeiten geschlossen (zeitdiskrete Regelung). Als Hardware werden leistungsfähige Mikrocomputer benutzt. Die Abtastfrequenzen der Regler liegen typischerweise im Bereich zwischen 4 kHz und 32 kHz (Abtastzeit: 250 µs bis 31,25 µs). Die Regelgesetze werden als Algorithmen in Software realisiert. Aus Gründen eines einfacheren Einstiegs in das Thema werden alle Regler zunächst als zeitkontinuierlich bzw. „quasi-kontinuierlich" betrachtet. Es wird also angenommen, dass die Abtastzeit ausreichend klein und damit der Unterschied zu analog realisierten Reglern vernachlässigbar ist. An ausgewählten Stellen wird später auf Effekte bei der digitalen Regelung eingegangen.

Das Regelgesetz und die Übertragungsfunktion für einen zeitkontinuierlichen proportionalen Positionsregler lauten:

$$u_P(s) = K_P \left(w_P(s) - x_P(s) \right) = K_P \, e_P(s) \tag{10.7a}$$

$$G_{CP} = \frac{u_P(s)}{e_P(s)} = K_P \tag{10.7b}$$

u_P	Stellgröße Positionsregler	*Actuating variable position controller*	rad/s, m/s
K_P	Proportionalverstärkung Positionsregler	*Gain position controller*	1/s
w_P	Sollposition	*Reference position*	rad, m
x_P	Istposition	*Actual position*	rad, m
e_P	Regelabweichung Position	*Control error position*	rad, m
G_{CP}	Übertragungsfunktion Positionsregler	*Transfer function position controller*	

Für einen zeitkontinuierlichen PI-Drehzahl- oder Geschwindigkeitsregler gelten:

$$u_S(s) = K_S \left(1 + \frac{1}{T_{NS}} \frac{1}{s} \right) \left(w_s(s) - x_s(s) \right) = K_S \left(1 + \frac{1}{T_{NS}} \frac{1}{s} \right) e_S(s) \tag{10.8a}$$

$$G_{CS} = \frac{u_S(s)}{e_S(s)} = K_S \left(1 + \frac{1}{T_{NS}} \frac{1}{s} \right) \tag{10.8b}$$

u_S	Stellgröße Drehzahl- oder Geschwindigkeitsregler	*Actuating variable speed or velocity controller*	A
K_S	Proportionalverstärkung Drehzahl- oder Geschwindigkeitsregler	*Proportional gain speed or velocity controller*	As, As/m
T_{NS}	Nachstellzeit Drehzahl- oder Geschwindigkeitsregler	*Reset time speed or velocity controller*	s
w_S	Sollwinkelgeschwindigkeit oder Sollgeschwindigkeit	*Reference angular speed or reference velocity*	rad/s, m/s
x_S	Istwinkelgeschwindigkeit oder Istgeschwindigkeit	*Actual angular speed or actual velocity*	rad/s, m/s
e_S	Regelabweichung Winkelgeschwindigkeit oder Geschwindigkeit	*Control error angular speed or velocity*	rad/s, m/s
G_{CS}	Übertragungsfunktion Drehzahl- oder Geschwindigkeitsregler	*Transfer function speed or velocity controller*	

Für einen zeitkontinuierlichen PI-Stromregler gelten:

$$u_C(s) = K_C \left(1 + \frac{1}{T_{NC}} \frac{1}{s} \right) \left(w_C(s) - x_C(s) \right) = K_C \left(1 + \frac{1}{T_{NC}} \frac{1}{s} \right) e_C(s) \tag{10.9a}$$

$$G_{CC} = \frac{u_C(s)}{e_C(s)} = K_C \left(1 + \frac{1}{T_{NC}} \frac{1}{s} \right) \tag{10.9b}$$

u_C	Stellgröße Stromregler	*Actuating variable current controller*	V
K_C	Proportionalverstärkung Stromregler	*Proportional gain current controller*	V/A
T_{NC}	Nachstellzeit Stromregler	*Reset time current controller*	s
w_C	Sollstrom	*Reference current*	A

x_C	Iststrom	*Actual current*	A
e_C	Regelabweichung	*Strom*	A
G_{CC}	Übertragungsfunktion Stromregler	*Transfer function current controller*	

Die weite Verbreitung der Kaskadenstruktur bei der Regelung von Servoantrieben begründet sich aus deren Vorteilen:

- Einfache Inbetriebnahme
  Schrittweise vom innersten zum äußersten Regler.
  1. Schritt: Stromregler → 2. Schritt: Drehzahl- oder Geschwindigkeitsregler → 3. Schritt: Positionsregler

- Einfach zu verstehen

- Unempfindlich (robust) gegenüber Parameterschwankungen der Regelstrecke

- Niedrige Berechnungszeit bei digitaler Realisierung der Regler

■ 10.4 Bewegungsprofile

Elektrische Antriebe werden heute mit leistungsfähigen Mikrocomputern gesteuert und geregelt. Die Bewegungsabläufe sind frei programmierbar. Bei der Programmierung wird der zeitliche Verlauf der Position, der Geschwindigkeit oder der Kraft vorgegeben. Entsprechendes gilt für eine drehende Bewegung. Positionsabhängige Zeitverläufe werden im Weiteren Bewegungsprofile genannt. Soll eine Bewegung von einer in eine andere Position erfolgen, so wird zumindest die Geschwindigkeit oder Drehzahl, mit der die Bewegung ablaufen soll, vorgegeben (Bild 10.7).

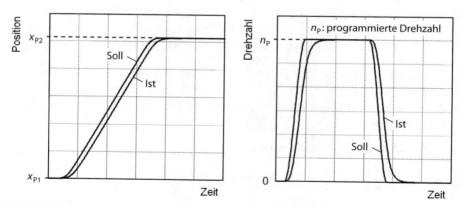

Bild 10.7 Positionierbewegung, links: Positionsverlauf, rechts: Drehzahlverlauf

Eine sprungförmige Änderung der Geschwindigkeit oder Drehzahl ist ein nützliches Testsignal zur Beurteilung oder Identifikation des Systemverhaltens. Sie ist jedoch ungeeignet als Bewegungsprofil. Für ein derartiges Bewegungsprofil müsste der Motor eine unendliche Beschleunigung, d. h. ein unendlich hohes Drehmoment bzw. eine unendlich hohe Kraft bereitstellen. Da dies nicht möglich ist, wird die Anstiegszeit auf die Geschwindigkeit oder Drehzahl sinnvollerweise so gewählt, dass das vom Motor zur Beschleunigung zur Verfügung stehende Drehmoment bzw. die zur Verfügung stehende Kraft nicht überschritten wird. Ein derartiges Bewegungsprofil wird „beschleunigungsbegrenzt" genannt (Bild 10.8).

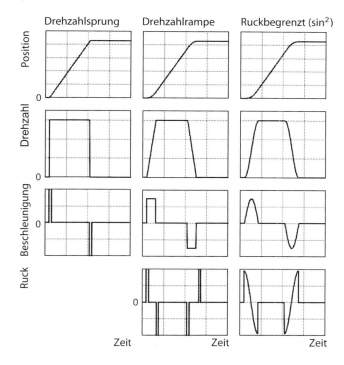

Bild 10.8 Bewegungsprofile (Zeitverläufe Sollwerte)

Unter der Voraussetzung, dass ein „beschleunigungsbegrenztes" Bewegungsprofil benutzt wird, hat der Sollwert für das Motordrehmoment beim Beschleunigen und beim Bremsen einen sprungförmigen Verlauf. Dadurch werden Maschinenschwingungen angeregt. Um die Anregung von Maschinenschwingungen zu minimieren, wird vorzugsweise ein Bewegungsprofil benutzt, das keine sprungförmige Änderung der Sollbeschleunigung besitzt. Ein Bewegungsprofil mit einer derartigen Charakteristik wird „ruckbegrenzt" genannt. Der Ruck ist als Ableitung der Beschleunigung nach der Zeit definiert.

$$j = \dot{a} \quad \text{oder} \quad j = \dot{\alpha} \qquad (10.10)$$

j Ruck   *Jerk*   m/s^3 oder rad/s^3

Es gibt unterschiedliche Typen von „ruckbegrenzten" Bewegungsprofilen, z. B.

Sprungförmiger Ruck: Der Verlauf der Sollbeschleunigung ist trapezförmig

Sinusförmiger Ruck: Der Verlauf der Sollbeschleunigung ist eine sin^2-Funktion

Zusammengefasst haben „ruckbegrenzte" Bewegungsprofile eine Vielzahl von Vorteilen:

- Minimierung der Anregung von Maschinenschwingungen
  Die „sanfte" Bewegungsführung reduziert insbesondere die Anregung von Eigenschwingungen schwach gedämpfter mechanischer Übertragungselemente

- Gewährleistung eines linearen Systemverhaltens
Die Sollwerte für die Bewegungsgrößen werden so erzeugt, dass dadurch keine Systembegrenzungen, wie z. B. die Stromgrenze, überschritten werden

- Höhere Verstärkungen des Positionsreglers sind möglich und damit eine Verringerung des Positionsfehlers im stationären Zustand

- Reduzierung des Verschleiß mechanischer Übertragungselemente auf Grund des „sanften" Drehmoment- bzw. Kraftverlaufs

- Möglichkeit „weiche" oder „empfindliche" Produkte handzuhaben, wie z. B. Nahrungsmittel oder Halbleiter

Der Einfluss des Bewegungsprofils auf Maschinenschwingungen (Bild 10.9) kann insbesondere mit der Istgeschwindigkeit und noch besser mit der Istbeschleunigung der zu bewegenden Masse veranschaulicht werden. Dabei wird eine elektromechanische Bewegungsachse betrachtet. Für die mechanischen Übertragungselemente werden eine Eigenfrequenz von 50 Hz und ein Dämpfungsgrad von 0,1 angenommen. Die Reglereinstellungen sind für alle Bewegungsprofile identisch.

Mit „beschleunigungsbegrenztem" Bewegungsprofil hängt das Verhalten stark von der programmierten Sollbeschleunigung ab. Wird die Sollbeschleunigung erniedrigt, verringert sich die Maschinenschwingung. Bei einer starken Reduzierung der Sollbeschleunigung erhöht sich bei Produktionsmaschinen die Zeit zur Herstellung eines Produkts. Die Produktivität sinkt. Insgesamt ist ein Kompromiss zwischen den konträren Forderungen zu finden.

Identisches gilt für „ruckbegrenzte" Bewegungsprofile, die die Maschinenschwingungen am meisten reduzieren. Beim im Bild dargestellten Profil wurde für die Sollbeschleunigung eine $\sin^2$-Funktion benutzt, die eine identische maximale Sollbeschleunigung hat wie das „beschleunigungsbegrenzte" Bewegungsprofil.

 Durch die Wahl des Bewegungsprofils kann nur das Führungsverhalten verbessert werden. Das Störverhalten ist durch das Bewegungsprofil nicht beeinflussbar.

■ 10.5 Modellierung mechanischer Übertragungselemente

Mechanische Übertragungselemente und die Verbindungen zwischen diesen haben immer eine Elastizität, d. h. sie sind nie vollkommen steif. Ist die Elastizität vergleichsweise klein, ist sie vernachlässigbar. Es kann dann von einer „steifen Kopplung" ausgegangen werden. Eine bessere Bezeichnung ist „quasi-steife Kopplung". Insbesondere bei elektromechanischen Servoantrieben ist dieser Ansatz häufig nicht ausreichend, um das Antriebsverhalten genau genug zu beschreiben. Für diese Fälle müssen alle Elastizitäten, die wesentlichen Einfluss auf das Antriebsverhalten haben, berücksichtigt werden. Alle verbleibenden Elastizitäten werden vernachlässigt („quasi-steife" Betrachtung). Daher muss für jedes Element des Antriebsstranges entschieden werden, welche Betrachtungsweise zweckmäßig ist:

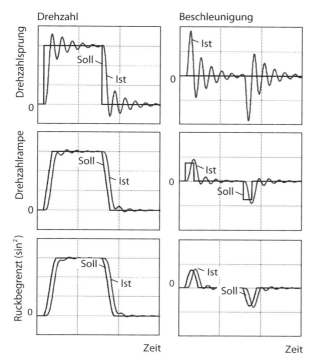

Bild 10.9 Einfluss von Bewegungsprofilen auf das Antriebsverhalten Elektromechanische Bewegungsachse mit einer Eigenfrequenz von 50 Hz und einem Dämpfungsgrad von $D = 0{,}1$

- Steife Kopplung
- Elastische Kopplung

Abhängig von der Anzahl elastischer Kopplungen und der daraus resultierenden Frequenzen ergibt sich ein Ein-Massen-Schwinger oder ein Mehr-Massen-Schwinger. Für unterschiedliche Fälle ist das Verhalten im Frequenzbereich in Bild 10.10 dargestellt. Im Fall eines Mehr-Massen-Schwingers, bei dem die einzelnen Frequenzen sehr nahe beieinander liegen, müssen alle Frequenzen berücksichtigt werden. Sind alle höheren Frequenzen deutlich über der niedrigsten Frequenz, können sie bei der beschriebenen kaskadierten Regelungsstruktur meist vernachlässigt werden. Man spricht dann von einer dominanten Frequenz.

Bei elektrischen Direktantrieben kann üblicherweise von mechanisch steifen Systemen ausgegangen werden. Ausnahmen hiervon sind:

- Maschinen, oder Einrichtungen, die mechanisch nicht für elektrische Direktantriebe ausgelegt sind
- Die geforderte Antriebsdynamik ist so hoch, dass es extrem schwierig ist, die erforderliche mechanische Steifigkeit zu erreichen

Typische Bereiche mechanischer Eigenfrequenzen in computergesteuerten Produktionsmaschinen und die dabei für die Systemmodellierung üblicherweise benutzte Betrachtungsweise zeigt Tabelle 10.5.

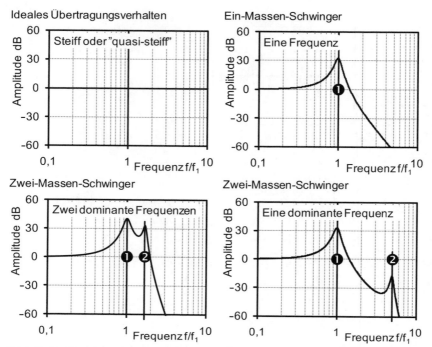

Bild 10.10 Eigenfrequenzen mechanischer Übertragungselemente (f_1: Niedrigste mechanische Eigenfrequenz)

Tabelle 10.5 Mechanische Eigenfrequenzen und übliche Betrachtungsweise

	Erste Eigenfrequenz Typischer Bereich	Betrachtungsweise
Elektromechanischer Antrieb	20 Hz – 200 Hz	Elastische Mechanik
Direktantrieb	200 Hz – 2 kHz	Quasi-steife Mechanik

■ 10.6 Mechanisch steife Antriebe

Auf Grund des Wegfalls mechanischer Übertragungselemente vereinfacht sich bei elektrischen Direktantrieben die Systembeschreibung meist sehr stark. Die Bewegungsgleichung eines mechanisch steifen Antriebes für eine Linearbewegung lautet:

$$m_T \ddot{x}_P = F_{Mo} - F_L; \quad m_T = m_{Mo} + m_m \tag{10.11}$$

m_T	Gesamtmasse	Total mass	kg
x_P	Istposition	Actual position	m
F_{Mo}	Motorkraft	Motor force	N
F_L	Lastkraft	Load force	N
m_{Mo}	Masse des bewegten Motorteils	Mass of moved motor part	kg
m_m	Anzutreibende Masse	Mass to be moved	kg

Laplace-transformiert folgt für die Geschwindigkeit:

$$m_T \, v(s) \, s = F_{Mo}(s) - F_L(s) \tag{10.12}$$

$$v(s) = \frac{1}{m_T} \, (F_{Mo}(s) - F_L(s)) \, \frac{1}{s} \tag{10.13}$$

Die Führungs- und Störübertragungsfunktion sind identisch:

Führungsübertragungsfunktion $G_{WV}(s) = \dfrac{v(s)}{F_{Mo}(s)} = m_T \, \dfrac{1}{s}$ $\qquad$ (10.14a)

Störübertragungsfunktion $G_{LV}(s) = \dfrac{v(s)}{F_L(s)} = m_T \, \dfrac{1}{s}$ $\qquad$ (10.14b)

G_{WV}	Führungsübertragungsfunktion Motorkraft → Geschwindigkeit	Reference transfer function motor force → speed	
G_{LV}	Störübertragungsfunktion Lastkraft → Geschwindigkeit	Disturbance transfer function load force → speed	

Bild 10.11 zeigt einen vereinfachten Geschwindigkeitsregelkreis für einen mechanisch steifen Antrieb.

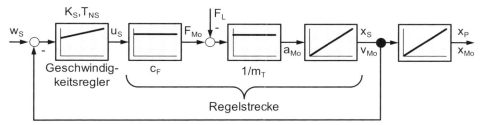

Bild 10.11 Vereinfachter Geschwindigkeitsregelkreis (zeitkontinuierlich)

Die Konstante c_F ist die Kraftkonstante des Motors. Es wird davon ausgegangen, dass die Geschwindigkeitsermittlung aus der gemessenen Position und die Positionsmessung selbst ideal sind. Auch die Stromregelung wird als ideal angenommen und ist daher nicht dargestellt. Die Reglerparameter des Stromreglers sind meist vom Antriebslieferanten bereits voreingestellt und im Speicher des Motion Controller abgelegt. Dies ist möglich, da auf die Einstellung des Stromreglers der jeweilige Motor maßgeblichen Einfluss hat. Alle an den Motor angekoppelten Mechaniken sind regelungstechnisch außerhalb des Stromregelkreises. In den meisten Fällen müssen oder können die Parameter des Stromreglers daher vom Anwender nicht verändert werden.

Für einen rotatorischen Antrieb gelten die in Tabelle 10.6 dargestellten Analogien.

Tabelle 10.6 Analogiegrößen linearer und rotatorischer Direktantrieb

Masse → Trägheitsmoment	$m_T \rightarrow J_T$
Kraftkonstante → Drehmomentkonstante	$c_F \rightarrow c_T$

Die Übertragungsfunktion des offenen Kreises lautet:

$$G_{0S}(s) = \frac{e_S(s)}{w_S(s)} = K_S \left(1 + \frac{1}{T_{NS}} \, \frac{1}{s} \right) \frac{c_F}{m_T} \, \frac{1}{s} \tag{10.15}$$

c_F	Kraftkonstante	*Force constant*	N/A
m_T	Gesamte zu bewegende Masse	*Total mass to be moved*	kg

Für eine allgemeine Betrachtung ist es hilfreich, diese unabhängig von der Kraftkonstante und der Masse durchzuführen. Hierfür ist es zweckmäßig, eine normierte Verstärkung zu definieren.

$$G_{0S}(s) = K_S^* \left(1 + \frac{1}{T_{NS}} \frac{1}{s}\right) \frac{1}{s}; \quad K_S^* = K_S \frac{c_F}{m_T} \tag{10.16}$$

K_S^*	Normierte Verstärkung Geschwindigkeitsregler	*Normalized gain velocity controller*	1/s

Für einen rein proportionalen Regler ergibt sich als Führungsübertragungsfunktion ein Verzögerungsglied erster Ordnung.

$$G_{WS}(s) = \frac{K_S^* \frac{1}{s}}{1 + K_S^* \frac{1}{s}} = \frac{1}{1 + \frac{1}{K_S^*} s} = \frac{1}{1 + T_{SC} s}; \quad T_{SC} = \frac{1}{K_S^*} \tag{10.17}$$

T_{SC}	Zeitkonstante Geschwindigkeits- oder Drehzahlregelkreis	*Time constant velocity or speed control loop*	s

Eine Erhöhung der Proportionalverstärkung führt zu einer kleineren Zeitkonstante des Geschwindigkeitsregelkreises. Je höher die Verstärkung, desto schneller folgt die Istgeschwindigkeit der Sollgeschwindigkeit (Bild 10.12). Die Dynamik des Antriebes erhöht sich.

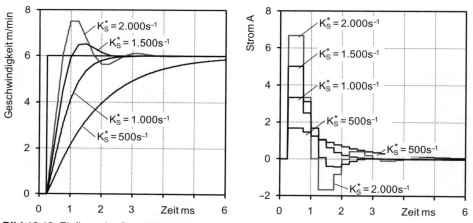

Bild 10.12 Einfluss der Proportionalverstärkung auf die Dynamik und den Strom

Die erreichbare Verstärkung ist jedoch, insbesondere durch folgende Effekte, begrenzt:

- Der Strom und damit die zur Verfügung stehende Motorkraft zum Beschleunigen sind begrenzt. Der erforderliche Strom steigt mit höherer Verstärkung (Bild 10.12).

- Motion Controller arbeiten digital. Die Abtastzeit hat Einfluss auf das Stabilitätsverhalten. Bei vorgegebener Abtastzeit ist die Verstärkung begrenzt. Bild 10.12 zeigt dies für eine Abtastzeit des Motion Controllers von 250 µs. Die Schaltfrequenz der Leistungshalbleiter ist dabei identisch mit der Abtastfrequenz des Motion Controllers (4 kHz). Bei einer Verstärkung von $K_S^* = 2\,000\,\mathrm{s}^{-1}$ ist deutlich zu erkennen, dass nicht mehr ausreichend Abtastzeitpunkte vorhanden sind.

Das Störverhalten mit einem Proportionalregler berechnet sich zu:

$$x_S(s) = \frac{1}{m_T}\left(F_{Mo}(s) - F_L(s)\right)\frac{1}{s} \tag{10.18a}$$

$$F_{Mo}(s) = -K_S c_F x_S(s)\,; \quad w_S(s) = 0! \tag{10.18b}$$

$$x_S(s) = \left(-\frac{c_F}{m_T}K_S x_S(s) - \frac{1}{m_T}F_L(s)\right)\frac{1}{s} = \left(-K_S^* x_S(s) - \frac{1}{m_T}F_L(s)\right)\frac{1}{s} \tag{10.18c}$$

$$\left(s + K_S^*\right)x_S(s) = -\frac{1}{m_T}F_L(s) \tag{10.18d}$$

$$G_{LS}(s) = \frac{x_S(s)}{F_L(s)} = -\frac{1}{m_T}\frac{1}{s + K_S^*} = -\frac{1}{m_T K_S^*}\frac{1}{1 + \frac{1}{K_S^*}s} \tag{10.18e}$$

$$G_{LS}(s) = \frac{x_S(s)}{F_L(s)} = -\frac{1}{m_T K_S^*}\frac{1}{1 + T_{SC}s}\left\{\begin{array}{l}K_S^* = K_S\frac{c_F}{m_T} \\ T_{SC} = \frac{1}{K_S^*} = \frac{1}{K_S}\frac{m_T}{c_S}\end{array}\right. \tag{10.18f}$$

Die Störübertragungsfunktion ist ebenfalls ein Verzögerungsglied erster Ordnung. Die stationäre Geschwindigkeitsabweichung ist umgekehrt proportional zur Proportionalverstärkung.

$$e_S|_{\text{steady state}} = -\frac{1}{m_T K_S^*}F_L = -\frac{1}{c_F K_S}F_L \tag{10.19}$$

Abhängig von der erreichbaren Verstärkung ergibt sich mit einem proportionalen Regler bei Belastung des Antriebes eine mehr oder weniger große stationäre Regelabweichung. Durch einen integralen Anteil im Regler wird die stationäre Regelabweichung null. Daher wird für den Geschwindigkeits- oder den Drehzahlregler ein PI-Regler verwendet. Der proportionale Anteil bestimmt im Wesentlichen die Dynamik, und der integrale Anteil sorgt dafür, dass es zu keiner bleibenden Regelabweichung kommt.

Für einen rotatorischen Direktantrieb mit PI-Drehzahlregler ist in Bild 10.13 das Führungs- und das Störverhalten zeitlich nacheinander dargestellt. Als Testsignale wurden ein Drehzahl- und ein Lastsprung verwendet.

Bei mechanisch steifen Antrieben gibt es keine niedrigen Eigenfrequenzen, die von der Regelung angeregt werden können. Daher ist es bei Direktantrieben im Vergleich zu elektromechanischen Antrieben möglich, eine sehr hohe Proportionalverstärkung einzustellen. In Anwendungen mit keinen oder vergleichsweise geringen Lastkräften kann daher die bleibende Regelabweichung vernachlässigt werden, und ein P-Regler ist ausreichend. Die destabilisierende Wirkung des Integralanteils entfällt, wodurch sich höhere Proportionalverstärkungen und damit eine höhere Dynamik ergeben.

Bild 10.14 zeigt einen kaskadierten zeitkontinuierlichen Positionsregelkreis für einen linearen Direktantrieb. Mit proportionalen Reglern für Position und Geschwindigkeit ist der Einstieg in das Gebiet Positionsregelung für Servoantriebe einfacher, und wesentliche Zusammenhänge lassen sich auch mit dieser Reglerstruktur darstellen. Der Geschwindigkeitsregelkreis hat daher keinen Integralanteil.

Es ist vorteilhaft, das System wie folgt zu normieren:

$$F_L^* = \frac{1}{m_T}F_L \quad \text{und} \quad F_{Mo}^* = \frac{1}{m_T}F_{Mo} \tag{10.20}$$

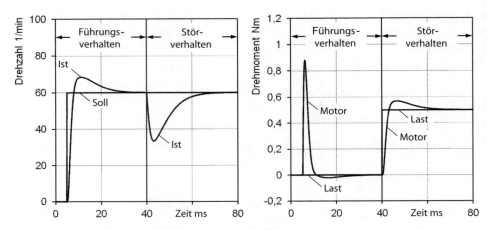

Bild 10.13 Führungs- und Störverhalten des Drehzahlregelkreises eines rotatorischen Direktantriebes, links: Drehzahlverlauf, rechts: Drehmomentverlauf

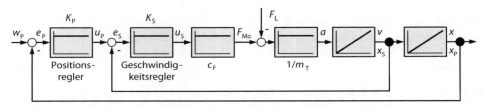

Bild 10.14 Zeitkontinuierlicher Positionsregelkreis für linearen Direktantrieb

Damit folgt aus:

$$F_{Mo} = K_P K_S c_F (w_P - x_P) - K_S c_F x_S \qquad (10.21)$$

in normierter Darstellung:

$$F_{Mo}^* = \frac{c_F}{m_T} K_P K_S (w_P - x_P) - \frac{c_F}{m_T} K_S x_S \qquad (10.22)$$

Für die Verstärkungen ist eine Normierung ebenfalls vorteilhaft:

$$F_{Mo}^* = K_P^* (w_P - x_P) - K_S^* x_S; \quad K_P^* = \frac{c_F}{m_T} K_P K_S; \quad K_S^* = \frac{c_F}{m_T} K_S \qquad (10.23)$$

Durch die Normierungen wird das Blockschaltbild übersichtlicher (Bild 10.15). Die Zusammenhänge zwischen physikalischen und normierten Werten zeigt Tabelle 10.7.

Im Frequenzbereich folgt:

$$\left(s^2 + K_S^* s + K_P^*\right) x_P(s) = K_P^* w_P(s) - F_L^*(s) \qquad (10.24)$$

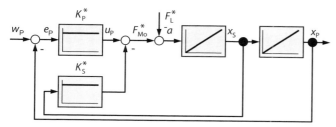

Bild 10.15 Blockschaltbild mit normierten Größen

Physikalisch		Normiert	
F_{Mo}	N	$F^*_{Mo} = \dfrac{1}{m_T} F_{Mo}$	m/s²
K_S	As/m	$K^*_S = \dfrac{c_F}{m_T} K_2$	1/s
K_P	1/s	$K^*_P = \dfrac{c_F}{m_T} K_P K_2 = K_P K^*_2$	1/s²

Tabelle 10.7 Zusammenhänge zwischen physikalischen und normierten Größen

Daraus ergibt sich für die Führungs- und Störungsübertragungsfunktion ein Verzögerungsglied zweiter Ordnung:

$$G_{WP}(s) = \frac{x_P(s)}{w_P(s)} = \frac{1}{K^*_P\, s^2 + \frac{K^*_S}{K^*_P}\, s + 1} \tag{10.25a}$$

$$G_{LP}(s) = \frac{x_P(s)}{F^*_L(s)} = -\frac{1}{K^*_P} \frac{1}{\frac{1}{K^*_P}\, s^2 + \frac{K^*_S}{K^*_P}\, s + 1} \tag{10.25b}$$

Ganz allgemein ist die Übertragungsfunktion eines Verzögerungsgliedes zweiter Ordnung durch die Kennkreisfrequenz und den Dämpfungsgrad definiert.

$$G(s) = \frac{x(s)}{u(s)} = \frac{1}{\frac{1}{\omega_0^2}\, s^2 + \frac{2D}{\omega_0}\, s + 1} \tag{10.26}$$

Ein Koeffizientenvergleich ergibt die charakteristischen Kenngrößen des Positionsregelkreises.

$$\boxed{\omega_{0P} = \sqrt{K^*_P}} \tag{10.27a}$$

$$\boxed{D_P = \frac{1}{2} \frac{K^*_S}{\sqrt{K^*_P}}} \tag{10.27b}$$

ω_{0P}	Kennkreisfrequenz Positionsregelkreis	*Characteristic angular frequency position control loop*	rad/s
D_P	Dämpfungsgrad Positionsregelkreis	*Damping grade position control loop*	

Das dynamische Verhalten des Positionsregelkreises wird mittels der beiden Reglerverstärkungen festgelegt.

$$K_P^* = \omega_{0P}^2 \qquad\qquad (10.28a)$$

$$K_S^* = \frac{2D_P}{\omega_{0P}} K_P^* = 2D_P\sqrt{K_P^*} \qquad\qquad (10.28b)$$

Bei vielen Antriebsaufgaben müssen Schwingungen bei der Positionierung vermieden oder begrenzt werden. Daher sind Stabilitätskriterien zur Reglerparametrierung nicht ausreichend. Ein Positioniervorgang ohne Schwingungen wird erreicht, wenn bei sinusförmigem Verlauf des Positionssollwertes für alle Frequenzen die Amplitude des Positionsistwertes nicht höher wird als die des Positionssollwertes.

$$A_P(\omega) = |G_{WP}(\omega)| \le 1 \qquad\qquad (10.29)$$

Durch Wahl des Dämpfungsgrades des Positionsregelkreises zu

$$D_P = \frac{1}{2}\sqrt{2} \approx 0{,}707 \qquad\qquad (10.30)$$

kann diese Forderung gerade (ohne Sicherheitsreserve) erfüllt werden.

Die Eigenfrequenz des Positionsregelkreises ergibt sich aus folgenden Zusammenhängen:

$$\frac{2D_P}{\omega_{0P}} = \frac{K_S^*}{K_P^*} = \frac{K_S^*}{K_P K_S^*} \qquad\qquad (10.31)$$

$$f_{0P} = \frac{D_P}{\pi} K_P \qquad\qquad (10.32)$$

| f_{0P} | Eigenfrequenz Positionsregelkreis | *Characteristic frequency position control loop* | Hz |

Die Beziehung zwischen den Verstärkungen lautet:

$$K_S^* = 4 D_P^2 K_P \qquad\qquad (10.33)$$

Für zwei typische Dämpfungsgrade folgt:

① $D_P = \dfrac{1}{2}\sqrt{2} \approx 0{,}707$ $\boxed{K_S^* = 2K_P}$ \qquad\qquad (10.34a)

② $D_P = 1$ $\boxed{K_S^* = 4K_P}$ \qquad\qquad (10.34b)

Eine Punkt-zu-Punkt-Bewegung zeigt Bild 10.16. Es sind die Sollwerte und alle wichtigen mechanischen Größen dargestellt. Den Einfluss des Dämpfungsgrades auf einen Positioniervorgang zeigt Bild 10.17.

 Ein niedriger Dämpfungsgrad erhöht zwar die Dynamik, bei allerdings gleichzeitiger Erhöhung der Positionierzeit.

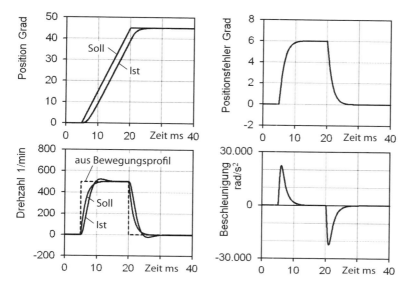

Bild 10.16 Punkt-zu-Punkt-Bewegung (Bewegungsprofil Positionsrampe)

Zur Einhaltung eines vorgegebenen Positionsfensters von z. B. ±0,1 mm gewährleistet der höchste Dämpfungsgrad die niedrigste Positionierzeit (mit ① gekennzeichnet). Die Positionierzeiten für niedrigere Dämpfungsgrade sind mit ② und ③ bezeichnet.

 Ein Integralanteil im Regelkreis wirkt destabilisierend. Ein Positionsregler mit integralem Anteil bewirkt ein in vielen Anwendungen unerwünschtes Überschwingen der Position beim Positioniervorgang. So führt ein Überschwingen in der Position bei einer spanenden Bearbeitung eines Werkstückes auf einer Werkzeugmaschine zu einem unzulässigen Materialabtrag.

Eine Abschätzung, welche Abtastzeit erforderlich ist, damit die zeitkontinuierliche Betrachtungsweise bei einer digitalen Regelung zulässig ist, liefert das Verhältnis der Periodendauer der Schwingung zur Abtastzeit. Eine Periode muss 10- bis 20-mal abgetastet werden, damit von einem quasi-zeitkontinuierlichen Verhalten ausgegangen werden kann.

$$T = \chi_S \, T_S; \quad 10 \leq \chi_S < 20 \tag{10.35}$$

T	Periodendauer	*Period time*	s
χ_S	Faktor für Verhältnis Periodendauer zu Abtastzeit	*Factor for ratio of period time to sample time*	
T_S	Abtastzeit	*Sample time*	s

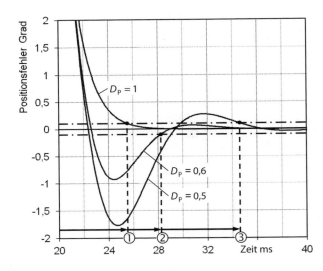

Bild 10.17 Positioniervorgang
(Bewegungsprofil: Positionsrampe)

 Die Abtastzeit des Motion Controllers kann nicht beliebig reduziert werden. Abhängig von der Leistungsfähigkeit des eingesetzten Mikrocomputers ist eine mehr oder weniger lange Zeit, z. B. zur Berechnung der Regelalgorithmen und Verarbeitung der Ein- und Ausgangssignale, erforderlich. Zur Erreichung höchster Dynamik und damit sehr hoher Reglerverstärkungen ist das oben angegebene Verhältnis nicht mehr erfüllbar. In diesen Fällen muss bei der Regleroptimierung zusätzlich die Abtastzeit berücksichtigt werden. Der Stromregelkreis kann dann auch nicht als ideal angenommen werden.

■ 10.7 Mechanisch elastische Antriebe

In Kapitel 2 wurde das dynamische Verhalten mechanischer Übertragungselemente am Beispiel einer Linearachse mit einer dominanten Elastizität (Bild 2.12) hergeleitet. Das regelungstechnische Ersatzschaltbild (Blockschaltbild) für dieses System zeigt Bild 10.18. Die Position der anzutreibenden Masse wird von der Winkelposition der Motorwelle (Führungsgröße) und der Prozesskraft (Störgröße) beeinflusst. Das Blockschaltbild ist sowohl mit der Torsionssteifigkeit als auch mit der linearen Steifigkeit gezeigt.

Der Übergang vom linearen in das rotatorische System ist im betrachteten Beispiel nur durch die Spindelsteigung bestimmt. Es ist zweckmäßig, eine kinematische Konstante zu definieren:

$$c_K = \frac{h_{Sp}}{2\pi} \tag{10.36}$$

Die charakteristischen Größen dieses schwingungsfähigen Systems sind:

- Mechanische Kennkreisfrequenz (ω_{0M})
- Mechanischer Dämpfungsgrad (D_M)

Mit Torsionssteifigkeit

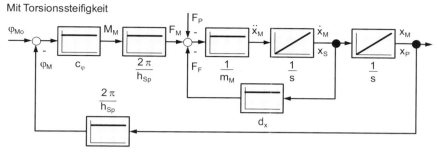

Mit linearer Steifigkeit

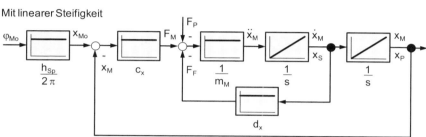

Bild 10.18 Blockschaltbild mechanische Übertragungselemente einer Linearachse mit einer dominanten Elastizität

Sie ergeben sich, wie in Abschnitt 2.8.2 gezeigt, aus den charakteristischen Größen der mechanischen Übertragungselemente zu:

$$\omega_{0M} = \sqrt{\frac{c_x}{m_M}} \tag{10.37a}$$

$$D_M = \frac{1}{2} d_x \sqrt{\frac{1}{c_x m_M}} \tag{10.37b}$$

Das äquivalente Blockschaltbild mit den charakteristischen Schwingungsgrößen ist in Bild 10.19 dargestellt.

Um die positionsgeregelte Servoachse vollständig beschreiben zu können, ist das Blockschaltbild der mechanischen Übertragungselemente um die mechanischen und elektrischen Elemente des Motors, die Elemente der Leistungselektronik und um die kaskadierten Regler zu ergänzen. Bild 10.20 zeigt ein vereinfachtes Blockschaltbild für einen positionsgeregelten elektromechanischen Antrieb. Dabei wurde angenommen, dass der Stromregelkreis ideal ist. Daher ist der elektrische Teil des Motors, die Leistungselektronik und der Stromregler nicht gezeigt. Es wird von einer Messung der Position an der anzutreibenden Masse (direkte Messung) ausgegangen.

Die Rückwirkung der mechanischen Übertragungselemente auf die Motorwelle in Form des Drehmomentes M_M kann auch als Störgröße für den Drehzahlregelkreis betrachtet werden.

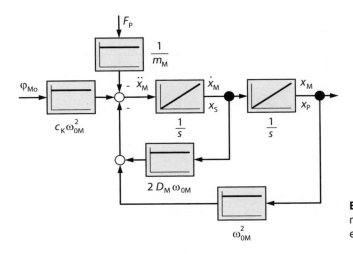

Bild 10.19 Blockschaltbild mit charakteristischen Größen einer Schwingung

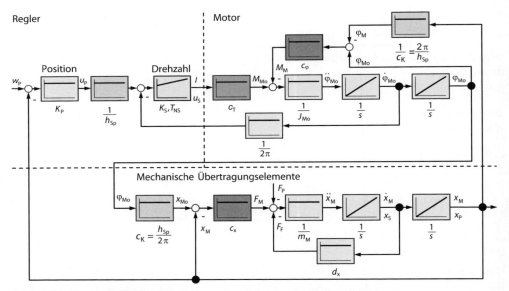

Bild 10.20 Blockschaltbild positionsgeregelter elektromechanischer Antrieb

Wendet man die von einem Geschwindigkeitsregelkreis bekannte Normierung für einen Drehzahlregelkreis an, ergeben sich die normierten Größen zu:

$$K_S^* = K_S \frac{c_T}{J_{Mo}} \tag{10.38a}$$

$$M_M^* = \frac{1}{J_{Mo}} M_M \tag{10.38b}$$

$$M_{Mo}^* = \frac{1}{J_{Mo}} M_{Mo} \tag{10.38c}$$

Mit normierter Darstellung für den Drehzahlregelkreis ergibt sich das in Bild 10.21 gezeigte Blockschaltbild.

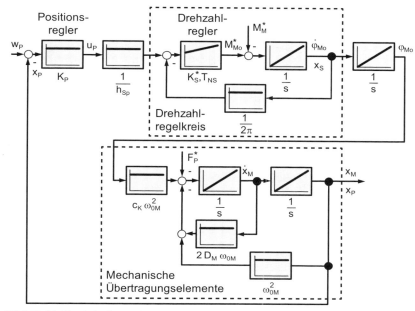

Bild 10.21 Vereinfachung des Blockschaltbildes

Eine Verschiebung des Integratorblocks von der Drehzahl zur Position der Motorwelle führt zum Blockschaltbild in Bild 10.22.

Die Beschreibung des Antriebsverhaltens kann stark vereinfacht werden, wenn folgende Randbedingungen erfüllt sind:

- Die Dynamik des Drehzahlregelkreises ist deutlich höher als die Dynamik der mechanischen Übertragungselemente
- Störungen des Drehzahlregelkreises durch die Rückwirkung der mechanischen Übertragungselemente werden vom Drehzahlregler sehr schnell ausgeglichen. Der Einfluss der Störung auf den Drehzahlistwert ist zu vernachlässigen.

Der Drehzahlregelkreis kann dann als ideal angesehen werden, und es ergibt sich das Blockschaltbild in Bild 10.23.

Die maximal erreichbare Proportionalverstärkung des Positionsreglers hängt in dieser vereinfachten Betrachtung nur von der Kennkreisfrequenz und dem Dämpfungsgrad der mechanischen Übertragungselemente ab. Für einen überschwingfreien Positioniervorgang zeigt Bild 10.24 die erreichbare Verstärkung.

Die Bilder 10.25 bis 10.27 zeigen das Verhalten eines Servoantriebes mit einer dominanten mechanischen Eigenfrequenz. Der Motion Controller hat eine Abtastzeit von 125 µs. Die Positionsmessung erfolgt auf der Motorwelle (indirekte Messung). Die Reglerparameter des

- P-Positionsregler (K_P)
- PI-Drehzahlregler (K_S, T_{NS})
- PI-Stromregler (K_I, T_{NI})

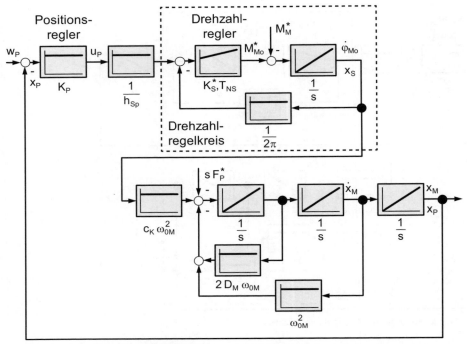

Bild 10.22 Blockschaltbild positionsgeregelte elektromechanische Linearachse

sind bzgl. Schwingungsverhalten und Positionierverhalten optimiert. Im Führungsverhalten des Drehzahlreglers ist die Rückwirkung der mechanischen Eigenschwingung auf das Drehzahlverhalten der Motorwelle deutlich ersichtlich (Bilder 10.25).

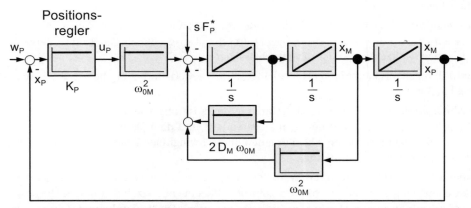

Bild 10.23 Blockschaltbild positionsgeregelte elektromechanische Linearachse (sehr stark vereinfacht)

Die Differenz zwischen der Motorposition und der Position der anzutreibenden Masse, hervorgerufen durch die Elastizität des Gewindetriebes, ist in Bild 10.26 (vergrößerter Bereich in oberer Grafik) gut erkennbar. Die höhere Dynamik des Drehzahlregelkreises im Vergleich

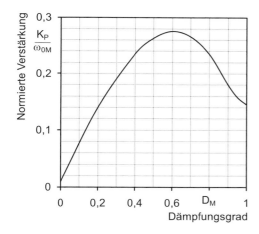

Bild 10.24 Maximal zulässige Verstärkung des Positionsreglers, Kriterium: kein Überschwingen beim Positionieren

zum mechanischen System (Gewindetrieb) zeigt der Beschleunigungsverlauf (Bild 10.26, untere Grafik). Dabei wurde die Winkelbeschleunigung der Motorwelle kinematisch auf eine lineare Beschleunigung an der anzutreibenden Masse umgerechnet. Beim Positioniervorgang (Bild 10.27) schwingt die Position der Motorwelle, die wiederum kinematisch auf die Position der anzutreibenden Masse umgerechnet wurde, nicht über. Bei der gewählten Einstellung der Reglerparameter schwingt allerdings die Position der anzutreibenden Masse über. Dies resultiert wiederum aus der Elastiziät des Gewindetriebes. Durch Reduzierung der Reglerverstärkung kann dieses Überschwingen in der Position vermieden werden.

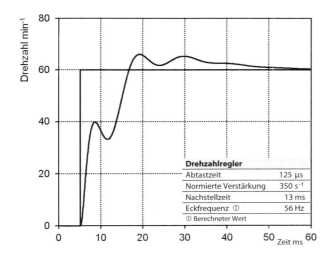

Drehzahlregler

Abtastzeit	125 µs
Normierte Verstärkung	350 s⁻¹
Nachstellzeit	13 ms
Eckfrequenz ①	56 Hz
① Berechneter Wert	

Bild 10.25 Führungsverhalten Drehzahlregelung für mechanisch elastischen Antrieb

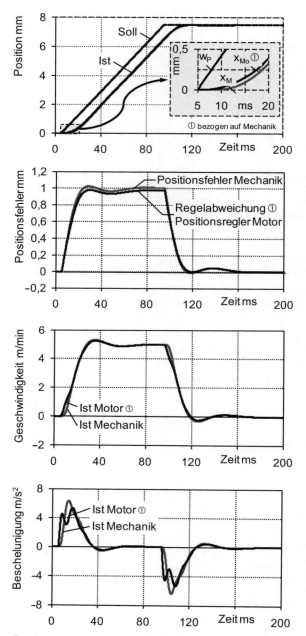

Bild 10.26 Bewegungsverhalten eines Antriebs mit einer dominanten mechanischen Eigenfrequenz – Mechanik und Motor, bezogen auf Mechanik (Abtastzeit: 125 μs, Proportionalverstärkung Positionsregler: 85 s^{-1})

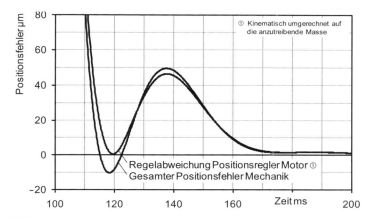

Bild 10.27 Positionsfehler bei einem Positioniervorgang

■ 10.8 Feldorientierte Regelung

Die einzelnen Wicklungsstränge von Drehstrommotoren werden mit drei um 120° elektrisch phasenverschobenen Spannungen versorgt. Da die Summe der drei Spannungen null ist, stehen damit zwei unabhängige Steuergrößen zur Verfügung. Die Stellgröße des Drehzahlreglers bzw. Geschwindigkeitsreglers ist das Motordrehmoment bzw. die Motorkraft. Bei einem Betrieb des Motors ohne Feldschwächung stellt sich die Aufgabe, wie die zwei bzw. drei Spannungen aus dieser einen Stellgröße zu steuern sind. Hierfür wurde das Verfahren der feldorientierten Regelung (field oriented control oder vector control) entwickelt. Das Verfahren nutzt mathematische Modelle des Motors und Transformationen, um die oben beschriebene Aufgabe zu erfüllen. Damit ist es möglich, Servoantriebe mit synchronen und asynchronen Drehstrommotoren bis zur Stellgröße des Drehzahlreglers so zu behandeln wie Servoantriebe mit Gleichstrommotoren. Bei Betrieb des Motors in Feldschwächung wird zusätzlich zur Steuerung des Drehmomentes bzw. der Kraft das Erregerfeld variiert. Die feldorientierte Regelung kann damit als Block mit den beiden Eingangsgrößen

- Sollwert Motordrehmoment (M_{Soll}) oder Motorkraft (F_{Soll})
- Magnetischer Erregerfluss (Φ_E)

und den drei Motorspannungen U_1, U_2, U_3 als Ausgangsgrößen betrachtet werden (Bild 10.28).

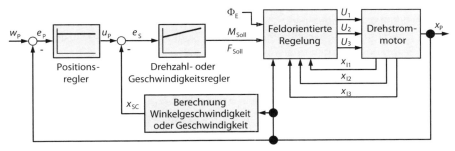

Bild 10.28 Feldorientierte Regelung

Für die Transformation wird die Winkelposition der Motorwelle oder die Position des bewegten Motorteils benötigt. Üblicherweise werden die drei Phasenströme (x_{I1}, x_{I2}, x_{I3}) gemessen und für eine Stromregelung benutzt. Durch die Stromregelung kann die Dynamik zur Drehmoment- bzw. Krafteinstellung häufig vernachlässigt werden. Die Kombination aus feldorientierter Regelung und Motor kann dann als idealer „Drehmomentsteller" oder „Kraftsteller" betrachtet werden. Das Verfahren der feldorientierten Regelung erfordert im Vergleich zur Positions- und Drehzahlregelung deutlich mehr Rechenleistung.

Zur übersichtlichen Darstellung der Zusammenhänge werden die elektrischen und magnetischen Größen in einem für den jeweiligen Motortyp zweckmäßigen Koordinatensystem dargestellt. Dabei wird nur der Strom eines Stranges betrachtet. Die zwei Freiheitsgrade durch die zwei unabhängigen Spannungen bleiben durch vektorielle Aufteilung eines Strangstromes in zwei Komponenten eines rechtwinkligen Koordinatensystems erhalten. Die Komponenten werden dabei so gewählt, dass die eine nur das Drehmoment und die andere nur das Erregerfeld beeinflusst. Auf eine Herleitung wird hier verzichtet. Weiterführende Informationen finden sich in [7,8]. Bei Drehstrom-Synchronmotoren erfolgt die Darstellung in einem rotorfesten Koordinatensystem, dem sogenannten d,q-Koordinatensystem.

Erreicht die Leistungselektronik noch nicht die Spannungsgrenze, so wird der Strangstrom senkrecht zum magnetischen Fluss eingestellt. Der Magnetfeldwinkel (β) ist 90°. Dadurch wird, wie bereits in Kapitel 7 gezeigt, für einen vorgegebenen Strangstrom das maximale Motordrehmoment erreicht. Das Magnetfeld des Rotors wird nicht geschwächt. Das Raumzeigerdiagramm für den Betrieb ohne Feldschwächung zeigt Bild 10.29.

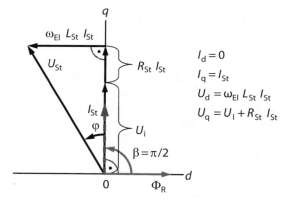

$$I_d = 0$$
$$I_q = I_{St}$$
$$U_d = \omega_{El}\, L_{St}\, I_{St}$$
$$U_q = U_I + R_{St}\, I_{St}$$

Bild 10.29 Feldorientierte Regelung für einen Synchronmotor (ohne Feldschwächung)

Die Information über die Orientierung des magnetischen Flusses des Rotors liefert das an der Motorwelle befestigte Positionsmessgerät. Aus der Messung von zwei Strangströmen, z. B. i_U und i_V, wird der Istwert für die d-Komponente und die q-Komponente durch Transformation berechnet. Weiterführende Informationen finden sich in [7,8].

Bei permanenterregten Synchronmotoren ist das Erregerfeld durch die Permanentmagnete zunächst fest vorgegeben. Dennoch gibt es eine Möglichkeit bei Erreichen der Spannungsgrenze der Leistungselektronik höhere Drehzahlen zu ermöglichen. Der Strom I_q, der als Querstrom oder drehmomenterzeugender Strom bezeichnet wird, erzeugt das Drehmoment des Motors. Er soll unverändert bleiben (I_q = konst.). Wird nun zusätzlich zum drehmomentbildenden Strom ein Längsstrom I_d eingeprägt, so lassen sich bei gleichbleibender Strangspannung höhere Drehzahlen erreichen (Bild 10.30). Allerdings sinkt gleichzeitig das Drehmoment des Motors.

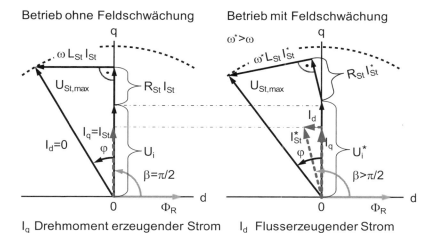

I_q Drehmoment erzeugender Strom I_d Flusserzeugender Strom

Bild 10.30 Feldschwächung bei einem Synchronmotor

Der Längsstrom erzeugt ein Magnetfeld, das entgegengesetzt zum Magnetfeld des Rotors gerichtet ist, und reduziert damit den Erregerfluss (Bild 10.31).

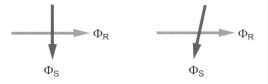

Bild 10.31 Magnetfeldorientierung ohne und mit Feldschwächung (Rotor und Statorfluss)

 Der Längsstrom und der Querstrom sind rein mathematische Größen. Sie ergeben sich aus einer Transformation von zwei Strangströmen.

Diese Betriebsart nennt man Feldschwächung. Im Feldschwächbetrieb hat der Motor durch den zusätzlichen Stromanteil höhere Verluste. Das maximal erreichbare Drehmoment nimmt im Feldschwächbereich mit der Drehzahl ab. Der Betrieb mit Feldschwächung ist daher erst ab Erreichen der Spannungsgrenze bei Betrieb ohne Feldschwächung sinnvoll. Insgesamt kann durch die regelungstechnische Maßnahme der „Feldschwächung" der Drehzahlbereich von permanenterregten Synchronmotoren ohne Veränderung der Antriebskomponenten deutlich gesteigert werden. Es ist allerdings zu beachten, dass bei Stromausfall während des Feldschwächbetriebes an den Motorklemmen Spannungen anliegen können, die deutlich höher sind als die Zwischenkreisspannung. Wird bei hoher Drehzahl das Erregerfeld plötzlich nicht mehr geschwächt, steigt die induzierte Spannung, abhängig von der Drehzahl, mehr oder weniger stark an. Dies kann zu Schäden an der Leistungselektronik führen. Die Strangspannung errechnet sich aus der Summe der Einzelspannungen.

$$\begin{bmatrix} U_d \\ U_q \end{bmatrix} = \begin{bmatrix} 0 \\ U_i \end{bmatrix} + R_{St} \begin{bmatrix} \sin(\beta - \pi/2) \\ \cos(\beta - \pi/2) \end{bmatrix} I_{St} + \omega_{El} L_{St} \begin{bmatrix} \cos(\beta - \pi/2) \\ -\sin(\beta - \pi/2) \end{bmatrix} I_{St} \qquad (10.39)$$

$$U_{St} = \sqrt{U_d^2 + U_q^2} \qquad (10.40)$$

U_d	Längsspannung	*Longitudinal voltage*	V
U_q	Querspannung	*Perpendicular voltage*	V
β	Magnetfeldwinkel	*Magnetic field angle*	rad

Für Drehstrom-Asynchronmotoren gibt es an die Wirkungsweise des Motors angepasste Betrachtungsweisen, die hier nicht behandelt werden. Ebenso wie beim Drehstrom-Synchronmotor ist zur Erweiterung des Drehzahlbereiches ein Betrieb mit Feldschwächung möglich.

■ 10.9   Lineare und rotatorische Direktantriebe

Die meisten Produktionsmaschinen benötigen hohe Drehmomente bei vergleichsweise niedrigen Drehzahlen. In diesen Fällen können mit mechanischen Übertragungselementen Motoren mit im Vergleich zum Prozess niedrigen Drehmomenten und hohen Drehzahlen eingesetzt werden. Das Bauvolumen eines Motors hängt, wie in Kapitel 2 dargestellt, im Wesentlichen vom maximalen Drehmoment ab. Maschinen mit Direktantrieben benötigen deshalb häufig deutlich größere und teurere Motoren als entsprechende Maschinen mit elektromechanischen Antrieben. Höhere Drehmomente oder Kräfte erfordern höhere Motorströme, wodurch auch die Leistungselektroniken größer und teurer sind. Allerdings entfallen bei Direktantrieben die technischen Nachteile mechanischer Übertragungselemente.

Direktantriebe werden aus den zuvor beschriebenen Gründen vor allem für Antriebsaufgaben eingesetzt, welche durch möglichst viele der folgenden Eigenschaften charakterisiert sind:

- Extrem hohe Anforderungen an die Dynamik oder/und an die Genauigkeit
- Die Eigenschaften mechanischer Übertragungselemente, wie z. B. zu niedrige Eigenfrequenzen oder Hysterese, sind limitierende Faktoren
- Es sind kleine Massen zu bewegen
- Geringe oder keine Prozesskräfte bzw. Prozessdrehmomente
- Die Mehrkosten für Motor, Leistungselektronik und ggf. Kühlung des Direktantriebs stehen in einer wirtschaftlich sinnvollen Relation zu den Kostenminderungen durch den Wegfall von mechanischen Antriebselementen und den Verbesserungen der Maschineneigenschaften durch Direktantriebstechnik
- Minimierung von Abrieb, z. B. bei Reinräumen für die Halbleiterproduktion.

Motoren für Direktantriebe nutzen unterschiedliche Motorprinzipien. Für Servoapplikationen werden vor allem permanenterregte 2- oder 3-phasige Synchronmotoren und Drehstrom-Asynchronmotoren verwendet. Ein wesentlicher Vorteil von Synchronmotoren in Direktantrieben ist, dass im die Magnete tragenden Teil des Motors keine elektrischen Verluste entstehen. Falls für die Anwendung erforderlich, ist eine Kühlung nur für das Motorteil, in das die mehrphasige Wicklung eingebaut ist, notwendig. Im Vergleich zum Asynchronmotor ist das Motordrehmoment des Synchronmotors bezogen auf das Volumen günstiger. Auch beim Wirkungsgrad hat der Synchronmotor in vielen Arbeitspunkten Vorteile. Ohne Last haben Asynchronmotoren bei hohen Drehzahlen eine geringe Läufererwärmung, während unter Volllast Läufertemperaturen von 250°C entstehen können. Im Drehzahlbereich bis zur zweifachen Bemessungsdrehzahl erzeugt der Synchronmotor wesentlich weniger Erwärmung im Rotor als ein vergleichbarer Asynchronmotor. Dies gilt sowohl für Leerlaufbetrieb als auch unter Last. Damit werden niedrigere Lagertemperaturen, eine niedrigere Rotortemperatur, eine kleinere Materialausdehnung und damit eine höhere Maschinengenauigkeit erreicht.

Die Drehzahl- bzw. Geschwindigkeitsgrenze bei Synchronmotoren kann durch den Betrieb des Motors mit Feldschwächung sehr stark erhöht werden. Voraussetzung ist allerdings, dass die Antriebsaufgabe im Drehzahlbereich mit Feldschwächung zumindest kein steigendes Lastdrehmoment mit steigender Drehzahl besitzt. Am günstigsten ist, wenn das Lastdrehmoment mit dem Drehmoment, das der Motor zur Verfügung bereitstellt, sinkt. Bei hohen Drehzahlen bzw. Geschwindigkeiten ist die Verwendung eines Asynchronmotors nicht zwingend erforderlich. Es ist zu beachten, dass sich der Synchronmotor im Drehzahlbereich über der zweifachen Bemessungsdrehzahl des Motors auf Grund des für die Feldschwächung des Rotorfeldes erforderlichen zusätzlichen Stroms im Leerlauf stärker erwärmt als der Asynchronmotor.

Häufig werden Direktantriebe als Einbauversion bestehend aus zwei oder mehr Motorteilen vom Motorenhersteller angeboten und vom Maschinenhersteller in die Maschinenkonstruktion integriert. Im Weiteren werden nur solche Lösungen betrachtet.

Synchronmotoren für rotatorische Direktantriebe unterscheiden sich von anderen rotatorischen Synchronmotoren meist dadurch, dass sie durchgehende Hohlwellen besitzen. Für viele Antriebsaufgaben müssen die Motoren vergleichsweise niedrige maximale Drehzahlen ermöglichen. Im Gegensatz dazu sind durch den Wegfall von mechanischen Übertragungselementen häufig hohe maximale Drehmomente notwendig. Deshalb werden diese Motoren auch Torquemotoren (Drehmomentmotoren) genannt. Bild 10.32 zeigt einen Synchron-Einbaumotor.

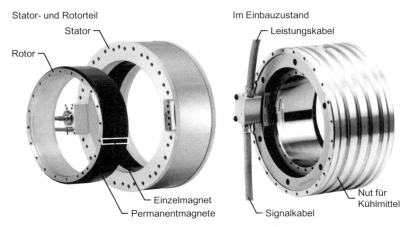

Bild 10.32 Drehstrom-Synchronmotor (Torquemotor) für rotatorischen Direktantrieb (© Siemens AG, Antriebstechnik, Baureihe 1FW6, Homepage Bilddatenbank, 2012)

Bei Linearmotoren sind zwei Bauformen zu unterscheiden (Bild 10.33):

Langstatormotor: Die Wicklungsstränge für das Wanderfeld sind im feststehenden Motorteil untergebracht. Die Erregung erfolgt im bewegten Motorteil.

Kurzstatormotor: Die Wicklungsstränge für das Wanderfeld sind im bewegten Motorteil untergebracht. Die Erregung erfolgt im feststehenden Motorteil.

Der Kurzstatormotor ist die für kurze bis mittlere Verfahrwege vorteilhafte Bauform. Auf einer relativ kleinen Länge im Vergleich zum Verfahrweg sind 2- oder 3-phasige Wicklungen erforderlich. Er wird hauptsächlich im Bereich des Maschinenbaus eingesetzt. Bei größeren Verfahrwegen können asynchrone Linearmotoren vorteilhaft sein, da sie keine teuren Magnete benötigen. Das Motorkabel zur Leistungsübertragung wird üblicherweise in Schleppketten geführt. Für sehr hohe Geschwindigkeiten bzw. sehr lange Verfahrwege können Schleppketten nicht eingesetzt werden. Daher kommen Langstatormotoren z. B. im Bereich des Materialtransportes zum Einsatz.

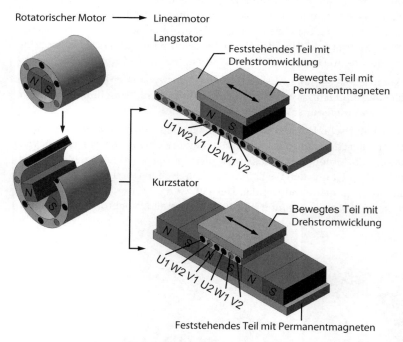

Bild 10.33 Vergleich rotatorischer Motor mit Linearmotor am Beispiel eines permanenterregten Drehstrom-Synchronmotors

Damit bei einem Kurzstatormotor nicht für jeden Verfahrweg Spezialteile erforderlich sind und um den Transport zu vereinfachen, werden Einzelsegmente auf dem Maschinenbett befestigt. Bei permanenterregten Motoren sind die Magnete auf einem Trägerkörper des Einzelsegmentes befestigt (Bild 10.34). Für Anwendungen mit hohen elektrischen Verlusten im bewegten Motorteil und/oder für Maschinen mit hohen Anforderungen an die Genauigkeit werden vom Motorhersteller Lösungen mit in das bewegte Teil integrierten Kühlern angeboten.

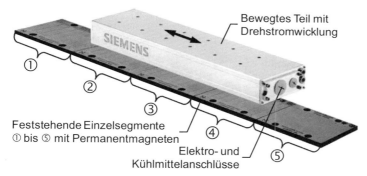

Bild 10.34 Linearer permanenterregter Drehstrom-Synchronmotor (© Siemens AG, Antriebstechnik, Baureihe 1FN3, 2012)

Den Aufbau einer Lineareinheit mit Linearmotor zeigt Bild 10.35. Die Motorführung ist mit der Schlittenführung identisch. Über eine Schleppkette werden Leistungs- und Signalkabel zum bewegten Teil des Kurzstatormotors geführt. Ein Positionsmessgerät erfasst die Schlittenposition.

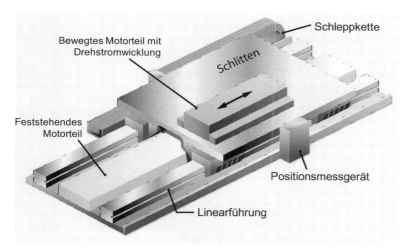

Bild 10.35 Lineareinheit mit Linearmotor (© Siemens AG, Antriebstechnik, 2012)

Bei Kurzstatormotoren können in Bewegungsrichtung mehrere Wicklungssysteme hintereinander angeordnet werden. Sind die Teile mechanisch miteinander gekoppelt, erhöht sich die zur Verfügung stehende Motorkraft. Erfolgt keine mechanische Kopplung, so können mit einem Erregerteil mehrere unabhängige Bewegungen in einer Achsrichtung ausgeführt werden (Bild 10.36).

Der Aufbau eines permanenterregten 2-phasigen synchronen Linearmotors in zylindrischer Bauform (tubularer Motor) ist in Bild 10.37 dargestellt. Die Vorteile eines Antriebes mit diesem Motor im Vergleich zu pneumatischen Antrieben zeigt Tabelle 10.8.

Einige Applikationen zeigt Bild 10.38.

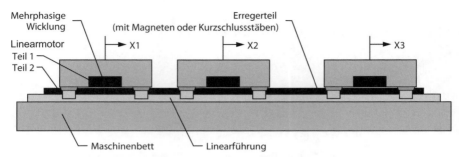

Mehrphasige Wicklung

Erregerteil (mit Magneten oder Kurzschlussstäben)

Linearmotor Teil 1

Teil 2

X1   X2   X3

Maschinenbett   Linearführung

Bild 10.36 Mehrere Bewegungsachsen mit einem gemeinsamen Erregerteil und in einer gemeinsamen Führung

Bei sehr vielen Maschinen für die Produktion von Halbleitern und für die Produktion und Verarbeitung von elektronischen Bauelementen, sind alle eingangs aufgeführten Anforderungen für einen Einsatz von Direktantrieben erfüllt. Daher haben in dieser Industrie Direktantriebe eine sehr starke Verbreitung. Beispiele von Maschinen mit einem hohen Ausrüstungsgrad von Direktantrieben sind:

▪ Waferscanner zur Schaltkreis-Strukturierung auf Silizium

▪ Wire-Bonder zur Kontaktierung von Halbleiterbausteinen mit den Kontaktflächen eines Trägermaterials mittels feiner Drähte aus Gold oder Aluminium

▪ „High End"-SMD-Bestückungsmaschinen zur Platzierung von Bauelementen auf der Leiterplatte

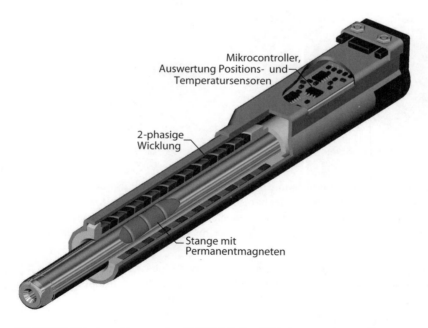

Mikrocontroller, Auswertung Positions- und Temperatursensoren

2-phasige Wicklung

Stange mit Permanentmagneten

Bild 10.37 Tubularer Linearmotor (© NTI AG, Produktinformation LinMot®, 2012)

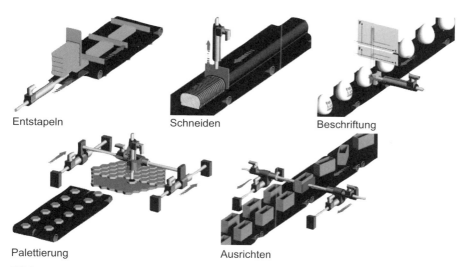

Entstapeln   Schneiden   Beschriftung

Palettierung   Ausrichten

Bild 10.38 Applikationen mit tubularem Linearmotor (© NTI AG, Produktinformation LinMot®, 2012)

Bild 10.39 zeigt eine SMD-Bestückungsmaschine mit linearen Direktantrieben.

Im Gegensatz dazu werden Direktantriebe an Werkzeugmaschinen selten eingesetzt, da von den eingangs genannten Bedingungen für einen sinnvollen Einsatz von Direktantrieben häufig alle nicht erfüllt werden. Am weitesten verbreitet an spanenden Werkzeugmaschinen sind rotatorische Direktantriebe. Sie sind z. B. bei 5-achsigen Werkzeugmaschinen zur Hochgeschwindigkeitsbearbeitung (High Speed Cutting HSC) vorteilhaft.

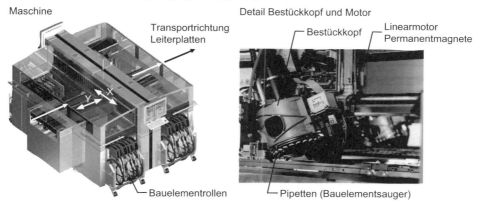

Maschine   Detail Bestückkopf und Motor

Transportrichtung Leiterplatten   Bestückkopf   Linearmotor Permanentmagnete

Bauelementrollen   Pipetten (Bauelementsauger)

Bild 10.39 SMD Bestückungsmaschine mit Linearmotoren (© ASM Assembly Systems GmbH & Co. KG, SIPLACE X, 2012)

Mit elektromechanischen Antrieben sind die rotatorischen Achsen und nicht der Zerspanungsprozess der limitierende Faktor in der Maschinendynamik und Produktivität. Um diese Begrenzung zu überwinden und gleichzeitig die für den Einsatz von Direktantrieben wichtige Voraussetzung der Minimierung der zu bewegenden Massen zu schaffen, erfolgen angepasste Maschinenkonstruktionen. Die „schweren" Motoren von Direktantrieben müssen dabei nicht von anderen linearen Maschinenachsen bewegt werden (Bild 10.40).

Tabelle 10.8 Vorteile von Antrieben mit tubularen Linearmotoren

	Flexi-bilität	Produk-tivität	Kosten	Umge-bung	Bemerkung
Hohe Dynamik		✓	✓		
Positioniergenauigkeit		✓			
Frei programmierbare Bewegungsprofile ①	✓	✓	✓	✓	Schwingungsreduzierung Geräuschreduzierung Verschleißreduzierung
Elektronische Welle	✓		✓		Ersatz mechanischer Übertragungselemente, wie Getriebe, Gewindetriebe etc.
Energieverbrauch			✓	✓	Hohe Energieeffizienz
Wartungsfreier Motor		✓	✓	✓	Keine Wartungszeiten Lange Lebensdauer
Hohe Prozessstabilität		✓	✓		Reduzierung des Ausschuss
Einfache Inbetriebnahme und Diagnose	✓	✓	✓		Reduzierung Inbetriebnahmezeit Reduzierung der Zeit für Fehlersuche
Hygienisch				✓	Keine ölhaltige Druckluft Geeignet für Nahrungsmittel- und Getränkeindustrie
Kraftregelung	✓	✓	✓		Handhabung von weichen und sensiblen Produkten
Kompatibilität Pneumatische Antriebe	✓			✓	Einfacher Austausch oder Integration in bestehende Konstruktion

① Position, Geschwindigkeit und Beschleunigung

Weitere Einsatzfälle für Linearmotoren in Werkzeugmaschinen sind:

- Maschinen mit prozessbedingt keinen oder vergleichsweise kleinen Bearbeitungskräften und hohen Bearbeitungsgeschwindigkeiten, wie z. B. Laserschneidmaschinen oder Wasserstrahlschneidmaschinen.

- Maschinen mit mindestens einer sehr langen Verfahrachse, bei denen ein Gewindetrieb oder eine Zahnstange-Ritzel-Lösung das statisch und dynamisch begrenzende Element für die Maschineneigenschaften wäre.

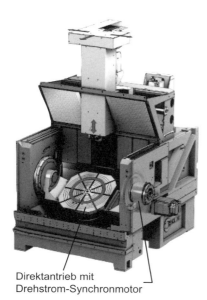

Direktantrieb mit
Drehstrom-Synchronmotor

Bild 10.40 5-achsige Werkzeugmaschine mit Direktantrieben zur Hochgeschwindigkeitsbearbeitung (© Hermle AG, 2012)

Anhang

■ A.1 Weiterführende Informationen

A.1.1 Einführung

Tabelle A.1 Analogiegrößen, Analogiebeziehungen und Zusammenhänge

Linear			Rotatorisch		
x	Position	m	φ	Winkelposition	rad
$v = \dot{x} = \dfrac{\mathrm{d}x}{\mathrm{d}t}$	Geschwindigkeit	m/s	$\omega = \dot{\varphi} = \dfrac{\mathrm{d}\varphi}{\mathrm{d}t}$	Winkelgeschwindigkeit	rad/s
$a = \ddot{x} = \dfrac{\mathrm{d}v}{\mathrm{d}t} = \dfrac{\mathrm{d}x}{\mathrm{d}t^2}$	Beschleunigung	m/s^2	$\alpha = \ddot{\varphi} = \dfrac{\mathrm{d}\omega}{\mathrm{d}t} = \dfrac{\mathrm{d}\omega}{\mathrm{d}t^2}$	Winkelbeschleunigung	rad/s^2
m	Masse	kg	J	Trägheitsmoment	kg m^2
F	Kraft	N	M	Drehmoment	Nm
$E = Fx$	Potentielle Energie	J, Ws	$E = M\varphi$	Potentielle Energie	J, Ws
$E = \dfrac{1}{2}mv^2$	Kinetische Energie	J, Ws	$E = \dfrac{1}{2}J\omega^2$	Kinetische Energie	J, Ws
$P = Fv$	Leistung	W	$P = M\omega$	Leistung	W
			$\omega = 2\pi n$	Winkelgeschwindigkeit	rad/s
			$n = \dfrac{\omega}{2\pi}$	Drehzahl	1/s
$m\ddot{x} = F \qquad m\dot{v} = F \qquad ma = F$			$J\ddot{\varphi} = M \qquad J\dot{\omega} = M \qquad J\alpha = M$		
$M = Fr; \quad F \perp r$					
$v = \omega r; \quad \omega \perp r$					

A.1.2 Grundlagen elektrische Maschinen

Tabelle A.2 Feldgrößen und Zusamemnhänge bei magnetischen Feldern

Magnetische Feldstärke	H	A/m
Homogenes Feld	$H = \dfrac{NI}{l}$ (Spule)	
Durchflutung	$\Theta = NI$ (Spule)	A
	$\Theta = \oint \vec{H}\,\mathrm{d}\vec{s}$	
Magnetische Spannung	U_m	A
	$U_\mathrm{m} = \oint_1^2 \vec{H}\,\mathrm{d}\vec{s}$	
Magnetischer Fluss	Φ	T, Vs/m^2,
	$\Phi = \oint_A \vec{B}\,\mathrm{d}\vec{A}$	N/(Am)
Magnetische Flussdichte	B	Wb, Vs
Homogenes Feld	$B = \dfrac{\Phi}{A}$	
Zusammenhang Feldgrößen	$B = f(H)$ nicht ferromagnetisches Material $B = \mu H = \mu_0 \mu_\mathrm{r}$	

N: Windungszahl, μ_0: Permeabilität leerer Raum $\left(4\pi 10^{-7}\,\frac{\mathrm{Vs}}{\mathrm{Am}}\right)$, μ_r: Permeabilitätszahl, V = Nm/(As)

Tabelle A.3 Analogien charakteristischer Größen bei unterschiedlichen Transportvorgängen

	Mechanisch		Elektrisch	Fluidisch	Thermo-dynamisch
	Linear	Rotatorisch			
Transport-größe	x Weg [m]	φ Winkel [rad]	Q Ladung [C], [As]	V Volumen [m³]	Q_{Th} Wärme [J], [Nm]
Ursache	F Kraft [N], [kgm/s²]	M Drehmoment [Nm], [kg m²/s²]	U Spannung [V], [Nm/As]	p Druck [Pa], [N/m²]	ΔT Temperatur-differenz [K]
Wirkung	v Geschwin-digkeit (dx/dt) [m/s]	ω Winkelge-schwindigkeit $(d\varphi/dt)$ [rad/s]	I ① Strom (dQ/dt) [A]	$\dot{Q}_V$ Volumenstrom (dV/dt) [m³/s]	$\dot{Q}_{Th}$ Wärmestrom (dQ_{Th}/dt) [W]
	a Beschleu-nigung (dv/dt) [m/s²]	α Winkelbe-schleunigung $d\omega/dt$ [rad/s²]	$\dot{I}$ Stromänderung (dI/dt) [A/s]	$\ddot{Q}_V$ Volumenstrom-änderung $d\dot{Q}_V/dt$ [m³/s³]	$\ddot{Q}_{Th}$ Wärmestrom-änderung $d\dot{Q}_{Th}/dt$ [W/s]
Energie E [J]	Fx [Nm]	$M\varphi$ [Nm]	$UQ = UIt$ [VAs]	pV [Nm]	Q_{Th} [J]
Leistung P [W]	Fv [Nm/s]	$M\omega$ [Nm/s]	UI ② $UI\cos\varphi$ ③ [VA]	$p\dot{Q}_V$ [Nm/s]	$\dot{Q}_{Th}$ [J/s]
Energie-speicher [J]	Potentiell $g = 9,81$ m/s² $E = mgh$				
	Feder c_s ④ [N/m] $E = c_s\Delta x^2$	Feder c_s ④ [N/rad] $E = c_s\Delta\varphi^2$	Kapazität C [F], [As/V] $E = \frac{1}{2}CU^2$	Druckspeicher V_C ⑤ [m³] $E = pV_C$	Wärmekapazität C_{Th} [J/K] $E = C_{Th}\Delta T$
	Kinetisch m [kg] $E = \frac{1}{2}mv^2$	Kinetisch J [kgm²] $E = \frac{1}{2}J\omega^2$	Induktivität L [H], [Vs/A] $E = \frac{1}{2}LI^2$		

① Ladungsstrom, ② Gleichspannung, ③ Wechselspannung (sinusförmig), ④ Federkonstante, ⑤ Speichervolumen φ: Phasenwinkel

Tabelle A.4 Mindestwirkungsgrade für Effizienzklassen nach IEC 60034-30 (Auszug für Bemessungsfrequenz 50 Hz)

Leistung in kW	2-polig			4-polig			6-polig		
	IE1	IE2	IE3	IE1	IE2	IE3	IE1	IE2	IE3
0,75	72,1%	77,4%	80,7%	72,1%	79,6%	82,5%	70,0%	75,9%	78,9%
1,1	75,0%	79,6%	82,7%	75,0%	81,4%	84,1%	72,9%	78,1%	81,0%
1,5	77,2%	81,3%	84,2%	77,2%	82,8%	85,3%	75,2%	79,8%	82,5%
2,2	79,7%	83,2%	85,9%	79,7%	84,3%	86,7%	77,7%	81,8%	84,3%
3	81,5%	84,6%	87,1%	81,5%	85,5%	87,7%	79,7%	83,3%	85,6%
4	83,1%	85,8%	88,1%	83,1%	86,6%	88,6%	81,4%	84,6%	86,8%
5,5	84,7%	87,0%	89,2%	84,7%	87,7%	89,6%	83,1%	86,0%	88,0%
7,5	86,0%	88,1%	90,1%	86,0%	88,7%	90,4%	84,7%	87,2%	89,1%
11	87,6%	89,4%	91,2%	87,6%	89,8%	91,4%	86,4%	88,7%	90,3%
15	88,7%	90,3%	91,9%	88,7%	90,6%	92,1%	87,7%	89,7%	91,2%
18,5	89,3%	90,9%	92,4%	89,3%	91,2%	92,6%	88,6%	90,4%	91,7%
...									
375	94,0%	95,0%	95,8%	94,0%	95,1%	96,0%	94,0%	95,0%	95,8%

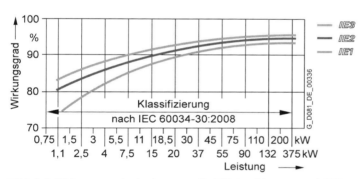

Bild A.1 Wirkungsgradanforderungen für Effizienzklassen nach IEC 60034-30, 4-polige Drehstrom-Asynchronmotoren mit Bemessungsfrequenz 50 Hz (© Siemens AG, 2012)

A.1.3   Gleichstrommotoren

Tabelle A.5 Wichtige Zusammenhänge

Magnetische Flussdichte	Motordrehmoment $B \perp I_A$	Spannungsinduktion $B \perp v_{Mo}$
Konstant Ohne Feldschwächung	$M_{Mo} = c_T I_A = c_{Mo} I_A$	$U_I = c_U n_{Mo} = c_{Mo} \omega_{Mo}$
Variabel Feldschwächung	$M_{Mo} = k_{Mo} \Phi_E I_A$	$U_I = k_{Mo} \Phi_E \omega_{Mo}$
	$c_{Mo} = k_{Mo} \Phi_{E,max}$	

A.1.4 Grundlagen Drehstromantriebe

Wechselspannungen

Wechselspannungen und Drehspannungen werden meist in Kraftwerken erzeugt. Dem Verbraucher werden Spannungswerte zur Verfügung gestellt, die einen sinusförmigen Verlauf aufweisen (Bild A.2) und symmetrisch zur Nulllinie sind (kein Gleichanteil). Die Frequenz der Spannung wird in einem Spannungsnetz auf einem festgelegten Wert konstant gehalten. Im europäischen Spannungsnetz (Verbundsystem) ist die Frequenz 50 Hz. Ganz allgemein gilt für sinusförmige Wechselspannungen:

$$u(t) = \hat{u}\sin(\omega t + \varphi_{\mathrm{u}}) = \hat{u}\sin(2\pi f t + \varphi_{\mathrm{u}}) \tag{A.1}$$

u	Wechselspannung	*1 phase alternating voltage*	V
$\hat{u}$	Spannungsamplitude	*Voltage amplitude*	V
$\omega, \omega_{\mathrm{El}}$	Elektrische Kreisfrequenz der Wechselgröße	*Electrical angular frequency of alternating value*	rad/s
t	Zeit	*Time*	s
φ_{u}	Phasenverschiebung Spannungen	*Phase shift voltages*	rad
f	Frequenz der Wechselgröße	*Frequency of alternating value*	Hz

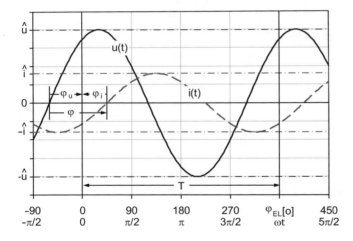

Bild A.2 Zeitlicher Verlauf von Wechselspannung und Wechselstrom

Der Winkel φ_{U} ist die Phasenverschiebung des sinusförmigen Spannungssignals bei $t = 0$ (Nullphasenwinkel). Eine positive Phasenverschiebung bedeutet eine Verschiebung der Sinuskurve in negativer Richtung. Sofern gleichzeitig mit mechanischen Kreisfrequenzen gearbeitet wird, ist es übersichtlicher, statt ω das Formelzeichen ω_{El} für elektrische Kreisfrequenzen zu verwenden. Analog zu Wechselspannungen lassen sich Wechselströme beschreiben.

$$i(t) = \hat{i}\sin(\omega t + \varphi_{\mathrm{i}}) \tag{A.2}$$

φ_{i}	Phasenverschiebung Strom	*Phase shift current*	rad

Das Produkt aus elektrischer Kreisfrequenz der Wechselgröße und der Zeit wird im Weiteren mit dem Formelzeichen φ_{El} abgekürzt.

$$\varphi_{El}(t) = \omega\,t = \omega_{El}\,t \tag{A.3}$$

φ_{El}	Elektrischer Winkel Wechselgröße	*Electrical angle of alternating value*	rad

Den zeitlichen Verlauf der Wechselgrößen, die Momentanwerte, zeigt Bild A.2. Die Phasenverschiebung (Phasenwinkel) zwischen Spannung und Strom ist eine wichtige Größe in Wechselstromsystemen. Sie ist wie folgt definiert:

$$\boxed{\varphi = \varphi_u - \varphi_i} \tag{A.4}$$

φ	Phasenverschiebung	*Phase shift*	rad

Ist die Phasenverschiebung positiv, eilt der Strom der Spannung zeitlich nach. Die Phasenverschiebung für die Spannung wird zur einfacheren Darstellung bzw. Rechnung meist mit 0 angenommen.

Zur Beschreibung von Wechselstrom- und Drehstromnetzen werden die gleichen Verfahren benutzt. Wird davon ausgegangen, dass das zu versorgende Netzwerk lineare Eigenschaften besitzt, so können die Verfahren linearer Wechselstromnetze angewandt werden. Für lineare Wechselstromnetze gilt, dass sich im eingeschwungenen Zustand an allen Stellen des Netzwerkes sinusförmige Spannungs- und Stromverläufe gleicher Frequenz einstellen. Die Frequenz aller Signale ist identisch mit der Frequenz der Speisespannung bzw. des Speisestroms. Allerdings können die Amplituden und Phasenlagen der Signale unterschiedlich sein.

Meist sind die Momentanwerte der Spannungen und Ströme von Motoren und Leistungselektroniken nicht von Interesse, sondern der Bezug zu Gleichstromgrößen. Dazu werden Effektivwerte benutzt. Der Spannungs- bzw. Stromeffektivwert berechnet sich aus der Amplitude der sinusförmigen Wechselgröße zu:

$$\boxed{U = \frac{\widehat{u}}{\sqrt{2}}} \qquad \boxed{I = \frac{\widehat{i}}{\sqrt{2}}} \tag{A.5}$$

U	Effektivwert Spannung	*rms-voltage*	V, V_{rms}
I	Effektivwert Strom	*rms-current*	A, A_{rms}
rms: root mean square			

Bei Wechselstrom ergibt sich die Momentanleistung aus den Momentangrößen für Spannung und Strom.

$$P_T(t) = u(t)\,i(t) = \widehat{u}\,\sin(\omega t + \varphi_u)\,\widehat{i}\,\sin(\omega t + \varphi_i) \tag{A.6a}$$

$$P_T(t) = 2U I \sin(\omega t + \varphi_u)\,\sin(\omega t + \varphi_i) \tag{A.6b}$$

Formt man diesen Zusammenhang um, erhält man 2 Leistungsanteile, aus denen sich die Momentanleistung zusammensetzt (Bild A.3).

$$P_T(t) = P_a(t) + P_r(t) \tag{A.7}$$

Die beiden Leistungsanteile lassen sich wie folgt interpretieren:

Momentanwert Wirkleistung: Die Wirkleistung wird zu keinem Zeitpunkt negativ. Sie gibt an, welche Leistung am ohmschen Teil des Verbrauchers aufgenommen wird.

Momentanwert Blindleistung: Die Blindleistung ist im Mittelwert 0, da sie keinen Gleichanteil enthält. Dieser Anteil beschreibt die Leistung, die von den Energiespeichern des Verbrauchers (Induktivität, Kondensator) momentan aufgenommen bzw. abgegeben wird. Mit dem Blindleistungsfluss sind Lade- und Entladeströme verbunden, welche beim Gesamtstrom bzgl. Leitungen und Versorgungseinheit des Verbrauchers zu berücksichtigen sind.

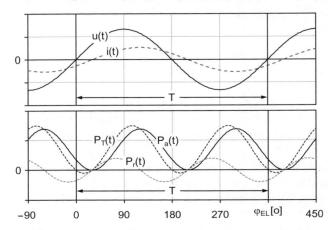

Bild A.3 Zeitlicher Verlauf von Wechselspannung und Wechselstrom

Wichtiger als die Momentanleistung ist jedoch die mittlere Leistung in einer Periode. Der Mittelwert der Momentanleistung wird Wirkleistung genannt. Die Zusammenhänge und Einheiten für Wirkleistung, Blindleistung und Scheinleistung sind in Tabelle A.6 zusammengefasst.

Tabelle A.6 Zusammenhänge und Einheiten bei Leistungen

	Berechnung	Einheiten
Scheinleistung S	$S = UI$ $S = \sqrt{P^2 + Q^2}$	VA (Volt Ampere)
Wirkleistung P	$P = S\cos(\varphi)$ $P = UI\cos(\varphi)$ $P = \dfrac{Q}{\tan(\varphi)}$	W (Watt)
Blindleistung Q	$Q = S\sin(\varphi)$ $Q = UI\sin(\varphi)$ $Q = \dfrac{P}{\tan(\varphi)}$	var (Volt Ampere reaktiv)

Bei einem Wechselstromverbraucher ist die zur Verfügung stehende mittlere Leistung (Wirkleistung) neben der Spannung und dem Strom auch noch durch den Term $\cos(\varphi)$ bestimmt. Dieser ist beim angenommenen sinusförmigem Verlauf der Größen gleich dem Leistungsfaktor λ.

$$\lambda = \cos(\varphi) = \frac{P}{S} = \frac{P}{UI} \tag{A.8}$$

A.1.5 Synchronmotoren

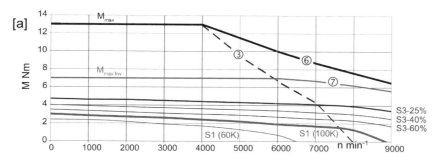

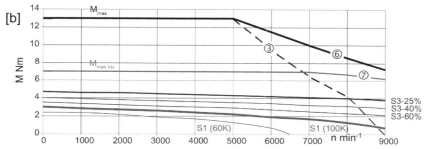

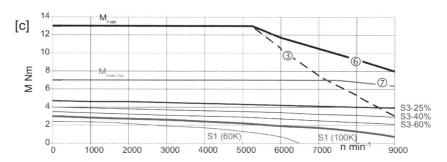

	Netzspannung U_S	Zwischenkreis-spannung U_{DC}	Umrichterausgangs-spannung $U_{Inv,max}$	Einspeisemodul
[a]	400 V	528 V	380 V	SLM
[b]	400 V	600 V	425 V	ALM
[c]	480 V	634 V	460 V	SLM

SLM (Smart Line Module): Die Module generieren eine ungeregelte Zwischenkreisspannung und sind rückspeisefähig. ALM (Active Line Module): Die Module generieren eine geregelte Zwischenkreisspannung und sind rückspeisefähig

Bild A.4 Permanenterregter Drehstrom-Synchronmotor. Grenzkurven Drehmoment-Drehzahl-Diagramm mit unterschiedlichen Leistungselektroniken. ⑥, ⑦: Grenze mit Feldschwächung, ③ : Grenze ohne Feldschwächung. Motortyp: Siemens 1FT7042-_AK7, 6-polig, n_n = 6 000 min^{-1}

■ A.2 Übungen

Übung 1.1   Schwierigkeitsgrad: gering

Der Spindelantrieb einer Drehmaschine ist für die Bearbeitung eines Drehteils von Drehzahl 0 auf die Bearbeitungsdrehzahl von $4\,800\,\text{min}^{-1}$ zu beschleunigen. Der Motor ist starr mit der anzutreibenden Masse verbunden. Das Gesamtträgheitsmoment beträgt $0{,}06\,\text{kgm}^2$. Das Reibungsdrehmoment des Spindelantriebes ist unabhängig von der Drehzahl und beträgt 4 Nm. Der Motor hat ein drehzahlunabhängiges maximales Drehmoment für Beschleunigungsvorgänge von 84 Nm.

Welche Zeit wird für den Beschleunigungsvorgang benötigt?

Übung 1.2   Schwierigkeitsgrad: mittel

Die Bewegung des Laserstrahles in einer Laserbearbeitungsmaschine soll mit zwei linearen elektrischen Direktantrieben realisiert werden (Bild A.5). Der Laserstrahl fällt von oben auf den feststehenden Maschinentisch. Das zu bearbeitende Blech ist auf dem Maschinentisch aufgespannt. Die Position des Lasers auf dem Blech kann mittels der beiden über dem Maschinentisch angeordneten Achsen verändert werden. Die Bewegungsachse in X-Richtung (X-Achse) ist in der horizontalen Ebene senkrecht zur Bewegungsachse in Y-Richtung (Y-Achse) angeordnet. Die Y-Achse wird von der X-Achse getragen. Die zu bewegende Masse der X-Achse, inklusive der Gesamtmasse der Y-Achse, beträgt 80 kg. Die Reibung in Führungen und Schlittenabdeckungen soll vernachlässigt werden.

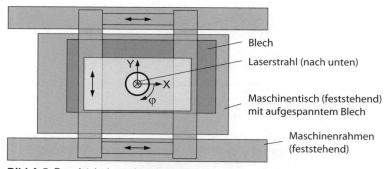

Bild A.5 Draufsicht Laserbearbeitungsmaschine

Der minimale Kreisdurchmesser von 5 mm soll mit einer Bahngeschwindigkeit (tangentiale Geschwindigkeit auf dem Kreis) von $v_B = 12\,\text{m/min}$ gefahren werden. Es wird angenommen, dass die Kreisbewegung bei $x_x = d/2$ und $x_y = 0$ beginnt. Der Kreismittelpunkt hat die Koordinaten $x_x = 0$ und $x_y = 0$. Der Kreis soll rechtsdrehend (im Uhrzeigersinn) durchfahren werden. Der Beschleunigungsvorgang von der Bahngeschwindigkeit $v_B = 0$ auf $v_B = 12\,\text{m/min}$ muss nicht berücksichtigt werden (tangentiales Anfahren an die Kreiskontur mit der Bahngeschwindigkeit, und Einschalten des Lasers, sobald die Kontur erreicht ist; entsprechend wird die Kreiskontur am Ende verlassen).

a) Geben Sie allgemein den zeitlichen Verlauf der Position, der Geschwindigkeit, und der Beschleunigung der X-Achse bei konstanter Bahngeschwindigkeit an.

b) Welche maximale Beschleunigung der X-Achse ist erforderlich, um die Anforderung erfüllen zu können?

c) Geben Sie allgemein den zeitlichen Verlauf der Motorkraft für die X-Achse an.

d) Welche Motorkraft muss der Motor bei der Bahngeschwindigkeit mindestens liefern, um die Antriebsaufgabe erfüllen zu können?

e) Berechnen Sie die Zeitdauer einer Kreisfahrt.

Übung 2.1   Schwierigkeitsgrad: mittel

Eine lineare Bewegungsachse für eine Werkzeugmaschine, welche horizontal in die Maschine eingebaut wird, soll dimensioniert werden. Die in Tabelle A.7 gezeigten Daten sind vorgegeben bzw. bekannt.

Kenngröße	Wert	Einheit
Maximale Verfahrgeschwindigkeit	45	m/min
Maximale Beschleunigung	6	m/s^2
Schlittenmasse	250	kg
Maximales Werkstückgewicht	500	kg
Spindellänge	650	mm
Spindelsteigung	10	mm
Trägheitsmoment der Spindel pro Meter	30,7	kg mm^2/m
Wirkungsgrad der Spindel	87	%
Reibung Führungen und Schlittenabdeckung	300	N
Maximale Kraft auf den Schlitten bei der Werkstückbearbeitung (Bearbeitungskraft)	5 000	N

Tabelle A.7 Antriebsdaten

Zur Lösung der Antriebsaufgabe soll ein direkt gekoppelter Antrieb mit Kugelgewindetrieb eingesetzt werden. Die Masse der Spindelmutter wird vernachlässigt. Bei Beschleunigungsvorgängen kann die Bearbeitungskraft und bei Bearbeitungsvorgängen die Beschleunigungskraft vernachlässigt werden.

a) Welche Motordrehzahl ist erforderlich?

b) Welche maximale Kraft muss der Kugelgewindetrieb zum Beschleunigen des Schlittens liefern?

c) Welche Kraft muss der Kugelgewindetrieb bei der Bearbeitung liefern?

d) Berechnen Sie das antriebsseitig am Kugelgewindetrieb minimal erforderliche Drehmoment, um die Beschleunigungsspezifikation zu erfüllen.

e) Berechnen Sie das antriebsseitig am Kugelgewindetrieb erforderliche minimale Drehmoment, um die Bearbeitungsspezifikation zu erfüllen.

f) Es steht ein Motor, der für Beschleunigungsvorgänge ein Motordrehmoment von mindestens 27 Nm, und für Bearbeitungsvorgänge ein Motordrehmoment von mindestens 15 Nm, bereitstellt, zur Verfügung. Das Trägheitsmoment des Motors ist $4{,}51 \times 10^{-3}$ kgm^2. Ist der Motor ausreichend, um die Anforderungen an die Antriebsaufgabe zu erfüllen? Begründen Sie die Antwort.

g) Die lineare Steifigkeit des Kugelgewindetriebes ist 263 N/μm. Wie stark wird der Kugelgewindetrieb bei maximaler Bearbeitungskraft gestaucht?

h) Welche mechanische Kennfrequenz hat die Bewegungsachse ohne Werkstück und mit maximalem Werkstückgewicht?

Übung 2.2   Schwierigkeitsgrad: hoch

Der Antrieb für einen Personenaufzug ist zu dimensionieren. Bei der Berechnung soll von einem Gewicht/ Person von 80 kg ausgegangen werden. Der Aufzug ist für maximal 6 Personen auszulegen. Im Mittel werden vom Aufzug 2 Personen befördert. Die Masse der Aufzugkabine beträgt 250 kg. Der wirksame Scheibendurchmesser, mit dem das Zugmittel um die angetriebene Welle umläuft, beträgt 0,8 m. Das Trägheitsmoment der Scheibe beträgt 15 kgm^2 und der Wirkungsgrad dieses Antriebselementes ist $\eta_Z = 0,96$. Weitere Leistungsverluste sind sofern nicht explizit angegeben zu vernachlässigen. Die Stockwerkshöhe ist 3,5 m. Die Aufzugkabine soll sich mit einer Geschwindigkeit von maximal 120 m/min bewegen und ist mit 0,75 m/s^2 zu beschleunigen oder zu verzögern. Es ist ein elektromechanischer Antrieb mit Getriebe zu verwenden.

a) Der Aufzug soll mit einem Gewichtsausgleich betrieben werden. Welche Masse muss der Gewichtsausgleich für einen energieeffizienten Antrieb aufweisen?

b) Welche Fahrzeit wird benötigt, um vom Erdgeschoss in den 5. Stock zu fahren? Zeichnen Sie ein Weg-Zeit- und Geschwindigkeit-Zeit-Diagramm.

c) Beim elektromechanischen Antrieb wird dem Motor ein dreistufiges Stirnradgetriebe mit einer Getriebeübersetzung von $i_G = 55$ und einem Wirkungsgrad von $\eta_G = 0,8$ nachgeschaltet. Das Trägheitsmoment des Getriebes ist vernachlässigbar. Skizzieren Sie die Antriebsaufgabe.

d) Mit welcher maximalen Drehzahl dreht sich die Scheibe für das Zugmittel und die Antriebswelle des Getriebes?

e) Welches minimale Drehmoment muss auf der Antriebsseite des Getriebes bereitgestellt werden?

f) Es stehen die in Tabelle A.8 aufgeführten Motoren zur Lösung der Antriebsaufgabe zur Verfügung. Beurteilen Sie die Motoren.

Kenngröße	Motor 1	Motor 2	Motor 3	Einheit
Motordrehmoment	36	49	60	Nm
Motorträgheitsmoment	0,02971	0,03619	0,04396	kg m^2
Maximale Motordrehzahl	3 000	3 000	3 000	min^{-1}

Tabelle A.8 Antriebsdaten

g) Zeichnen Sie ein Motordrehmoment-Zeit-Diagramm mit maximal zulässiger Beladung für den in b) angegebenen Fall.

Übung 3.1   Schwierigkeitsgrad: gering

Ein Motor treibt mit einem nachgeschalteten Getriebe einen Rundtisch an. Die Übersetzung des Getriebes ist $i_G = 5$. Der Bearbeitungsprozess erzeugt am Rundtisch folgenden zyklischen Drehmomentverlauf (Bild A.6). Bei Lastdrehmoment null wird der Motor nicht bestromt. Alle Verluste im Antriebsstrang sollen bei weiteren Betrachtungen vernachlässigt werden.

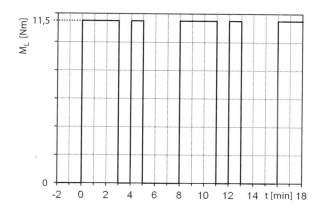

Bild A.6 Drehmomentverlauf

a) Welches Antriebsprinzip wird verwendet?

b) Welche Betriebsart beschreibt diesen zeitlichen Verlauf?

c) Am Getriebeausgang wird zur Lösung der Antriebsaufgabe eine Drehzahl von $1\,000\,\mathrm{min}^{-1}$ benötigt. Das Motordiagramm für den ausgewählten Motor zeigt Bild A.7.

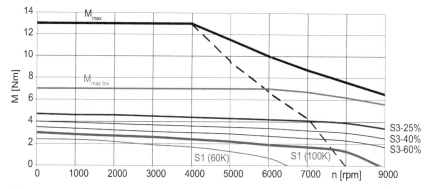

Bild A.7 Motordiagramm (© Siemens AG, Antriebstechnik, 2012, Motortyp: 1FT7042-_AK7)

Beurteilen Sie den Motor bezüglich Eignung für die oben angegebenen Randbedingungen. Begründen Sie Ihre Antwort.

d) Wie hoch ist die Leerlauf-Drehzahl bei einer Umgebungstemperatur von 40 °C und einer maximal zulässigen Temperatur des Motorgehäuses von 100 °C?

e) Wie hoch ist die Leerlauf-Drehzahl bei Betrieb des Motors mit einer zulässigen Übertemperatur von 100 K und einer Umgebungstemperatur von 40 °C ohne Feldschwächung?

f) Welches maximale Drehmoment kann der Motor mit dem vom Hersteller vorgeschlagenen Umrichter bei einer Drehzahl von $8\,000\,\mathrm{min}^{-1}$ mit Feldschwächung erreichen?

g) Welche Drehmomentkonstante hat der Motor bei einer maximal zulässigen Übertemperatur von 100 K? Der gemessene Stillstandsstrom beträgt 4 A.

Übung 3.2   Schwierigkeitsgrad: mittel

 Zur Lösung dieser Übungsaufgabe ist auch das Kapitel Drehstrom-Asynchron-motoren erforderlich!

Das Leistungsschild eines Drehstrom-Asynchronmotors zeigt Tabelle A.9.

400 V	2 A	50 Hz	$\cos(\varphi) = 0{,}87$
1 kW	1 450 min^{-1}		
IP 54	IE2	B	

Tabelle A.9 Leistungsschild

a) Wievielpolig ist der Motor?

b) Wie viele Pole hat der Stator am Umfang?

c) Welche Synchrondrehzahl hat der Motor?

d) Wie hoch ist der Schlupf im Bemessungspunkt?

e) Welche Kenndaten und Eigenschaften des Motors sind aufgeführt? Geben Sie zusätzlich zum Formelzeichen bzw. der Abkürzung die Bezeichnung der Größe bzw. die Bedeutung der Abkürzung an.

f) Welche Kenndaten des Motors lassen sich zusätzlich daraus ermitteln? Geben Sie zusätzlich zum Formelzeichen bzw. der Abkürzung die Bezeichnung der Größe bzw. die Bedeutung der Abkürzung an.

g) Mit welcher Frequenz muss der Motor angesteuert werden, um eine Synchrondrehzahl von 2 000 min^{-1} zu erreichen? Welches Gerät ist zur Erreichung der Drehzahl erforderlich?

Übung 3.3   Schwierigkeitsgrad: mittel

Für die in Tabelle A.10 gezeigte Antriebsaufgabe ist ein Getriebemotor auszuwählen:

Drehzahl für anzutreibende Masse	14 min^{-1}
Drehmoment für anzutreibende Masse	950 Nm

Tabelle A.10 Antriebsaufgabe

Es werden 2 Getriebe mit einer Übersetzung von 98 : 1 angeboten (Tabelle A.11).

Getriebe	Typ	Wirkungsgrad
1	Schneckenradgetriebe	72 %
2	Kegelradgetriebe	96 %

Tabelle A.11 Auswahl Getriebemotoren

a) Wählen Sie jeweils eine passende Motorleistung aus Tabelle A.12 aus. Gehen Sie bei dieser Auswahl davon aus, dass der Wirkungsgrad im für die Antriebsaufgabe erforderlichen Arbeitspunkt identisch mit dem in der Tabelle angegebenen Wert ist.

b) Es soll ein Motor der Effizienzklasse IE 2 eingesetzt werden. Als Mehrkosten der Lösung mit Getriebe 2 sollen 150 € angenommen werden. Ab welcher Betriebszeit ist es wirtschaftlicher, in den Getriebemotor 2 zu investieren? Der Motor wird im 2-Schicht-Betrieb an 220

Leistung in kW	4-polig (1 500 min^{-1})		
	IE1	IE2	IE3
0,75	72,1 %	79,6 %	82,5 %
1,1	75,0 %	81,4 %	84,1 %
1,5	77,2 %	82,8 %	85,3 %
2,2	79,7 %	84,3 %	86,7 %
3	81,5 %	85,5 %	87,7 %
4	83,1 %	86,6 %	88,6 %

Tabelle A.12 Mindestwirkungsgrade für Effizienzklassen nach IEC 60034-30 (Auszug für Bemessungsfrequenz: 50 Hz)

Tagen im Jahr betrieben. Die Schichtdauer ist 8 h. Für die Energiekosten ist ein Preis von 0,12 €/kWh (typischer Preis in Deutschland für Industriekunden) zu verwenden. Als Motorwirkungsgrad soll der Wert aus obiger Tabelle verwendet werden.

c) Welche Energieeinsparung, Kosteneinsparung und CO_2-Reduktion ergibt sich mit dem Getriebemotor 2 im Vergleich zum Getriebemotor 1 bei einer Betriebszeit von 10 Jahren (Annahme: 0,6 kg CO_2/kWh)?

d) Vergleichen Sie die Mehrkosten bei der Anschaffung der energieeffizienteren Lösung mit den Energiekosten dieser Lösung bei einer Betriebszeit von 10 Jahren (prozentuale Angabe).

Übung 4.1   Schwierigkeitsgrad: mittel

Gegeben sei ein Gleichstrommotor mit einer Drehmomentkonstante von 0,5 Nm/A und einer Spannungskonstante von 52,36 V/1 000 min^{-1}. Die maximal zur Verfügung stehende Ankerspannung beträgt 180 V. Der von der Leistungselektronik zur Verfügung stehende Strom ist auf 2,5 A begrenzt. Auf dem Typenschild des Motors finden sich unter anderem die Werte 0,13 kW und 3 000 min^{-1}. Der Ankerwiderstand ist 27,5 Ω.

a) Welche Spannung wird im Anker bei einer Drehzahl von 3 000 min^{-1} induziert?

b) Welche maximale Motordrehzahl ist elektrisch möglich, und wie wird diese Drehzahl genannt?

c) Wie hoch sind der Stillstandsstrom und das Stillstandsdrehmoment des Motors (ohne Berücksichtigung der Leistungselektronik)?

Für die folgenden Teilaufgaben wird der Motor mit der oben angegebenen Leistungselektronik betrieben.

d) Welche Motordrehzahl ergibt sich bei maximal möglichem Motordrehmoment für eine Ankerspannung von 100 V?

e) Welches maximale Drehmoment kann der Antrieb erzeugen?

f) Welches maximale Motordrehmoment ergibt sich bei Betrieb mit Feldschwächung, und einer Drehzahl von 5 000 min^{-1} beim Bemessungsstrom? Wie viel % ist das Motordrehmoment bei der angegebenen Motordrehzahl kleiner als das Bemessungsdrehmoment?

g) Welches maximale Motordrehmoment ist bei Betrieb mit Feldschwächung und einer Drehzahl von 5 000 min^{-1} erreichbar?

h) Zeichnen Sie ein Drehmoment-Drehzahl-Diagramm, das folgende Informationen beinhaltet

- Bemessungspunkt
- Grenzlinie Stromgrenze Leistungselektronik
- Grenzlinie Spannungsgrenze
- Bereich ohne und mit Feldschwächung
- Grenzlinie mit Feldschwächung bei Bemessungsstrom und maximalem Strom

Übung 4.2   Schwierigkeitsgrad: gering

Ein Hebewerk wird von einem Gleichstrommotor bewegt. Der Motor ist über ein Getriebe mit einer Seilscheibe verbunden. Es wird eine Seilscheibe mit einem wirksamen Durchmesser von 400 mm benutzt.

Für die Wirkungsgrade der einzelnen Komponenten soll, unabhängig von der Richtung des Leistungsflusses, von den in Tabelle A.13 gezeigten Werten ausgegangen werden. Alle weiteren Leistungsverluste können vernachlässigt werden.

Komponente	Wirkungsgrad
Getriebe	95 %
Seilscheibe	97 %
Leistungselektronik	95 %
Motor	70 %

Tabelle A.13 Wirkungsgrade

Die vertikal bewegte Masse beim Heben ist 250 kg und beim Senken 50 kg. Die Höhe des Hubes ist 18 m. Alle weiteren Massen bzw. Trägheitsmomente sind vernachlässigbar. Es stehen Motoren mit Bemessungsdrehzahlen von 1 000 min^{-1} zur Verfügung. Die Geschwindigkeit der zu hebenden und zu senkenden Masse soll 15 m/min betragen.

a) Skizzieren Sie die Antriebsanordnung.

b) Bestimmen Sie die optimale Getriebeübersetzung und das mindestens erforderliche Drehmoment des Motors im stationären Fall.

c) Welche elektrische Energie kann bei einer Abwärtsbewegung aus der mechanischen Energie der zu senkenden Masse zurückgewonnen werden?

d) Unter der Annahme, dass die elektrische Energie in der Leistungselektronik verlustfrei gespeichert werden kann, ist die Höhe des Hubs bei einer anschließenden Aufwärtsbewegung zu bestimmen, bis zu der keine Energie von außen (aus dem Netz) zugeführt werden muss.

e) Welche prozentuale Energieeinsparung ergibt sich durch die Energiespeicherung im Vergleich zur Umsetzung der Energie beim Senken in Wärme für einen Zyklus (1 × Heben und 1 × Senken)?

Übung 5.1   Schwierigkeitsgrad: mittel

Für einen Antrieb mit Schrittmotor sind die in Tabelle A.14 gezeigten Werte bekannt.

Schrittzahl im Vollschrittbetrieb	200	**Tabelle A.14** Antriebsdaten
Haltedrehmoment	0,265 Nm	
Gesamtträgheitsmoment	$0,036 \cdot 10^{-4} \, \text{kg m}^2$	

a) Schätzen Sie die maximal zulässige Schrittfrequenz des Motors im Start-Stopp-Bereich ab. Dabei wird vereinfachend angenommen, dass das Motordrehmoment im Bereich von einer Vorzugsposition zur nächsten konstant ist und dem Haltedrehmoment entspricht.

Der Motor soll direkt mit einer horizontalen Lineareinheit mit Gewindetrieb gekoppelt werden. Die Spindelsteigung ist 20 mm.

b) Wie hoch ist der vom Schrittmotor verursachte lineare Positionsfehler im Vollschrittbetrieb?

c) Die Ansteuerelektronik des Schrittmotors wird auf Mikroschrittbetrieb mit einem Unterteilungsfaktor von 8 eingestellt. Welche Schrittfrequenz ist erforderlich, um zwischen zwei Positionen mit einem Abstand von 400 mm in 20 s verfahren zu können?

Übung 5.2   Schwierigkeitsgrad: mittel

Ein Schrittmotor soll eine lineare horizontale Bewegung erzeugen. Zur Bewegungswandlung wird ein Zahnriemen, der direkt mit dem Motor gekoppelt ist, eingesetzt. Der wirksame Durchmesser der Zahnscheibe ist 25 mm. Die Lineareinheit hat eine konstante Reibkraft von 10 N. Alle anderen Verluste können vernachlässigt werden. Für den Prozess wird eine maximale Kraft von 50 N benötigt. Die Kraft ist unabhängig von der Geschwindigkeit. Das Drehmoment-Drehzahl-Diagramm des Motors in Kombination mit der eingesetzten Leistungselektronik zeigt Bild A.8.

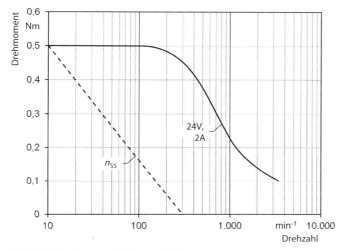

Bild A.8 Drehmoment-Drehzahl-Diagramm

Berechnen Sie für den Start-Stopp-Bereich den Geschwindigkeitsbereich, in dem der Motor betrieben werden kann (Angabe in m/min). Begründen Sie Ihren Lösungsweg und überprüfen Sie den berechneten Wert der Drehzahl grafisch.

Übung 6.1   Schwierigkeitsgrad: mittel

Es steht ein Drehstrom-Asynchronmotor mit dem in Tabelle A.15 gezeigten Leistungsschild zur Verfügung.

Tabelle A.15 Leistungsschild

3~ ASM12-13/ WS			CE
IEC/EN 600340			
50 Hz	400 VΔ / 690 Vλ	60 Hz	460 VΔ
2,2 kW	5,1A/3,0 A	2,2 kW	7,6 A
cos(φ) = 0,76	965/min	PF=0,77	1165/min
IP55 Th.Cl. 155 °C(F) IM B3	100L	T.amb. 40 °C	10 kg

a) Welche Polpaarzahl hat der Motor? Begründen Sie Ihre Antwort.

b) In welcher Schaltungsart ist der Motor an das europäische Verbundnetz anzuschließen? Begründen Sie Ihre Antwort.

c) Welches Bemessungsdrehmoment liefert der Motor bei korrektem Anschluss an das europäische Verbundnetz?

d) Welcher Strangstrom ergibt sich für die Konfiguration aus Teilaufgabe b)?

e) Welchen Wirkungsgrad hat der Motor im Bemessungspunkt?

f) Welche Wirkungsgradklasse (Effizienzklasse) erfüllt der Motor? Bitte benutzen Sie zur Lösung der Teilaufgabe Tabelle A.16.

Tabelle A.16 Wirkungsgradanforderungen nach IEC 60034-30 (Auszug)

Leistung in kW	2-polig			4-polig			6-polig		
	IE1	IE2	IE3	IE1	IE2	IE3	IE1	IE2	IE3
0,75	72,1 %	77,4 %	80,7 %	72,1 %	79,6 %	82,5 %	70,0 %	75,9 %	78,9 %
1,1	75,0 %	79,6 %	82,7 %	75,0 %	81,4 %	84,1 %	72,9 %	78,1 %	81,0 %
1,5	77,2 %	81,3 %	84,2 %	77,2 %	82,8 %	85,3 %	75,2 %	79,8 %	82,5 %
2,2	79,7 %	83,2 %	85,9 %	79,7 %	84,3 %	86,7 %	77,7 %	81,8 %	84,3 %
3	81,5 %	84,6 %	87,1 %	81,5 %	85,5 %	87,7 %	79,7 %	83,3 %	85,6 %
4	83,1 %	85,8 %	88,1 %	83,1 %	86,6 %	88,6 %	81,4 %	84,6 %	86,8 %

Übung 6.2   Schwierigkeitsgrad: mittel

An einem Drehstrommotor werden die Zeitverläufe von Spannung und Strom gemessen (siehe Bild A.9). Die Messpunkte für die Spannung sind die Motorklemmen U1 und V1. Der gezeigte Stromverlauf wird in der Leitung zur Motorklemme U1 gemessen.

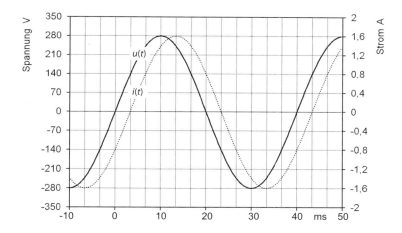

Bild A.9 Messwerte

a) Skizzieren Sie die Messorte für die elektrischen Größen unter Einbeziehung der Versorgungsleitungen zum Motor und des Klemmkastens.

b) Wie werden die gemessene Spannung und der gemessene Strom bezeichnet?

c) Welche Frequenz haben die elektrischen Wechselgrößen?

d) Eine weitere Messung zwischen den Klemmen U2 und V2 ergibt keinen Spannungsunterschied. Welche Schaltungsart wurde beim Motor gewählt? Welche Strangspannung ergibt sich im gemessenen Arbeitspunkt?

e) Die Gesamtleistung aller Stränge des Drehstrommmotors ist aus den Messgrößen zu bestimmen. Welche Wirkleistung, Scheinleistung und Blindleistung hat der Drehstrommotor im gemessenen Arbeitspunkt?

Übung 6.3   Schwierigkeitsgrad: mittel

Für die Statorwicklung einer 4-poligen Drehstrommaschine gilt für jeden der drei Stränge ein linearer Zusammenhang zwischen dem Strangstrom und dem Maximum der dazugehörigen magnetischen Flussdichte im Luftspalt.

$$\widehat{B}_{St} = 0,45\,\frac{T}{A}\,i_{St}(t)$$

Der maximale Strangstrom ist 1,9 A Die Statorwicklung wird durch ein Drehstromsystem mit einer Frequenz von 60 Hz versorgt.

a) Welche Zeit wird für eine Umdrehung des Drehfeldes benötigt?

b) Welche maximale magnetische Flussdichte ergibt sich im Luftspalt für die U-Phase, nachdem vom Nulldurchgang des Strangstroms eine Zeit von $t = 2$ ms vergangen ist? Dabei soll davon ausgegangen werden, dass der Strom nach dem Nulldurchgang ansteigt.

c) Welche maximale magnetische Flussdichte (Gesamtflussdichte) ergibt sich im Luftspalt aus den drei Phasen zum in der Teilaufgabe b) angegebenen Zeitpunkt?

Übung 7.1   Schwierigkeitsgrad: hoch

Für einen Drehstrom-Synchronmotor und den für diesen Motor empfohlenen Umrichter werden vom Hersteller die in Tabelle A.17 gezeigten Daten angegeben.

Drehstrom-Synchronmotor Siemes: 1FT7042-_AK7	
Polpaarzahl	3
Bemessungsdrehzahl	$6\,000\,\text{min}^{-1}$
Bemessungsdrehmoment	$2\,\text{Nm}$
Bemessungsstrom	$3\,\text{A}$
Stillstandsdrehmoment (S1, 100K)	$3\,\text{Nm}$
Stillstandsstrom (S1, 100K)	$3,9\,\text{A}$
Strangwiderstand	$1,12\,\Omega$
Stranginduktivität	$6,5\,\text{mH}$
Spannungskonstante	$49\,\text{V}/1\,000\,\text{min}^{-1}$
Schaltungsart	Stern
Umrichter Siemens: 6SL112_-_TE15-0AA_	
Ausgangsspannung Umrichter (max.)	$380\,\text{V}$
Nennstrom	$5\,\text{A}$
Spitzenstrom	$10\,\text{A}$

Tabelle A.17 Motor- und Umrichterdaten

a) Welche Frequenz muss der Umrichter bei Bemessungsdrehzahl liefern?

b) Welche Drehmomentkonstante hat der Motor?

c) Berechnen Sie die Spannungsanteile eines Strangs im Bemessungspunkt unter der Voraussetzung, dass die Drehmoment- und die Spannungskonstante im gesamten Arbeitsbereich konstant sind?

d) Welche Strangspannung und welche Außenleiterspannung ergeben sich im Bemessungspunkt?

e) Welchen Wirkungsgrad hat der Motor im Bemessungspunkt?

f) Ermitteln Sie rechnerisch die maximale Motordrehzahl in Abhängigkeit vom Motordrehmoment. Gehen Sie davon aus, dass die Spannungskonstante, die Drehmomentkonstante und die Stranginduktivität im gesamten Betriebsbereich konstant sind. Der Spannungsabfall am Strangwiderstand soll bei dieser Betrachtung vernachlässigt werden. Geben Sie die allgemeingültige Gleichung an.

Übung 8.1   Schwierigkeitsgrad: mittel

Für einen Drehstrom-Asynchronmotor gibt der Hersteller die in Tabelle A.18 gezeigten Daten an.

Dieser Motor soll, sofern nicht anders angegeben, am europäischen Verbundnetz betrieben werden.

a) Wie ist der Motor an das europäische Verbundnetz anzuschließen?

Bemessungsspannung / Rated motor voltage	$400\,\Delta/690\,\lambda$ V	$460\,\Delta$ V	**Tabelle A.18** Datenblattangaben Drehstrom-Asynchronmotor (Auszug) Produktbezeichnung: 1LE1001-1BC23-4AC4 (Siemens AG, 2012)
Bemessungsfrequenz / Rated frequency	50 Hz	60 Hz	
Bemessungsleistung / Rated power	2,2 kW		
Bemessungsdrehzahl / Rated speed	$965\,\text{min}^{-1}$	$1\,165\,\text{min}^{-1}$	
Bemessungsdrehmoment / Rated torque	21,8 Nm	20,9 Nm	
Bemessungsstrom / Rated current	$5,2\,\Delta/3,0\,\lambda$ A	4,8 A	
Anzugs-/Bemessungsstrom / Starting/ rated current	6	6,5	
Kipp-/ Bemessungsdrehmoment / Breakdown/ rated torque	3,1	3,1	
Anzugs-/ Bemessungsdrehmoment / Starting/ rated torque	2,1	2	
Effizienzklasse / Efficiency class	IE2		
Wirkungsgradgrad ① / Efficiency	81,8%	87,5%	
Leistungsfaktor ① / Power factor	0,75	0,77	

① im Bemessungspunkt (IEC 600034-2-1)
① at rated point (IEC 600034-2-1)

b) Führen Sie alle verfügbaren Größen (auch berechenbare) mit Formelzeichen, Wert und Einheit, die für das im Bild A.10 gezeigte Motordiagramm relevant sind, tabellarisch auf. Tragen Sie anschließend die Formelzeichen und erforderlichen Achsbeschriftungen in das Diagramm ein.

c) Bestimmen Sie rechnerisch das Drehmoment-Drehzahl-Verhalten im Arbeitsbereich des Motors (Bereich um den Bemessungspunkt). Gehen Sie davon aus, dass der Drehmoment-Drehzahl-Verlauf im betrachteten Bereich linear ist und die Gerade die Drehzahlachse bei der Synchrondrehzahl schneidet.

d) Berechnen Sie die Motordrehzahl, die sich bei Belastung der Motorwelle mit dem 1,8-Fachen des Bemessungsdrehmomentes ergibt. Gehen Sie bei der Berechnung von den in Teilaufgabe c) getroffenen Annahmen aus.

e) Welche Motordrehzahl ergibt sich bei gleicher Belastung des Motors wie in Teilaufgabe d) an einem US-Versorgungsnetz? Gehen Sie bei der Berechnung wiederum von den in Teilaufgabe c) getroffenen Annahmen aus.

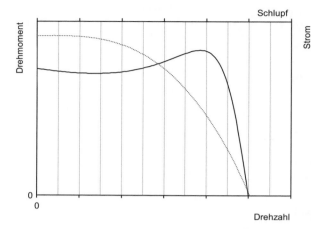

Bild A.10 Motordiagramm

Übung 8.2

Schwierigkeitsgrad: mittel

Ein Getriebemotor mit Drehstrom-Asynchronmotor, der an einem Frequenzumrichter angeschlossen ist, soll für die Bewegung eines Förderbandes genutzt werden. Damit das Transportgut nicht umfällt, darf die Beschleunigung nicht größer als $0,8\,\text{m/s}^2$ sein. Der Getriebemotor ist mit einer Umlenkrolle des Förderbandes verbunden. Insgesamt stehen die in Tabelle A.19 gezeigten Antriebsdaten zur Verfügung.

Tabelle A.19 Antriebsdaten

Getriebemotor	
Bemessungsspannung	400 V
Bemessungsfrequenz	50 Hz
Bemessungsdrehzahl	725 min^{-1}
Bemessungsdrehmoment	1,8 Nm
Kippdrehmoment	4,5 Nm
Anfahrdrehmoment	3,9 Nm
Getriebeübersetzung	5
Frequenzumrichter	
Zwischenkreisspannung	566 V
Förderband	
Durchmesser Umlenkrolle	15 cm

Die Masse des Förderbandes und des Transportgutes soll vernachlässigt werden. Leistungsverluste können vernachlässigt werden.

a) Welche Frequenz muss der Frequenzumrichter für eine Transportgeschwindigkeit von $v = 48\,\text{m/min}$ liefern. Welche Spannung gibt der Frequenzumrichter bei linearer Kennlinie mit Spannungsanhebung von 5 % der Nennspannung aus.

b) Nach welcher Zeit darf die in Teilaufgabe a) angegebene Geschwindigkeit frühestens erreicht werden ohne die angegebene Beschleunigungsgrenze zu überschreiten?

c) Von einem Kunden des Herstellers wird eine Erhöhung der Transportgeschwindigkeit auf $v = 90$ m/min gefordert. Welche Betriebsart des Motors muss gewählt werden, um die Kundenforderung mit dem gleichem Getriebemotor, Frequenzumrichter und ohne Veränderung des mechanischen Aufbaus des Förderbandes zu erfüllen?

d) Welches maximale Drehmoment steht bei einer Transportgeschwindigkeit von $v = 90$ m/min an der Umlenkrolle nach dem Anlauf zur Verfügung? Nutzen Sie dabei folgende Beziehung für das Kippdrehmoment im Feldschwächbereich.

$$M_K = \left(\frac{n_n}{n_{no}} \right)^2 M_{Kn}$$

Übung 9.1   Schwierigkeitsgrad: mittel

In einen rotatorischen Motor ist ein Positionsmessgerät mit 1024 Signalperioden/Umdrehung eingebaut. Das sinusförmige Messsignal wird im Motion Controller 4096-fach unterteilt.

a) Welche Positionsauflösung hat das Positionsmessgerät in Winkelsekunden?

b) Zur Erzeugung einer Linearbewegung ist der Motor mit einem Gewindetrieb direkt gekoppelt. Die Spindelsteigung des Gewindetriebes ist 20 mm. Welche lineare Positionsauflösung hat der Antrieb? Geben Sie den Wert in nm an.

c) Für das Positionsmessgerät wird eine Signalqualität in einer Signalperiode von $\pm 0,5$ % angegeben. Welcher lineare Positionsmessfehler ergibt sich im „worst-case" bei der angegebenen Signalqualität an der zu bewegenden Masse? Geben Sie den Wert in nm an.

d) Welche Drehzahlauflösung in Umdrehungen pro Minute kann mit dem eingesetzten Messgerät, und einer Abtastfrequenz des Motion Controllers von 4 kHz erreicht werden?

e) Für den Antrieb soll eine „worst-case"-Abschätzung des linearen Positionsfehlers an der zu bewegenden Masse durchgeführt werden. Folgende Ursachen für Positionsfehler sind dabei zu berücksichtigen:

   – Messfehler in einer Signalperiode des Positionsmessgerätes

   – Langperiodischer Messfehler des Positionsmessgerätes. Hierfür gibt der Hersteller einen Wert von $\pm 40''$ in einer Umdrehung an.

   – Steigungsfehler des Gewindetriebes. Hierfür gibt der Hersteller einen Wert von 5 µm pro Meter an.

   – Thermisch bedingte Längenänderung des Gewindetriebes

Das Festlager des Gewindetriebes ist an der Seite der Motorbefestigung. Das Lager am anderen Ende des Gewindetriebes ist ein Loslager. Der Gewindetrieb ist aus Stahl. Der maximale Verfahrweg beträgt 0,5 m. Der Maschinennullpunkt ist am Festlager. Über einen längeren Zeitraum ergibt sich durch Lastkräfte eine maximale Temperaturänderung am Gewindetrieb von 40 K. Es kann davon ausgegangen werden, dass der Gewindetrieb eine einheitliche Temperatur hat.

Berechnen Sie die einzelnen Anteile des linearen Positionsfehlers an der anzutreibenden Masse und anschließend den gesamten Positionsfehler.

Übung 9.2   Schwierigkeitsgrad: gering

Ein rotatorischer Direktantrieb ist mit einem Multiturn-Positionsmessgerät, das 2048 Signal-perioden/Umdrehung und 4096 unterscheidbare Umdrehungen besitzt, ausgerüstet. Das Messsignal wird 16 384-fach unterteilt.

a) Die serielle Schnittstelle arbeitet mit 8 Mbit/s. Zur Steuerung und Überwachung bzw. Sicherung der Datenübertragung werden insgesamt 20 bit benötigt (Protokoll-Overhead). Wie groß ist die gesamte Übertragungszeit in µs, um den Positionswert vom Positionsmessgerät zum Motion Controller zu übertragen?

b) Die Unterteilung der Messsignale benötigt insgesamt 5 µs. Welche Übertragungsgeschwindigkeit muss die serielle Datenübertragung aufweisen, damit der Positionswert, der im Motion Controller zur Verfügung steht, weniger als 10 µs veraltet ist (Data Age)? Geben Sie den Wert in Mbit/s an.

Übung 10.1   Schwierigkeitsgrad: mittel

Eine lineare horizontale Bewegung soll mit einem Linearmotor erzeugt werden. Der Antriebs-strang kann als mechanisch steif betrachtet werden. Die Kenngrößen des Antriebes zeigt Tabelle A.20.

Zu bewegende Gesamtmasse	50 kg	**Tabelle A.20** Kenngrößen des Antriebes
Maximale Prozesskraft	100 N	

Die Regler können als zeitkontinuierlich betrachtet werden. Leistungsverluste sind zu vernachlässigen.

a) Es soll ein kaskadierter proportionaler Positionsregler und ein proportionaler Geschwindigkeitsregler benutzt werden. Der Stromregler kann als ideal angesehen werden. Der Positionsregelkreis soll eine Eigenfrequenz von 50 Hz, und einen Dämpfungsgrad von 0,8 besitzen. Berechnen Sie die Proportionalverstärkung des Positionsreglers und die normierte Proportionalverstärkung des Geschwindigkeitsreglers, um die geforderten Kennwerte zu erfüllen.

b) Welche Zeitkonstante hat der Geschwindigkeitsregelkreis bei der Reglereinstellung aus Teilaufgabe a)? Geben Sie den Wert in ms an.

c) Wie hoch ist die stationäre Geschwindigkeitsabweichung bei maximaler Prozesskraft, und den Reglereinstellungen aus Teilaufgabe a)? Geben Sie den Wert in m/min an.

d) Wie hoch sollte die Abtastfrequenz des Motion Controllers sein, damit von einem quasi-kontinuierlichen Verhalten ausgegangen werden kann und gleichzeitig der Motion Controller nicht überdimensioniert ist? Geben Sie den Wertebereich in kHz an.

Übung 10.2   Schwierigkeitsgrad: mittel

Eine horizontale Linearbewegung soll mit einem elektromechanischen Antrieb mit rotatorischem Motor erzeugt werden. Die zu bewegende Masse ist 500 kg. Die mechanischen Übertragungselemente haben die in Tabelle A.21 aufgeführten Kenngrößen.

Lineare Steifigkeit	120 N/μm
Dämpfungskoeffizient	50 000 Ns/m

Tabelle A.21 Kenngrößen der mechanischen Übertragungselemente

a) Bestimmen Sie die maximal zulässige Verstärkung des Positionsreglers für einen überschwingfreien Positioniervorgang. Gehen Sie dabei von einem idealen Drehzahlregelkreis und von einem zeitkontinuierlichen Verhalten aus.

b) Welche stationäre Positionsabweichung ergibt sich bei der Reglereinstellung aus Teilaufgabe a) bei einer Verfahrgeschwindigkeit von 6 m/min? Geben Sie den Wert in mm an.

■ A.3   Lösungen der Übungen

Übung 1.1

$$t_{Ac} = 377\,\text{ms}$$

Übung 1.2

a) Bewegungsprofile der X-Achse

Positionsprofil der X-Achse

$$x_x(t) = \frac{d}{2}\cos\left(\frac{2v_B}{d}\,t\right)$$

Geschwindigkeitsprofil der X-Achse

$$v_x(t) = -v_B\sin\left(\frac{2v_B}{d}\,t\right)$$

Beschleunigungsprofil der X-Achse

$$a_x(t) = -\frac{v_B^2}{r}\cos\left(\frac{v_B}{r}\,t\right)$$

b) Maximale Beschleunigung X-Achse

$$a_{x,\text{max}} = 16\,\frac{\text{m}}{\text{s}^2}$$

c) Motorkraft X-Achse

$$F_{\text{Mo,x}}(t) = -m_T\,\frac{v_B^2}{r}\cos(\omega_B t)$$

d) Erforderliche Motorkraft X-Achse: $F_{x,\text{max}} > 1280\,\text{N}$

e) Zeitdauer Kreisfahrt: $T = 78{,}5\,\text{ms}$

Übung 2.1

a) Motordrehzahl: $n_{\text{Mo}} \geq 4500\,\text{min}^{-1}$

b) Kraft Kugelgewindetrieb (Spindelmutter) bei Beschleunigungsvorgängen: $F_{\text{Sp,Ac}} = 4800\,\text{N}$

c) Kraft Kugelgewindetrieb (Spindelmutter) bei Bearbeitungsvorgängen: $F_{\text{Sp,P}} = 5300\,\text{N}$

d) Minimales antriebsseitiges Drehmoment Kugelgewindetrieb (Motorseite) bei Beschleunigungsvorgängen: $M_{\text{Sp,Ac}} = 8{,}86\,\text{Nm}$

e) Minimales antriebseitiges Drehmoment Kugelgewindetrieb (Motorseite) bei Bearbeitungsvorgängen: $M_{\text{Sp,P}} = 9{,}7\,\text{Nm}$

f) Nachrechnung mit Daten des gewählten Motors

Erforderliches Motordrehmoment zur Erfüllung der Beschleunigungsspezifikation: $M_{\text{Mo,Ac}} = 25{,}86\,\text{Nm}$

Ergebnis: Der Motor ist ausreichend, um die Spezifikation zu erfüllen.

Begründung: Die Bearbeitungsspezifikation $M_{\text{Mo,P}} = 9{,}7\,\text{Nm} < 15\,\text{Nm}$ und die Beschleunigungsspezifikation $M_{\text{Mo,Ac}} = 25{,}86\,\text{Nm} < 27\,\text{Nm}$ werden eingehalten.

g) Stauchung: $\Delta x_{Sp} = 20{,}2\,\mu\mathrm{m}$

h) Mechanische Kennfrequenz

  – Ohne Werkstück: $f_{Me} = 163\,\mathrm{Hz}$

  – Mit Werkstück: $f_{Me} = 94\,\mathrm{Hz}$

Übung 2.2

a) Masse Gewichtsausgleich: $m_G = 410\,\mathrm{kg}$

b) Fahrzeit: $t_T = 2\,t_1 + t_2 = 2\cdot2{,}67\,\mathrm{s} + 6{,}08\,\mathrm{s} = 11{,}42\,\mathrm{s}$

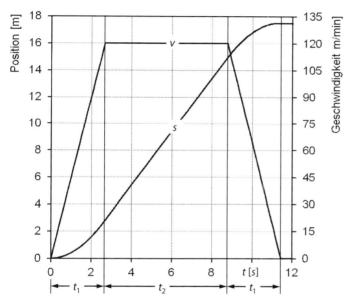

Bild A.11 Weg-Zeit- und Geschwindigkeits-Zeit-Diagramm

c) Skizze (bewusst weggelassen in Lösung, Ansporn eigenen Weg zu suchen)

d) Drehzahl Zugmittelscheibe: $n_Z = 47{,}75\,\mathrm{min}^{-1}$

  Drehzahl Antriebswelle Getriebe: $n_{G,1} = 2\,626\,\mathrm{min}^{-1}$

e) Minimales Drehmoment auf Antriebsseite Getriebe

  Lastdrehmoment Antriebsseite Getriebe im „worst case": $M_{G,L,1} = 29{,}73\,\mathrm{Nm}$

f) siehe Bild A.12

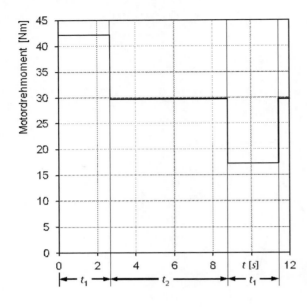

Bild A.12 Drehmoment-Zeit-Diagramm

Übung 3.1

a) Elektromechanischer Antrieb

b) Periodischer Aussetzbetrieb (S3) mit ED 50 %

c) Worst case: ED 60-%-Linie

Maximales zur Verfügung stehendes Motordrehmoment: 2,6 Nm < 2,3 Nm

Motor ist geeignet!

d) Leerlaufdrehzahl: $n_0 = 6400\,\mathrm{min}^{-1}$

e) Leerlaufdrehzahl: $n_0 = 8000\,\mathrm{min}^{-1}$

f) $M_{\mathrm{Mo,max}} = 6,2\,\mathrm{Nm}$

g) Drehmomentkonstante $c_{\mathrm{T}} = 0,75\ \mathrm{Nm/A}$

Stillstands-Drehmoment aus Motordiagramm!

Übung 3.2

a) 4-poliger Motor

b) 12 Pole am Umfang

c) $n_{\mathrm{S}} = 1500\,\mathrm{min}^{-1}$

d) $s_{\mathrm{n}} = 3,3\,\%$

e) siehe Tabelle A.22

f) siehe Tabelle A.23

g) $f = 66,7\,\mathrm{Hz}$

Frequenzumrichter

Bemessungsspannung	U_n	400 V
Bemessungsstrom	I_n	2 A
Bemessungsfrequenz	f_n	50 Hz
Leistungsfaktor im Bemessungspunkt	$\cos(\varphi_n)$	0,87
Bemessungsleistung	P_n	1 kW
Bemessungsdrehzahl	n_n	1450 min^{-1}
Schutzart	IP	54
Energieeffizienzklasse (IE)	IE	2
Wärmeklasse		B

Tabelle A.22 Kenndaten und Eigenschaften des Motors

Bemessungsdrehmoment	M_n	6,59 Nm
Wirkungsgrad im Bemessungspunkt	η_n	83 %

Tabelle A.23 Ermittelbare Kenndaten des Motors

Übung 3.3

a) $P_{Mo,1} = 2{,}2\,\text{kW}$, $P_{Mo,2} = 1{,}5\,\text{kW}$

b) nach ca. 8 Monaten

c) Energieeinsparung: $E_S = 19096\,\text{kWh}$

   Kosteneinsparung: $C_S = 2141\,€$

   CO_2-Einsparung: 11,46 t

d) 2 %

Übung 4.1

a) Induzierte Spannung: $U_i = 157\,\text{V}$

b) – Maximale Motordrehzahl: $n_0 = 3438\,\text{min}^{-1}$

   – Leerlaufdrehzahl

c) – Stillstandsstrom Motor: $I_{St} = 6{,}55\,\text{A}$

   – Stillstandsdrehmoment Motor: $M_{St} = 3{,}27\,\text{Nm}$

d) Motordrehzahl: $n_{Mo} = 597\,\text{min}^{-1}$

e) Maximales Drehmoment in Kombination mit Leistungselektronik: $M_{max} = 1{,}25\,\text{Nm}$

f) – Maximales Motordrehmoment mit Feldschwächung bei Drehzahl von $5\,000\,\text{min}^{-1}$ und Bemessungsstrom $M_{max} = 0{,}25\,\text{Nm}$

   – Prozentuale Reduzierung im Vergleich zum Bemessungsdrehmoment: $\Delta M = 40\,\%$

g) Maximales Motordrehmoment mit Feldschwächung bei Drehzahl von $5\,000\,\text{min}^{-1}$: $M_{max} = 0{,}53\,\text{Nm}$

h) siehe Bild A.13

Übung 4.2

a) Skizze (bewusst weggelassen in Lösung, Ansporn eigenen Weg zu suchen)

b) – Getriebeübersetzung: $i_G = 83{,}8$

   – Mindestens erforderliches Motordrehmoment: $M_{Mo} = 6{,}35\,\text{Nm}$

c) Rückgewinnung von elektrischer Energie beim Senken: $E_S = 5{,}41\,\text{kJ}$

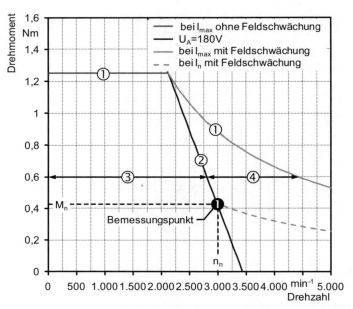

Bild A.13 Motordiagramm (① Stromgrenze Leistungselektronik, ② Spannungsgrenze, ③ Ohne Feldschwächung, ④ Mit Feldschwächung)

d) Hubhöhe aus gespeicherter Energie: $h_S = 1{,}35\,\text{m}$

e) Prozentuale Energieeinsparung: $\Delta E = 7{,}51\,\%$

Übung 5.1

a) Abschätzung maximal zulässige Schrittfrequenz im Start-Stopp-Bereich: $f_S = 1{,}08\,\text{kHz}$

b) Linearer Positionsfehler im Vollschrittbetrieb: $\Delta x_P = \pm 50\,\mu\text{m}$

c) Erforderliche Schrittfrequenz: $f_S = 1{,}6\,\text{kHz}$

Übung 5.2

Geschwindigkeitsbereich: $0 \le v_M < 1{,}22\,\text{m/min}$

Grenze Drehzahl, bei der Start-Stopp-Bereich verlassen wird (siehe Bild A.14).

Übung 6.1

a) $z_P = 3$ Begründung: $n_n \approx n_s = 1\,000\,\text{min}^{-1}$

b) Dreieck (Δ)   Begründung: Europäisches Verbundnetz $U_s = 400\,\text{V}$

c) Bemessungsdrehmoment: $M_n = 21{,}8\,\text{Nm}$

d) Strangstrom: $I_{St} = 2{,}94\,\text{A}$

e) Wirkungsgrad: $\eta_n = 81{,}9\,\%$

f) Effizienzklasse (IE)

   Wirkungsgrad aus Tabelle für 2,2 kW 6-polig/50 Hz

   $\eta_{IE2} = 81{,}8\,\% < \eta_n = 81{,}9\,\% < \eta_{IE3} = 84{,}3\,\%$

   IE2

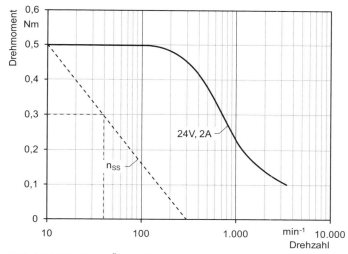

Bild A.14 Grafische Überprüfung

Übung 6.2

a) siehe Bild A.15

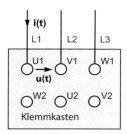

Bild A.15 Skizze

b) Außenleiterspannung und Außenleiterstrom

c) Frequenz der elektrischen Größen: $f = 25\,\text{Hz}$

d) – Sternschaltung

 – Strangspannung $U_{\text{St}} = 114\,\text{V}$

e) Gesamtleistungen im Arbeitspunkt

 – Wirkleistung $P = 336\,\text{W}$

 – Scheinleistung $S = 388\,\text{VA}$

 – Blindleistung $Q = 194\,\text{var}$

Übung 6.3

a) Zeit für eine Umdrehung des Drehfeldes

$$T = \frac{z_{\text{P}}}{f} = \frac{2}{60\,\text{Hz}} = 33{,}3\,\text{ms}$$

b) Maximale magnetische Flussdichte U-Phase bei $t = 2\,\mathrm{ms}$: $\widehat{B}_{\mathrm{St}}\,|_{t=2\,\mathrm{ms}} = 0{,}585\,\mathrm{T}$

c) Maximale magnetische Flussdichte: $\widehat{B} = 1{,}28\,\mathrm{T}$

Übung 7.1

a) Umrichterfrequenz bei Bemessungsdrehzahl: $f_{\mathrm{Inv,n}} = 300\,\mathrm{Hz}$

b) Drehmomentkonstante

Ermittlung bei Stillstand im Dauerbetrieb (S1-Betrieb) $c_{\mathrm{T}} = 0{,}77\,\frac{\mathrm{Nm}}{\mathrm{A}}$

c) Spannungsabfälle eines Strangs im Bemessungspunkt

- Spannungsabfall ohmscher Widerstand: $U_{\mathrm{R}} = 3{,}36\,\mathrm{V}$

- Induzierte Spannung: $U_{\mathrm{i}} = 170\,\mathrm{V}$

- Komplexe Spannung Induktivität: $U_{\mathrm{L}} = j\,36{,}76\,\mathrm{V}$

d) Strangspannung und Außenleiterspannung im Bemessungspunkt

- Strangspannung Bemessungspunkt: $U_{\mathrm{St}} = 177\,\mathrm{V}$

- Außenleiterspannung Bemessungspunkt: $U_{\mathrm{Al}} = 307\,\mathrm{V}$

e) Wirkungsgrad im Bemessungspunkt: $\eta_{\mathrm{n}} = 80{,}7\,\%$

f) Maximale Motordrehzahl in Abhängigkeit vom Motordrehmoment:

$$n_{\mathrm{Mo}} = U_{\mathrm{Inv,max}}\,\frac{1}{\sqrt{(c_{\mathrm{u}})^2 + 3\left(L_{\mathrm{St}}\,z_{\mathrm{P}}\,2\pi\,\frac{M_{\mathrm{Mo}}}{c_{\mathrm{T}}}\right)^2}}$$

Übung 8.1

a) Dreieck

Begründung: Außenleiterspannung im europäischen Verbundnetz $400\,\mathrm{V}/50\,\mathrm{Hz}$

b) Verfügbare Größen mit Formelzeichen und Wert siehe Tabelle A.24 und Bild A.16

Bemessungsdrehzahl	n_{n}	$965\,\mathrm{min}^{-1}$	**Tabelle A.24** Formelzeichen und Werte
Bemessungsdrehmoment	M_{n}	$21{,}8\,\mathrm{Nm}$	
Bemessungsstrom	I_{n}	$5{,}2\,\mathrm{A}$	
Anzugsdrehmoment	M_{A}	$45{,}8\,\mathrm{Nm}$	
Kippdrehmoment	M_{K}	$67{,}6\,\mathrm{Nm}$	
Anzugsstrom	I_{A}	$31{,}2\,\mathrm{A}$	
Synchrondrehzahl	n_{S}	$1\,000\,\mathrm{min}^{-1}$	
Bemessungsschlupf	s_{n}	$0{,}035$	

c) Drehmomentgleichung (normierte Darstellung)

$$\frac{M_{\mathrm{Mo}}}{M_{\mathrm{M}}} = \frac{n_{\mathrm{S}}}{n_{\mathrm{n}} - n_{\mathrm{S}}}\left(\frac{n_{\mathrm{Mo}}}{n_{\mathrm{S}}} - 1\right)$$

d) Drehzahl bei Belastung mit dem 1,8-fachen des Bemessungsdrehmomentes:

$n_{\mathrm{Mo}} = 937\,\mathrm{min}^{-1}$

e) Drehzahl bei Anschluss an US-Versorgungsnetz: $n_{\mathrm{Mo}} = 1\,134\,\mathrm{min}^{-1}$

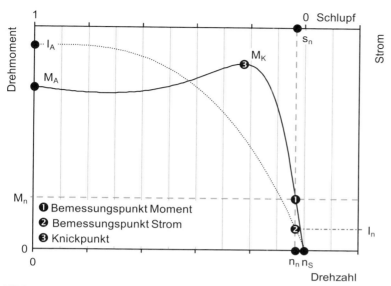

Bild A.16 Motordiagramm

Übung 8.2

a) – Frequenz Frequenzumrichter: $f_{\text{Inv}} = 33{,}95\,\text{Hz}$

   – Ausgangsspannung Frequenzumrichter: $U_{\text{Inv}} = 278\,\text{V}$

b) Minimale Zeitdauer für Beschleunigungsvorgang: $T = 1\,\text{s}$

c) – Erforderliche Frequenz vom Frequenzumrichter: $f_{\text{Inv}} = 63{,}66\,\text{Hz}$

   – Betrieb des Motors in Feldschwächung

d) Maximales Drehmoment an der Umlenkrolle

  Das maximale Drehmoment des Motors nach dem Anlauf ist das Kippdrehmoment. Da die Spannung des Frequenzumrichters auf 400 V beschränkt ist, muss der Getriebemotor mit Feldschwächung betrieben werden.

  $M_{\text{max}} = 12{,}97\,\text{Nm}$

Übung 9.1

a) Positionsauflösung Positionsmessgerät: $\varphi_{Res} = 0{,}309''$

b) Lineare Positionsauflösung: $x_{Res} = 4{,}77\,\text{nm}$

c) Linearer Positionsmessfehler (worst-case): $\Delta y_{P,max} = 97{,}66\,\text{nm}$

d) Drehzahlauflösung: $n_{SC,res} = 0{,}0572\,\text{min}^{-1}$

e) – Positionsfehler durch Messfehler in einer Signalperiode des Positionsmessgerätes (bereits in Teilaufgabe c) berechnet): $\Delta y_{P,SP} = 0{,}098\,\mu\text{m}$

  – Positionsfehler durch langperiodischen Messfehler des Positionsmessgerätes: $\Delta y_{P,LP} = 0{,}62\,\mu\text{m}$

  – Positionsfehler durch Steigungsfehler des Gewindetriebes: $\Delta x_{P,SP} = 3\,\mu\text{m/m} \cdot 0{,}5\,\text{m} = 1{,}5\,\mu\text{m}$

  – Positionsfehler durch thermisch bedingte Längenänderung des Gewindetriebes: $\Delta x_{P,Th} = 220\,\mu\text{m}$

  – Gesamter Positionsfehler (worst-case): $\Delta x_P = 222\,\mu\text{m}$

Übung 9.2

a) – Anzahl an zu übertragenden bit: $z_T = 57\,\text{bit}$

  – Übertragungszeit: $T_T = 7{,}125\,\mu\text{s}$

b) Übertragungsgeschwindigkeit: $f_T = 11{,}4\,\text{Mbit/s}$

Übung 10.1

a) – Proportionalverstärkung des Positionsreglers: $K_P = 196\,\text{s}^{-1}$

  – Normierte Proportionalverstärkung des Geschwindigkeitsreglers: $K_S^* = 503\,\text{s}^{-1}$

b) Zeitkonstante des Geschwindigkeitsregelkreises: $T_{SC} = 1{,}99\,\text{ms}$

c) Stationäre Geschwindigkeitsabweichung bei maximaler Prozesskraft:

  $e_S\,|_{steadystate} = 0{,}24\,\text{m/min}$

d) Abtastfrequenz: $5\,\text{kHz} \le f_S \le 10\,\text{kHz}$

Übung 10.2

a) Maximal zulässige Verstärkung des Positionsreglers für einen überschwingfreien Positioniervorgang: $K_P = 39\,\text{s}^{-1}$

b) Stationäre Positionsabweichung: $e_P\,|_{steadystate} = 2{,}55\,\text{mm}$

■ A.4   Formelzeichen und Einheiten

Symbol	Deutsch	English	Einheit
a	Beschleunigung	*Acceleration*	m/s^2
a_M	Beschleunigung anzutreibende Masse	*Acceleration mass to be moved*	m/s^2
a_{Mo}	Beschleunigung Motor	*Acceleration motor*	m/s^2
A	Fläche	*Area*	m^2
A_F	Krafterzeugende Fläche	*Force generating area*	m^2
A_F	Drehmomenterzeugende Fläche	*Torque generating area*	m^2
A_P	Polfläche	*Pole area*	m^2
B	Magnetische Flussdichte	*Magnetic flux density*	T
B_r	Remanenzflussdichte	*Remanence flux density*	T
B_R	Magnetische Flussdichte Rotor	*Magnetic flux density rotor*	T
B_S	Magnetische Flussdichte Stator	*Magnetic flux density stator*	T
B_{St}	Magnetische Flussdichte eines Strangs	*Magnetic flux density one phase*	T
c_A	Konstante Motorkraft zu krafterzeugender Fläche	*Constant motor torque to force generating area*	N/m^2
c_A	Konstante Motordrehmoment zu drehmomenterzeugender Fläche	*Constant motor torque to torque generating area*	Nm/m^2
c_{ES}	Unterteilungsfaktor Messgerät	*Subdivision factor measuring device*	
c_F	Kraftkonstante	*Force constant*	N/A
c_K	Kinematikkonstante	*Kinematic constant*	
c_{Mo}	Motorkonstante	*Motor constant*	N/A, Nm/A
c_T	Drehmomentkonstante	*Torque constant*	Nm/A
c_U	Spannungskonstante	*Voltage constant*	Vs/m, Vs
c_X	Federsteifigkeit	*Spring stiffness*	N/m
c_X	Steifigkeit (linear)	*Stiffness (linear)*	N/m
c_φ	Torsionssteifigkeit	Torsional stiffness	Nm/rad
d	Durchmesser	*Diameter*	m
d_T	Drehmomenterzeugender Durchmesser	*Torque generating diameter*	m
d_{eff}	Wirksamer Durchmesser	*Effective diameter*	m
d_X	Geschwindigkeitsproportionale Reibkonstante (linear)	*Velocity proportional friction constant (linear)*	Ns/m
D	Dämpfungsgrad	*Damping grade*	
D_M	Dämpfungsgrad mechanisches Übertragungselement	*Damping grade mechanical transfer element*	
D_P	Dämpfungsgrad Positionsregelkreis	*Damping grade position control loop*	–

e	Regelabweichung	*Control error*	
e_C	Regelabweichung Strom	*Control error current*	A
e_P	Regelabweichung Position	*Control error position*	m, rad
e_P	Positionsfehler	*Position error*	m, rad
e_S	Regelabweichung Winkelgeschwindigkeit oder Geschwindigkeit	*Control error angular speed or velocity*	rad/s, m/s
e_T	Regelfenster	*Response tolerance*	
e_{St}	Stationäre Regelabweichung	*Control error in steady state*	
E	Energie	*Energy*	J
E_{El}	Elektrische Energie	*Electrical energy*	J
E_M	Kinetische Energie anzutreibende Masse	*Kinetic energy mass to be moved*	J
E_{Me}	Mechanische Energie	*Mechanical energy*	J
ED	Einschaltdauer	*Duty cycle*	–
f	Frequenz	*Frequency*	Hz
f_0	Eigenfrequenz	*Characteristic frequency*	Hz
f_{0P}	Eigenfrequenz Positionsregelkreis	*Characteristic frequency position control loop*	Hz
f_{Eck}	Eckfrequenz (Spannungs-Frequenz-Kennlinie)	*Edge Frequency* (Voltage-frequency-curve)	Hz
f_{El}	Elektrische Frequenz	*Electrical frequency*	Hz
f_L	Lastfrequenz	*Load frequency*	Hz
f_n	Bemessungsfrequenz (früher: Nennfrequenz)	*Rated frequency*	Hz
f_N	Eigenfrequenz	*Natural frequency*	Hz
f_S	Abtastfrequenz	*Sample frequency*	Hz
f_S	Netzfrequenz	*Supply frequency*	Hz
f_S	Schrittfrequenz (Schrittmotor)	*Step frequency (stepper motor)*	Hz
f_{SS}	Start-Stopp-Frequenz (Schrittmotor)	*Start-stop-frequency (stepper motor)*	Hz
F	Kraft	*Force*	N
F_1	Kraft Antriebsseite	*Force driving side*	N
F_1	Lorentzkraft Leiterabschnitt	*Lorentz force wire segment*	N
F_2	Kraft Abtriebsseite	*Force output side*	N
F_{Ac}	Beschleunigungskraft	*Acceleration force*	N
F_C	Federkraft	*Spring force*	N
F_F	Reibkraft	*Friction force*	N
F_L	Lastkraft	*Load force*	N
F_{Lo}	Lorentzkraft	*Lorentz force*	N
F_M	Kraft anzutreibende Masse	*Force mass to be moved*	N
F_{Mo}	Motorkraft	*Motor force*	N
F_n	Bemessungskraft (früher: Nennkraft)	*Rated force*	N

F_P	Prozesskraft	*Process force*	N
F_W	Gewichtskraft	*Weight force*	N
g	Erdbeschleunigung	*Gravitational acceleration*	m/s^2
G	Übertragungsfunktion	*Transfer function*	
G_0	Übertragungsfunktion offener Kreis	*Transfer function open loop*	
G_{CC}	Übertragungsfunktion Stromregler	*Transfer function current controller*	
G_{CP}	Übertragungsfunktion Positionsregler	*Transfer function position controller*	
G_{CS}	Übertragungsfunktion Drehzahlregler oder Geschwindigkeitsregler	*Transfer function speed or velocity controller*	
G_L	Störübertragungsfunktion	*Disturbance transfer function*	
G_W	Führungsübertragungsfunktion	*Reference transfer function*	
h_{Sp}	Spindelsteigung Gewindetrieb	*Spindle pitch*	m
H	Magnetische Feldstärke	*Magnetic field strength*	A/m
H_c	Koerzitivfeldstärke	*Coercive field strength*	A/m
i	Strom	*Current*	A
i_G	Getriebeübersetzung	*Gear ratio*	–
I	Strom	*Current*	A
I_0	Stillstandsstrom (S1)	*Current at stand still (S1)*	A
I_0	Leerlaufstrom (Asynchronmotor)	*No load current (asynchronous motor)*	A
I_A	Ankerstrom (Gleichstrommotor)	*Armature current (DC motor)*	A
I_A	Anzugsstrom (Asynchronmotor)	*Starting current (asynchronous motor)*	A
I_{Al}	Außenleiterstrom	*Line-to-line current*	A
I_d	Längsstrom	*Longitudinal current*	A
I_L	Leiterstrom	*Line current*	A
I_{max}	Maximaler Strom Leistungselektronik	*Maximum current power electronics*	A
I_n	Bemessungsstrom (früher: Nennstrom)	*Rated current*	A
I_q	Querstrom	*Perpendicular current*	A
I_{St}	Stillstandsstrom	*Current at stand still*	A
I_{St}	Strangstrom	*Phase current* A	
j	Komplexe Zahl	*Complex number*	–
j	Ruck	*Jerk*	m/s^3, rad/s^3
J	Trägheitsmoment	*Inertia*	kgm^2
J_L	Lastträgheitsmoment	*Load inertia*	kgm^2
J_M	Trägheitsmoment anzutreibende Masse	*Inertia mass to be moved*	kgm^2

J_{Mo}	Trägheitsmoment bewegtes Motorteil	*Inertia moved motor part*	kgm^2
J_T	Gesamtträgheitsmoment	*Total inertia*	kgm^2
k	Abtastschritt	*Sample point*	–
k_{Mo}	Konstante des Motors	*Constant of motor*	
k_U	Konstante für induzierte Spannung	*Constant for induced voltage*	
k_T	Konstante für Drehmoment	*Constant for torque*	
K	Verstärkung	*Gain*	
K_C	Proportionalverstärkung Stromregler	*Proportional gain current controller*	
K_P	Proportionalverstärkung Positionsregler	*Proportional gain position controller*	$1/s$
K_S	Proportionalverstärkung Drehzahl- oder Geschwindigkeitsregler	*Proportional gain speed or velocity controller*	
K_V	Geschwindigkeitsverstärkung	*„KV-value"*	$1/s$
l	Länge	*Length*	m
l_0	Ausgangslänge	*Initial length*	m
l_T	Drehmomenterzeugende Länge	*Torque generating length*	m
l_{Th}	Thermische Längenänderung	*Thermal length change*	m
L	Induktivität	*Inductance*	H
L_A	Ankerinduktivität	*Armature inductance*	H
L_E	Erregerinduktivität	*Excitation inductance*	H
L_{St}	Stranginduktivität	*Phase inductance*	H
m	Masse	*Mass*	kg
m_M	Anzutreibende Masse	*Mass to be moved*	kg
m_{Mo}	Masse bewegtes Motorteil	*Mass moved motor part*	kg
m_T	Gesamtmasse	*Total mass*	kg
M	Drehmoment	*Torque*	Nm
M_0	Stillstandsdrehmoment (S1)	*Torque at stand still* (S1)	Nm
M_1	Drehmoment Antriebsseite	*Torque driving side*	Nm
M_1	Drehmoment Leiterabschnitt	*Torque wire segment*	Nm
M_2	Drehmoment Abtriebsseite	*Torque output side*	Nm
M_A	Anzugsdrehmoment	*Starting torque*	Nm
M_{Ac}	Beschleunigungsdrehmoment	*Acceleration torque*	Nm
M_F	Reibungsdrehmoment	*Friction torque*	Nm
M_K	Kippdrehmoment	*Tilting torque*	Nm
M_L	Lastdrehmoment	*Load torque*	Nm
M_{max}	Maximales Drehmoment (in Kombination mit Leistungselektronik)	*Maximum torque (in combination with power electronics)*	Nm
M_M	Drehmoment anzutreibende Masse	*Torque mass to be moved*	Nm
M_{Mo}	Motordrehmoment	*Motor torque*	Nm

M_n	Bemessungsdrehmoment (früher: Nenndrehmoment)	*Rated torque*	Nm
M_P	Prozessdrehmoment	*Process torque*	Nm
M_S	Satteldrehmoment	*Pull-up torque*	Nm
M_{St}	Stillstandsdrehmoment	*Torque at stand still*	Nm
M_W	Gewichtsdrehmoment	*Weight torque*	Nm
n	Drehzahl	*Speed*	1/s
n_o	Leerlaufdrehzahl	*Idle speed*	1/s
n_1	Drehzahl Antriebsseite	*Speed driving side*	1/s
n_2	Drehzahl Abtriebsseite	*Speed output side*	1/s
n_K	Kippdrehzahl	*Tilting speed*	1/s
n_M	Drehzahl anzutreibende Masse	*Speed mass to be moved*	1/s
n_{Mo}	Drehzahl Motor	*Speed motor*	1/s
n_n	Bemessungsdrehzahl (früher: Nenndrehzahl)	*Rated speed*	1/s
n_P	Programmierte Drehzahl	*Programmed speed*	1/s
n_R	Drehzahlschwankung	*Speed ripple*	1/s
n_S	Synchrondrehzahl	*Synchronous speed*	1/s
n_{SS}	Start-Stopp-Drehzahl (Schrittmotor)	*Start-stop-speed (stepper motor)*	1/s
N	Windungszahl	*Number of turns*	–
o_S	Überschwingen	*Overshoot*	
p	Anzahl Pole (bei mehrphasigen Systemen bezogen auf eine Phase)	*Number of poles (for multiphase systems related to one phase)*	–
P	Leistung	*Power*	W
P	Wirkleistung	*Active power*	W
P_1	Leistung Antriebsseite	*Power driving side*	W
P_2	Leistung Abtriebsseite	*Power output side*	W
P_{Ed}	Wirbelstromverluste	*Eddy current losses*	W
P_{El}	Elektrische Leistung	*Electrical power*	W
P_{Fe}	Eisenverluste	*Iron losses*	W
P_{Hy}	Hystereseverluste	*Hysteresis losses*	W
P_L	Verlustleistung	*Power loss*	W
P_{Le}	Streuverluste	*Leakage losses*	W
P_M	Leistung anzutreibende Masse	*Power mass to be moved*	W
P_{Mo}	Motorleistung (mechanisch)	*Motor power (mechanical)*	W
P_n	Bemessungsleistung (früher: Nennleistung)	*Rated power*	W
P_{Ohm}	Ohm'sche Verluste	*Ohm losses*	W
P_{St}	Strangwirkleistung	*Active power phase*	W
Q	Blindleistung	*Reactive power*	var
r	Radius	*Radius*	m
R	Widerstand	*Resistance*	Ω

R_A	Ankerwiderstand	*Armature resistance*	Ω
R_E	Erregerwiderstand	*Excitation resistance*	Ω
R_m	Magnetischer Widerstand	*Magnetic resistance*	A/Vs
R_{St}	Strangwiderstand	*Phase resistance*	Ω
s	Laplace-Operator	*Laplace operator*	–
s	Schlupf	*Slip*	–
s_K	Kippschlupf	*Tilting slip*	–
s_n	Bemessungsschlupf (früher: Nennschlupf)	*Rated slip*	–
S	Scheinleistung	*Apparent power*	VA
t	Zeit	*Time*	s
t_{Ac}	Beschleunigungszeit	*Acceleration time*	s
t_R	Anstiegszeit	*Raise time*	s
t_S	Einschwingzeit	*Settling time*	s
t_U	Zeit für eine Umdrehung	*Time for one revolution*	s
T	Periodendauer	*Period time*	s
T	Temperatur	Temperature	°C
T_0	Temperatur beim Einschalten	*Power on temperature*	°C
T_∞	Endtemperatur	*Final temperature*	°C
ΔT	Übertemperatur	*Over-temperature*	K
T_C	Zykluszeit	*Cycle time*	s
T_{NC}	Nachstellzeit Stromregler	*Reset time current controller*	s
T_{NS}	Nachstellzeit Drehzahl- oder Geschwindigkeitsregler	*Reset time speed or velocity controller*	s
T_{On}	Einschaltzeit	*On time*	s
T_{Off}	Ruhezeit	*Off time*	s
T_S	Abtastzeit	*Sample time*	s
T_{SC}	Zeitkonstante Drehzahlregelkreis oder Geschwindigkeitsregelkreis	*Time constant speed control loop or velocity control loop*	s
T_{Th}	Thermische Zeitkonstante	*Thermal time constant*	s
u	Spannung	*Voltage*	V
u	Stellgröße	*Actuating variable*	
u_i	Induzierte Spannung	*Induced voltage*	V
u_C	Stellgröße Stromregler	*Actuating variable current controller*	
u_L	Spannungsabfall Induktivität	*Voltage drop inductance*	V
u_P	Stellgröße Positionsregler	*Actuating variable position controller*	rad/s, m/s
u_S	Stellgröße Drehzahlregler oder Geschwindigkeitsregler	*Actuating variable speed or velocity controller*	
u_S	Unterschwingen	*Undershoot*	
U	Spannung	*Voltage*	V
U_A	Ankerspannung	*Armature voltage*	V

U_{Al}	Außenleiterspannung	*Line-to-line voltage*	V
U_d	Längsspannung	*Longitudinal voltage*	V
U_{DC}	Zwischenkreisspannung	*DC-link voltage*	V
U_i	Induzierte Spannung	*Induced voltage*	V
U_{Inv}	Ausgangsspannung Umrichter	*Output voltage inverter*	V
U_L	Leiterspannung	*Line voltage*	V
U_L	Spannungsabfall Induktivität	*Voltage drop inductance*	V
U_m	Magnetischer Spannungsabfall	*Magnetic voltage drop*	A
U_{max}	Maximale Spannung Leistungs-elektronik	*Maximum voltage power electronics*	V
U_n	Bemessungsspannung (früher: Nennspannung)	*Rated voltage*	V
U_R	Spannungsabfall Widerstand	*Voltage drop resistance*	V
U_S	Versorgungsspannung	*Supply voltage*	V
U_{St}	Strangspannung	*Phase voltage*	V
v	Geschwindigkeit	*Velocity*	m/s
v_1	Geschwindigkeit Antriebsseite	*Velocity driving side*	m/s
v_2	Geschwindigkeit Abtriebsseite	*Velocity output side*	m/s
v_M	Geschwindigkeit anzutreibende Masse	*Velocity mass to be moved*	m/s
v_{Mo}	Geschwindigkeit Motor	*Velocity motor*	m/s
v_n	Bemessungsgeschwindigkeit (Früher: Nenngeschwindigkeit)	*Rated velocity*	m/s
v_P	Produktionsgeschwindigkeit bzw. programmierte Geschwindigkeit	*Production velocity resp. programmed velocity*	m/s
v_R	Geschwindigkeitsschwankung	*Velocity ripple*	m/s
w	Sollwert	*Reference value*	
w_C	Sollstrom	*Reference current*	A
w_P	Sollposition	*Reference position*	m, rad
w_S	Sollwinkelgeschwindigkeit oder Sollgeschwindigkeit	*Reference angular speed or reference velocity*	rad/s, m/s
x	Istwert	*Actual value*	
x	Position	*Position*	m, rad
x	Regelgröße	*Controlled variable*	
x_C	Iststrom	*Actual current*	A
x_M	Position anzutreibende Masse	*Position mass to be moved*	m, rad
x_{Mo}	Position Motor	*Position motor*	m, rad
x_U	Umfang Luftspalt	*Circumference air gap*	m
x_P	Istposition	*Actual position*	m, rad
x_S	Istwinkelgeschwindigkeit oder Istgeschwindigkeit	*Actual angular speed or actual velocity*	rad/s, m/s

x_{SC}	Berechnete Winkelgeschwindigkeit oder berechnete Geschwindigkeit	*Calculated angular speed or calculated velocity*	rad/s, m/s
x_{SP}	Signalperiode	*Signal period*	m, rad
y	Messgröße	*Measuring variable*	
y_P	Gemessene Position	*Measured position*	m, rad
Δy_P	Positionsmessfehler	*Position measuring error*	m, rad
$\Delta y_{P,SP}$	Positionsmessfehler in einer Signalperiode	*Position measuring error in one signal period*	m, rad
y_M	Gemessene Position anzutreibende Masse	*Measured position mass to be moved*	m, rad
y_{Mo}	Gemessene Position Motor	*Measured position motor*	m, rad
y_{SC}	Berechnete Winkelgeschwindigkeit oder berechnete Geschwindigkeit	*Calculated angular speed or calculated velocity*	rad/s m/s
z	Störgröße	*Disturbance variable*	
z_S	Schrittzahl	*Number of steps*	–
z_P	Polpaarzahl (bei mehrphasigen Systemen bezogen auf eine Phase)	*Number of pole pairs (for multiphase systems related to one phase)*	–
z_R	Anzahl Rotorzähne	*Number of rotor teeth*	–
z_{Ph}	Anzahl Phasen	*Number of phases*	–

Griechische Formelzeichen

α	Winkelbeschleunigung	*Angular acceleration*	rad/s^2
α_M	Winkelbeschleunigung anzutreibende Masse	*Angular acceleration mass to be moved*	rad/s^2
α_{Mo}	Winkelbeschleunigung Motor	*Angular acceleration motor*	rad/s^2
α_S	Schrittwinkel	*Step angle*	rad
α_{Th}	Thermischer Längenausdehnungskoeffizient	*Coefficient of thermal expansion (CTE)*	K^{-1}
β	Magnetfeldwinkel	*Magnetic field angle*	rad
χ_J	Verhältnis Trägheitsmoment anzutreibende Masse bezogen auf den Motor zu Motorträgheitsmoment	*Ratio inertia of mass to be moved related on motor to motor inertia*	–
χ_S	Faktor für Verhältnis Periodendauer zu Abtastzeit	*Factor for ratio of period time to sample time*	–
χ_{SP}	Signalqualität	*Signal quality*	–
χ_{Uf}	Spannungs-Frequenz-Verhältnis	*Voltage-frequency-ratio*	–
Φ	Magnetischer Fluss	*Magnetic flux*	Wb
Φ_E	Erregerfluss	*Excitation flux*	Wb
Φ_R	Magnetischer Fluss Rotor	*Magnetic flux rotor*	Wb

Φ_S	Magnetischer Fluss Stator	*Magnetic flux stator*	Wb
Θ	Durchflutung	*Ampere turns*	A
γ	Luftspaltwinkel	*Air gap angle*	rad
η	Wirkungsgrad	*Efficiency*	–
η_G	Wirkungsgrad Getriebe	*Efficiency gear*	–
η_{Mo}	Wirkungsgrad Motor	*Efficiency motor*	–
η_n	Wirkungsgrad im Bemessungspunkt (früher: Nennpunkt)	*Efficiency in rated point*	–
η_{Sp}	Wirkungsgrad Gewindetrieb	*Efficiency spindle*	–
η_Z	Wirkungsgrad Zahnriemengetriebe	*Efficiency toothed belt gear*	–
μ	Permeabilität	*Permeability*	Vs/Am
μ_0	Magnetische Feldkonstante	*Magnetic field constant*	Vs/Am
μ_0	Permeabilitätszahl	*Permeability coefficient*	–
φ	Winkelposition	*Angular position*	rad
φ	Phasenwinkel	*Phase angle*	rad
φ	Phasenverschiebung	*Phase shift*	rad
φ_{El}	Elektrischer Winkel	*Electrical angle*	rad
φ_I	Phasenverschiebung Strom	*Phase shift current*	rad
φ_M	Winkelposition anzutreibende Masse	*Angular position mass to be moved*	rad
φ_{Mo}	Winkelposition Motor	*Angular position motor*	rad
φ_{Sp}	Phasenwinkel der Abtastsignale	*Phase angle of scanning signals*	rad
φ_U	Phasenverschiebung Spannung	*Phase shift voltage*	rad
λ	Leistungsfaktor	*Power factor*	–
ρ	Dichte	*Density*	kg/m^3
τ_P	Polteilung	*Pole grating*	m
ω	Winkelgeschwindigkeit	*Angular speed*	rad/s
ω	Kennkreisfrequenz	*Characteristic angular frequency*	rad/s
ω_{OM}	Kennkreisfrequenz mechanisches Übertragungselement	*Characteristic angular frequency mechanical transfer element*	rad/s
ω_{OP}	Kennkreisfrequenz Positionsregelkreis	*Characteristic angular frequency position control loop*	rad/s
ω_{El}	Elektrische Kreisfrequenz	*Electrical angular frequency*	rad/s
ω_M	Winkelgeschwindigkeit anzutreibende Masse	*Angular speed mass to be moved*	rad/s
ω_{Mo}	Winkelgeschwindigkeit Motor	*Angular speed motor*	rad/s
ω_N	Eigenkreisfrequenz	*Natural angular frequency*	rad/s

◼ A.5 Literatur

[1]   Rolf Fischer: Elektrische Maschinen, Carl Hanser Verlag, München 2011. ISBN 978-3-446-42554-5

[2]   Hans Groß, Jens Hamann, Georg Wiegärtner: Electrical Feed Drives in Automation, Publicis Corporate Publishing, Erlangen 2001. ISBN 978-3-89578-308-1

[3]   Karl-Heinrich Grote, Jörg Feldhusen (Hrsg.): Dubbel – Taschenbuch für den Maschinenbau, 23. Auflage, Springer, Berlin 2012. ISBN 3-54068-186-8

[4]   Gerd Hagmann: Grundlagen der Elektrotechnik, AULA Verlag GmbH, Wiebelsheim 2011. ISBN 978-3-89104-747-9

[5]   Erwin Kiel: Antriebslösungen – Mechatronik für Logistik und Produktion, Springer Verlag, Berlin Heidelberg 2007. ISBN 978-3-540-73426-1

[6]   Uwe Probst: Leistungselektronik für Bachelors, Carl Hanser Verlag, München 2011. ISBN 978-3-446-42734-1

[7]   Dierk Schröder: Elektrische Antriebe – Grundlagen, Springer Verlag, Berlin Heidelberg 2009. ISBN 978-3-642-02989-0

[8]   Hans-Dieter Stölting, Eberhard Kallenbach: Handbuch elektrische Kleinantriebe, Carl Hanser Verlag, München 2011. ISBN 978-3-446-42392-3

[9]   Jens Weidauer: Elektrische Antriebstechnik, Publicis Corporate Publishing, Erlangen 2008. ISBN 978-3-89578-308-1

Index